Vilcinskas

Meeresfische Europas

Andreas Vilcinskas

Meeresfische Europas

Merkmale,
Verbreitung, Lebensweise

Naturbuch Verlag

Der Autor: Dr. Andreas Vilcinskas, Jahrgang 1964, wissenschaftlicher Mitarbeiter am Institut für Zoologie der Freien Universität Berlin. Im Naturbuch Verlag veröffentlichte er bereits „Einheimische Süßwasserfische".

Die Deutsche Bibliothek - CIP-Einheitsaufnahme

Vilcinskas, Andreas:
Meeresfische Europas : Merkmale, Verbreitung, Lebensweise/
Anreas Vilcinskas. [Zeichn.: Manuela Hutschenreuther]. -
Augsburg : Naturbuch-Verl., 1996
ISBN 3-89440-184-2
NE: HST

Naturbuch Verlag

Illustrationen: Manuela Hutschenreiter
(Seite 12, 18, 22, 26, 36, 46, 47)
und Natalia Zurakowska
(Seite 20, 27, 33, 35, 63–71)
Fotos: S. 234 Dr. J. Nieder, alle anderen: A. Vilcinskas
Layout und Satz: Ilse Nowak, Weltbild Verlag, Augsburg
Gesetzt aus 8,5/9,5 p Sabon
Umschlaggestaltung: Parzhuber & Partner
Umschlagfoto(s): A. Vilcinskas
Reproduktion: Lito-Service, Bozen
Druck und Bindung: Interdruck Leipzig
Gedruckt auf 115 g/m^2 umweltfreundlich chlorfrei
(elementar chlorfrei) gebleichtes Papier
Printed in Germany

ISBN 3-89440-184-2

Inhalt

Einleitung

Dieser Naturführer über die Fischfauna der europäischen Meeresküsten ist als informatives Nachschlagewerk für jene gedacht, die sich beruflich oder privat für Meeresfische interessieren. Darunter versteht man solche Fischarten, die ausschließlich im Meer leben oder sich dort einen Teil ihres Leben aufhalten. Diese ökologische Abgrenzung zu den Süßwasserfischen wird oft aus pragmatischen Gründen vollzogen, entspricht aber nicht den verwandtschaftlichen Verhältnissen, d. h., die Meeresfische bilden in der zoologischen Systematik keine Einheit. So gibt es z.B. innerhalb der Barsche Arten, die nur in Binnengewässern vorkommen, und solche, die ausschließlich im Meer leben. Genau genommen lassen sich viele Fischarten weder den Meeres- noch den Süßwasserfischen eindeutig zuordnen, da sie im Brackwasserbereich von Flußmündungen vorkommen oder als Wanderfische bestimmte Phasen ihres Lebens sowohl in Binnengewässern als auch im Meer verbringen. Ein bekanntes Beispiel hierfür ist der Aal (Anguilla anguilla), der im Meer laicht und dessen Jugendformen mit der Strömung über den Atlantik bis an die europäischen Küsten treiben und in die Flüsse aufsteigen. In den Binnengewässern wächst der Aal heran, bis er, seinem Wandertrieb folgend, wieder ins Meer zieht, um sich dort fortzupflanzen. Weiterhin gibt es mehrere Fischarten, die im Meer heranwachsen und zum Laichen flußaufwärts steigen, wie z. B. der Lachs *(Salmo salar* L.*)*.

Dieses Buch stellt eine Ergänzung zu dem Naturführer „Einheimische Süßwasserfische“ dar, der in der gleichen Reihe erschienen ist. Es stellt nicht nur repräsentativ die Meeresfische der Nord- und Ostsee vor, sondern auch die der europäischen Küsten einschließlich der Küsten des Mittelmeers und des Schwarzen Meeres. Zum einen kommen viele Fischarten in weiten Bereichen des Nordostatlantik einschließlich seiner Nebenmeere vor, zum anderen ist die Beobachtung von Meeresfischen in ihrer natürlichen Umgebung an den südlichen Küsten Europas eher möglich als an den nördlichen. Immer mehr Menschen verbringen ihren Urlaub am Meer und haben dabei die Gelegenheit, als Taucher oder Schnorchler die dortige Unterwasserfauna zu erleben. Dabei werden die Küsten des Mittelmeers und des Schwarzen Meeres besonders stark frequentiert. Mit der steigenden Zahl der Naturfreunde, die sich als Taucher oder Schnorchler einen Zugang zur Unterwasserfauna erschlossen haben, steigt auch die Anzahl derer, die mehr über die unter Wasser beobachteten Fische wissen wollen und sich für die Erhaltung ihrer Lebensräume interessieren. Wer mit Flossen,

Taucherbrille und Schnorchel oder mit kompletter Taucherausrüstung die Unterwasserfauna beobachten kann, dem erschließt sich eine phantastische Welt. Obwohl die Farben- und Formenvielfalt der Meeresfische an europäischen Küsten nicht so ausgeprägt ist wie z. B. an tropischen Korallenriffen, gibt es dort viele Fischarten, deren Farbenpracht mit tropischen Fischen vergleichbar ist. Die in diesem Buch zusammengefaßten Erkenntnisse über die Biologie der Meeresfische sollen das Interesse an ihnen wecken und zur genauen Beobachtung anregen. So kann man z. B. an der jeweiligen Färbung bestimmter Fischarten erkennen, ob es sich um Männchen oder Weibchen handelt (z.B. bei vielen Lippfischarten) und ob sie sich in der Balzzeit befinden (z. B. viele Schleimfischarten). Andere Fischarten kann man nur beobachten, wenn man in Kenntnis ihrer Lebensweise gezielt nach ihnen sucht. Fische aus der Gattung *Lepadogaster* sieht man beispielsweise nur, wenn man an Geröllküsten Steine umdreht. Die Beobachtung von lebenden Fischen ist nicht nur Tauchern und Schnorchlern vorbehalten. Dieser Naturführer soll auch zum Besuch der mittlerweile zahlreichen Schauaquarien anregen, in denen Fische der europäischen Küsten gehalten werden.

Weiterhin werden auch solche Fischarten beschrieben, die für Angler oder die Fischereiwirtschaft bedeutend sind. Viele Fische sind nur namentlich bekannt, weil sie auf Fischmärkten oder im Handel angeboten werden. Daher ist es auch ein Anliegen dieses Buches, umfassend über die wichtigsten Speisefische zu informieren. Aufgrund der hohen Artenvielfalt ist es nicht möglich, alle Fischarten der europäischen Küsten in diesem Buch vorzustellen. Der Zwang zur Beschränkung führte dazu, daß nur ein begrenztes Spektrum der Fischfauna des Nordostatlantiks aufgenommen werden konnte. Während die meisten unmittelbar an der Küste lebenden Fischarten in diesem Buch beschrieben werden, sind ausgesprochene Hochseebewohner unterrepräsentiert. Fischarten, die ausschließlich die Tiefsee besiedeln, fehlen, da sie sich nicht in ihrem Lebensraum beobachten oder kaum in Aquarien halten lassen und daher nicht lebend fotografiert werden können. Auf die Abbildung von konservierten Fischen wurde bewußt verzichtet. Ein weiteres Kriterium bei der Auswahl der berücksichtigten Fischarten war, daß wenigstens ein Repräsentant einer Gattung oder Familie vorgestellt wird. Dies galt insbesondere für solche Familien oder Gattungen, bei denen sich die zugehörigen Fischarten sehr ähneln und nicht sicher ohne größeren Aufwand (z. B. Auszählen der Flossenstrahlen oder Schuppen entlang der Seitenlinie) unterscheiden lassen. In solchen Fällen können die für die Bestimmung relevanten Merkmale an lebenden Fischen kaum fotografisch dargestellt werden.

Ein Problem bei der Bestimmung von Fischen ist die Variabilität vieler Arten, d. h. die Fische einer Art können je nach Alter, Geschlecht, Stimmung und Vorkommen sehr unterschiedlich aussehen. Innerhalb des Verbreitungsgebietes kann die Färbung der Individuen stark variieren. Bei einigen Fischarten sind die geschlechtsreifen Männchen und Weibchen extrem unterschiedlich gefärbt (Sexualdimorphismus), wie z. B. der Kuckucks-Lippfisch. Weiterhin tragen einige Fischarten eine besondere Balztracht, so daß sie in der Laichzeit anders gefärbt sind als außerhalb (Saisondimorphismus).

Eine Besonderheit dieses Bestimmungsbuches ist die weitgehende Berücksichtigung solcher Varianten von Fischarten, bei denen unterschiedlich aussehende Geschlechter vorkommen oder die eine besondere Laichfärbung ausbilden. Die jeweiligen Erscheinungsformen werden im speziellen Teil mit mehreren Fotos illustriert. Insgesamt werden 195 Fischarten mit Farbaufnahmen vorgestellt. Damit ist das vorliegende Buch das momentan umfangreichste mit Farbfotos ausgestattete Bestimmungswerk über die Fischfauna der europäischen Küsten.

Fische der europäischen Meeresküsten

Im allgemeinen hat jeder eine mehr oder weniger konkrete Vorstellung von einem Fisch. Die zoologische Abgrenzung der Fische von den anderen Tiergruppen bedarf es aber einiger Erläuterungen. Um die Fische innerhalb des Tierreichs einordnen zu können, sind Kenntnisse über die Prinzipien des Systematisierens erforderlich, die bei den meisten Lesern nicht vorausgesetzt werden können. In den folgenden Ausführen wird die Verwandtschaft der Fische mit anderen Tiergruppen daher nur kurz skizziert. Unter dem Begriff Fische faßt man Wirbeltiere zusammen, die primär aquatisch leben, über Innenkiemen atmen, sich u.a. mit paarigen Flossen fortbewegen und wechselwarm sind. Zu den Wirbeltieren gehören auch die Rundmäuler, Amphibien, Reptilien, Vögel und Säugetiere. Die Rundmäuler sind entwicklungsgeschichtlich älter als die Fische. Von dieser ursprüglich artenreichen Gruppe, zu denen die ältesten fossilien Wirbeltiere gehören, leiten sich die heute lebenden Neunaugen und Schleimaale ab. Diese relativ artenarmen Gruppen haben im Gegensatz zu den Fischen keine paarigen Flossen und keine Kiefer. Sie werden deshalb auch als kieferlose Fische (Agnatha) bezeichnet. Ihnen werden die kiefertragenden Wirbeltiere (Gnathostoma), zu denen die eigentlichen Fische gehören, als Schwestergruppe gegenübergestellt. Die Zuordnung der Fische zu den primär aquatischen Wirbeltieren ist für die Abgrenzung wichtig, da es auch bei anderen Wirbeltiergruppen Vertreter gibt, die ausschließlich im Wasser leben oder sich den überwiegenden Teil ihres Lebens im Wasser aufhalten. Bei den Reptilien sind dies die Meeresschildkröten und Seeschlangen, bei den Säugetieren die Wale, Robben und Seekühe. Diese stammen jedoch im Gegensatz zu den Fischen von landlebenden Vorfahren ab und atmen über Lungen. Ihre aquatische Lebensweise ist deshalb sekundär. Im Gegensatz zu den wasserlebenden Säugetieren sind Fische wechselwarm, d. h., ihre Körpertemperatur ist von der Umgebungstemperatur abhängig. Daher ist der Energiebedarf, der über die Nahrung gedeckt wird, bei Fischen geringer als bei Säugetieren oder Vögeln, die bis zu 70% der aufgenommenen Energie für die Aufrechterhaltung der Körpertemperatur aufwenden.

Zu den wechselwarmen Wirbeltieren gehören neben den Fischen auch die Amphibien und Reptilien. Während die Reptilien so weit an das Leben auf dem Land angepaßt sind, daß sie auch ihre Eier dort ablegen, sind die meisten Amphibien an aquatische Lebensräume gebunden. Dort erfolgt die Eiablage und die Entwicklung der Larven. Die wasserlebenden Larven der Amphibien,

Alter der Wirbeltierklassen

Formation	Beginn vor Millionen Jahren	Dauer in Million. Jahren
Pleistozän	etwa 1	1
Pliozän	11	10
Miozän	23	14
Oligozän	40	15
Eozän	60	20
Paleozän	70 ± 2	10
Kreide	135 ± 5	65
Jura	180 ± 5	45
Trias	225 ± 5	45
Perm	270 ± 15	45
Karbon	350 ± 10	80
Devon	400 ± 10	50
Silur	440 ± 10	40
Ordovizium	500 ± 15	60
Kambrium	600 ± 20	100

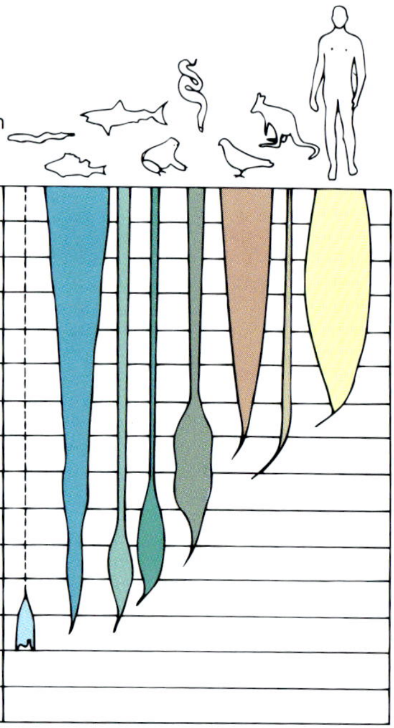

Vor 500 Mio. Jahren entwickelten sich die sog. Panzerfische, deren einzige rezente Vertreter die Rundmäuler sind. Die ersten Knochenfische tauchten vor ca. 450 Mio. Jahren auf.

z. B. die Kaulquappen der Frösche, atmen wie Fische über Kiemen. Hierbei handelt es sich jedoch um Außenkiemen, die nicht wie bei den Fischen im Inneren von Kiemenspalten liegen oder von einem Kiemendeckel geschützt werden. Darüber hinaus unterscheidet sich die Feinstruktur der Fische von der der Amphibienlarven.
In der zoologischen Systematik bilden die Wirbeltiere (Chordata) ein sogenanntes Monophylum. Darunter versteht man eine Einheit (Taxon) zu der Tierarten gehören, die einen nur ihnen gemeinsamen Vorfahren haben. Das heißt, die Wirbeltiere stammen von einer gemeinsamen Stammart ab. Die Fische dagegen sind eine paraphyletische Gruppe. Es gibt keine Stammart, von der sich ausschließlich die Fische ableiten lassen, da von den Vorfahren der Fische auch die Amphibien, Reptilien, Vögel und Säugetiere abstammen. Letztere

bilden das Monophylum der vierfüßigen Wirbeltiere (Tetrapoda). Dies bedeutet, daß sie sich von einer fischähnlichen Stammart ableiten, welche die Fähigkeit erworben hatte, sich mit vier Gliedmaßen an Land fortzubewegen. Die Vorfahren der landlebenden Wirbeltiere waren urspünglicher als die gegenwärtig lebenden (rezenten) Fischarten. Es gibt zwar Fische mit amphibischer Lebensweise, doch demonstrieren diese nur modellhaft, wie im Devon, vor 345–395 Millionen Jahren, das Land durch Wirbeltiere besiedelt wurde. So verlassen die an den Mangrovenküsten der Tropen vorkommenden Schlammspringer zeitweilig das Wasser, um an Land nach Nahrung zu suchen. Sie haben jedoch Kiemen, die sie durch angelegte Kiemendeckel beim Landgang vor dem Austrocknen schützen. Schlammspringer kriechen mit den Brustflossen über den Boden. Der nächste lebende Verwandte der landlebenden Wirbeltiere unter den Fischen ist der Quastenflosser *(Latimeria)*. Diese Fischart wurde erst in diesem Jahrhundert im Indischen Ozean entdeckt. Man fand Exemplare dieser Art bei den Komoren in 150–300 m Tiefe. Bemerkenswerterweise sitzen bei ihnen die paarigen Brust- und Bauchflossen auf armähnlichen Stummeln.

Innerhalb der kiefertragenden Fische, zu denen alle in diesem Buch vorgestellten Arten gehören, gibt es zwei Gruppen. Einerseits die Knorpelfische (Chondrichthyes), denen die mit rund 600 Arten vertretenen Haie und Rochen zugeordnet werden und die Knochenfische (Osteichthyes), die mit über 25.000 Arten die artenreichste Wirbeltiergruppe repräsentieren. Ihre Artenvielfalt entwickelte sich erst, als es bereits landlebende Wirbeltiere gab. Die Knorpelfische unterscheiden sich durch mehrere Merkmale von den Knochenfischen. Die Bennenung der Gruppen leitet sich von einem wesentlichen Merkmal ab. Bei Haien und Rochen ist das Skelett nicht verknöchert, sondern besteht aus Knorpelgewebe. Die Knochenfische besitzen ein Skelett aus Knochen. Ihre Flossen bestehen aus beweglichen Knochenstrahlen, die über einen Flossensaum miteinander verbunden sind. Die hohe Beweglichkeit der Flossen und damit die Fähigkeit, präzise manövrieren zu können, ist wahrscheinlich einer der Ursachen für die hohe Artenzahl und den evolutiven Erfolg der Knochenfische. Bei Haien und Rochen ist die Beweglichkeit der Flossen eingeschränkt. So kann z. B. ein angreifender Hai die paarigen Flossen nicht senkrecht stellen und dadurch bremsen, sondern nur seitlich ausweichen.

Der Körper von Fischen ist schwerer als das von ihm verdrängte Wasser. Um nicht abzusinken, erzeugen Haie einen Auftrieb mit den schräg gestellten, großen Brustflossen. Wie bei den Tragflächen eines Flugzeugs entsteht der Auftrieb nur bei einem entsprechenden Vortrieb. Dieser wird durch die asymmetrische Schwanzflosse erzeugt. Aufgrund ihrer Form schiebt sie beim

Schlagen den Körper nicht nur nach vorn. Der Vorderkörper wird beim Schwimmen gleichzeitig nach unten gedrückt. Der Abtrieb wird jedoch durch den Auftrieb der Brustflossen kompensiert. Ohne die Bewegungen der Schwanzflosse sinkt ein Hai auf den Grund. Je schwerer er ist, desto größer muß der Auftrieb sein, der beim Schwimmen erzeugt wird, damit er sich in einer bestimmten Tiefe aufhalten kann. Dieser ist aber erst bei einer bestimmten Geschwindigkeit so groß, daß ein Absinken verhindert wird. Um den Energieverbrauch für den Vortrieb zu verringern, reichern Haie in ihrem Körper Substanzen an, die ein geringeres spezifisches Gewicht als Wasser haben und so einen zusätzlichen Auftrieb erzeugen. Vor diesem Hintergrund wird verständlich, warum Haie große Mengen Öl in der Leber speichern, die entsprechend groß ist. Bis zu 20% des Körpergewichts entfallen bei Haien auf die Leber. Die Knochenfische dagegen entwickelten eine andere Möglichkeit, das Absinken des Körpers im Wasser zu verhindern. Sie erzeugen ihren Auftrieb mit der Schwimmblase, einem gasgefüllten Hohlraum im Körper. Gase verursachen bei gleichem Volumen in geschlossenen Räumen einen stärkeren Auftrieb als Öl. Das Gasvolumen wird im Gegensatz zu dem von Flüssigkeiten jedoch stark durch den umgebenden Druck beeinflußt. Dieser ändert sich, wenn Fische auf- oder abtauchen. Deshalb mußten die Knochenfische Mechanismen entwickeln, mit denen sie die Gasmenge in der Schwimmblase regulieren, und damit den erzeugten Auftrieb an die jeweilige Tiefe anpassen können. Auch Taucher passen die Gasmenge in ihrer Weste der jeweiligen Tiefe an, um den Energie- und Atemluftverbrauch zu verringern. Obwohl sie schwerer als die verdrängte Wassermenge sind, erspart das sogenannte Tarieren Schwimmbewegungen, die das Absinken verhindern. Wie Knochenfische mit ihrer Schwimmblase tarieren, wird im Kapitel „Bau und Funktion des Fischkörpers" erläutert.

Die Flossen dienen den Fischen als Antriebs- und Manövrierorgane. Da Knochenfische durch ihre Schwimmblase nicht mehr wie die Haie auf den durch die Bewegungen der Schwanzflosse und die tragflächenartigen Brustflossen erzeugten Auftrieb angewiesen sind, konnte die Steuerfunktion der Flossen in den Vordergrund treten. Die erhöhte Manövrierfähigkeit einerseits und der aus verschiedenen Knochen bestehende Kiefer andererseits begünstigten die Anpassung der Knochenfische an unterschiedlichste Ernährungsweisen und damit die Enstehung der großen Artenvielfalt. Durch die erhöhte Manövrierfähigkeit der Flossen konnte das Maul besser in die für die Nahrungsaufnahme geeignete Position gebracht werden. Die Knochen und Zähne des Kiefers wurden im Verlauf der Evolution vielfaltig abgewandelt und erschlossen dadurch neue, vielfältige Möglichkeiten für eine spezialisierte Ernährung. So gibt es bei den Knochenfischen Arten, die Algen oder Aufwuchsorganismen vom Substrat weiden oder mit ihrem pinzettenartigen Maul sessile Beutetiere aus ihren Wohnröhren ziehen können. Sowohl bei Knorpel- als auch bei Knochenfischen dient das Maul nicht nur der Nahrungsaufnahme. Die Bewegungen des Kiefers erzeugen auch einen Wasserstrom, der die Kiemen umspült und so die Atmung ermöglicht. Um den Gasaustausch an den Kiemen zu begünstigen, sind die kapillaren Verzweigungen der Blutgefäße mit einer dünnwandigen Oberfläche ausgekleidet und deshalb leicht verletzlich. Die Kiemen werden auf beiden Seiten des Kopfes durch vier knorpelige oder knöcherne Kiemenbögen gestützt. Bei den Knorpelfischen strömt das Atemwasser auf jeder Seite meist durch fünf Kiemenspalten nach außen.

Knochenfische haben dagegen nur eine Kiemenspalte. Die Kiemen werden bei ihnen durch knöcherne Kiemendeckel geschützt, die den Innenraum des Mauls nach außen dicht abschließen können. Öffnen sie das Maul bei geschlossenen Kiemendeckeln, wird Wasser in dieses eingesaugt; schließen sie es, fließt das eingesaugte Wasser an den geöffneten Kiemendekkeln nach außen. Dieser Pumpmechanismus gewährleistet nicht nur einen der Kiemenatmung dienlichen Wasserstrom, er begünstigte auch die Entwicklung einer bestimmten Ernährungsform.

Innerhalb der Knochenfische bildeten sich mehrfach unabhängig voneinander sogenannte Saugschnappper, die ihre Beute beim Öffnen des Mauls mit dem erzeugten Wasserstrom schnappen, wie z. B. der Anglerfisch *(Lophius piscatorius)*.

Die Knorpelfische hingegen verfügen nicht über knöcherne Kiemendeckel, sondern über Kiemenspalten, welche die Entwicklung eines ähnlich effizienten Saugmechanismusses nicht begünstigten. Mit ihrem unterständigen Maul können sie größere Tiere fressen oder Teile herausbeißen. Nur wenige Arten wie der Riesenhai oder der Walhai ernähren sich von Plankton und können es sich aufgrund ihrer Größe leisten, einzeln das Freiwasser zu besiedeln. Im Gegensatz zu den Knorpelfischen haben sich die Knochenfische ein wesentlich breiteres Nahrungsspektrum erschlossen.

Obwohl das Leben wahrscheinlich im Meer enstanden ist und sich die Entwicklung ursprünglicher Lebensformen dort abgespielt hat, geht man davon aus, daß die Vorfahren der landlebenden Wirbeltiere und der meisten rezenten Fische bereits im Süßwasser lebten. Von dort aus erfolgte, vermutlich in mehreren Schüben, die Besiedlung der Meere durch die Knorpel- und Knochenfische. Während die Bedingungen in den tropischen Regionen die Entwicklung einer artenreichen Fischfauna ermöglichten, ist deren Artenvielfalt in den Gewässern der gemäßigten Breiten geringer ausgeprägt; sie nimmt in Richtung der Polarregionen ab. An den europäischen Küsten gibt es dementsprechend weniger Fischarten als in tropischen Korallenriffen. Dennoch ist die Fischfauna an den Küsten Europas so artenreich, daß sie nicht vollständig in diesem Buch beschrieben werden kann.

Bau und Leistung des Fischkörpers

Körperbau und -form

Während die Jugendstadien vieler Meeresfische planktisch leben und nur in geringem Umfang Ortsveränderungen durchführen, werden die erwachsenen Fische dem Nekton zugeordnet. Unter diesem Begriff faßt man alle Meerestiere zusammen, die aktiv schwimmen und sich weitgehend unabhängig von der Strömung bewegen können. Die schwimmende Fortbewegungsweise der Fische ist sehr energieaufwendig, da Wasser ca. 800 mal dichter ist als Luft. Diesem Umstand entsprechend wurden im Verlauf der Evolution besonders bei den im freien Wasser lebenden Fischarten Körperformen ausgebildet, die einen geringen Strömungswiderstand erzeugen. Neben dem Zwang zum energiesparenden Schwimmen beeinflußt auch die Lebensweise einer Fischart ihre Körperform. Während ausdauernde und schnelle Schwimmer der Freiwasserregion meist spindel- oder torpedoförmig gebaut sind (z. B. Makrelen), begünstigt eine seitlich abgeflachte, hochrückige Form das präzise Manövrieren in strukturierten Lebensräumen und die Anpassung an Ernährungsweisen, bei der die Beute vom Substrat aufgenommen wird. Deshalb sind die meisten Fische, die am Grund oder an Felsen weiden, mehr oder weniger stark seitlich abgeflacht, z. B. bei den Lippfischen (Labridae). Einige Fischarten jagen ihre Beute nicht im freien Wasser, sondern lauern ihnen in Verstecken auf. Lauerjäger schwimmen keine ausgedehnten Strecken. Der Selektionsdruck auf den strömungsgünstigen Körper ist daher weniger stark ausgeprägt. Für sie ist es vorteilhafter, nicht aufzufallen. Viele Lauerjäger haben deshalb eine Körperform oder Färbung, mit der sie sich kaum vom Untergrund abheben (z. B. die Drachenköpfe Scorpaenidae). Andere sind an die Besiedlung von Felsspalten und Nischen angepaßt. So lauern Meeraale und Muränen ihrer Beute nicht nur in Höhlen auf. Aufgrund ihrer schlangenförmigen Form können sie ihr auch in ein Versteck folgen oder dort nach ihr suchen. Auf sandigen oder schlammigen Flächen gibt es kaum Versteckmöglichkeiten. Um sich dort als Lauerjäger betätigen zu können, wurde der Körper von verschiedenen Fischfamilien so abgewandelt, daß sie sich flach auf den Grund legen oder sich in diesen eingraben können. Dabei entwickelten sich mehrfach unabhängig voneinander abgeplattete Körperformen. Ein flacher Körper wirft keine Schatten und fällt auf ebenen Flächen weniger auf.

Vertreter verschiedener Fischfamilien haben als Lauerjäger den sandigen oder schlammigen

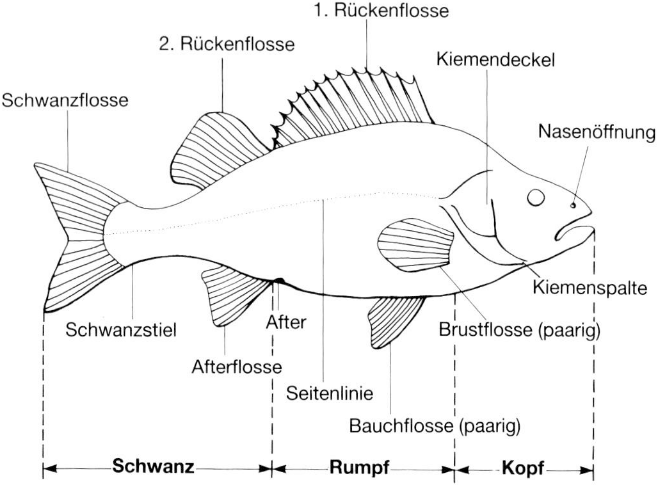

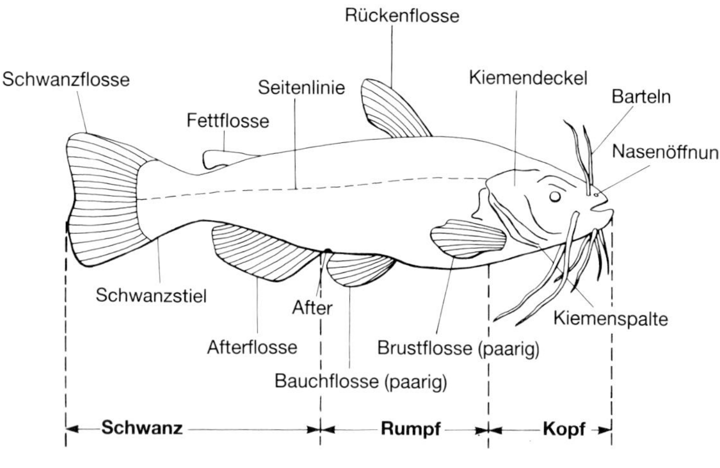

Die äußere Gestalt des Fischkörpers am Beispiel von Barsch und Wels.

Meeresgrund als Jagdrevier erschlossen. Während z. B. die Rochen und der Seeteufel (*Lophius piscatorius* L.) horizontal abgeflacht sind und mit dem Bauch auf dem Grund liegen, ruhen die Plattfische auf der linken oder rechten Körperseite. Bei ihnen führte die Anpassung an die bodenorientierte Lebensweise zur Ausbildung einer asymmetrischen Körperform. Im Verlauf ihrer Entwicklung wandert ein Auge innerhalb einer Metamorphose auf die Körperseite des anderen Auges, um auf der Seite liegend die Umgebung beobachten zu können. Man kann deshalb bei ihnen eine Augen- und eine Blindseite unterscheiden.

Die Brustflosse auf der Blindseite wird bei vielen Arten verkleinert. Bei den Butten liegen die Augen auf der linken, bei den Seezungen auf der rechten Körperseite. Die Augenseite ist meist farblich an den besiedelten Untergrund angepaßt. Einige Plattfischarten können ihre Färbung auf der Augenseite sogar verändern. Viele Fischarten, die weiche Sedimente besiedeln, graben sich zur Tarnung ganz oder teilweise in den Sand ein. Dieses Verhalten bedingte auch Anpassungen bei der Körperform. Bei den Rochen liegen die Kiemenspalten auf der Unterseite. Um auf dem Grund liegend atmen zu können, sitzt auf der Oberseite, meist dicht bei den Augen, ein Spritzloch, über das Atemwasser ausgetauscht werden kann. Häufig haben Fische mit grabender Lebensweise hoch am Kopf liegende Augen und Nasenlöcher, die aus dem Sediment herausragen, wie z. B. der Himmelsgukker (*Uranuscopus scaber* L.) und das Petermännchen (*Trachinus draco* L.). Da die Lauerjäger unter den Fischen aufgrund ihrer Körperform oft schlechte Schwimmer sind, können sie nur begrenzt vor größeren Freßfeinden fliehen. Deshalb entwickelten sie wirkungsvolle Mechanismen, die sie vor Angreifern schützen. So tragen viele mit Giftdrüsen versehene, stachelige Flossenstrahlen (wie z .B. die Drachenköpfe) oder Dornen am Körper (wie z. B. der Himmelsgucker oder das Petermännchen). Eine besonders stark abgewandelte Körperform haben die mit den Seenadeln verwandten Seepferdchen (*Syngnathidae*). Ihr Schwanz trägt keine Flosse und ist zu einem beweglichen Greiforgan umgewandelt. Sie schwimmen aufrecht und haben einen winkelig abgeknickten Kopf. Diese Körperform wird als Anpassung an die Besiedlung von Algen- oder Seegraswiesen gedeutet. Aufgrund ihrer Färbung und ihrer langsamen Fortbewegung sind sie zwischen den Pflanzen gut getarnt. Mit dem Wickelschwanz halten sie sich am Substrat fest und lauern so auf wirbellose Kleintiere, die sie mit ihrem pipettenartigen Maul einsaugen.

Bei Fischen wird der Körper in drei Bereiche unterteilt, die fließend ineinander übergehen. Der vorn liegende Kopf reicht bei den Knorpelfischen bis zu den Kiemenspalten und bei den Knochenfischen bis zum freien Rand des Kiemendeckels. Der daran anschließende Rumpf geht an der After- bzw. Geschlechtsöffnung in den Schwanz über. Am Kopf befinden sich die meisten Sinnesorgane und das Maul. Dieses dient nicht nur der Nahrungsaufnahme, sondern erzeugt durch Bewegungen einen Wasserstrom, der die Kiemen umspült und sie so mit Atemwasser versorgt. Das Stützskelett des Kiefers, der Kieferbogen, läßt sich entwicklungsgeschichtlich vom vorderen Kiemenbogen ableiten. Der Kieferapparat besteht bei den Knochenfischen aus zahlreichen Knochen, die im Verlauf der Evolution abgewandelt und dabei an unterschiedlichste Ernährungsweisen angepaßt wurden.

Bei den Knochenfischen finden wir Zähne nicht nur auf den Kiefern. Auch das Munddach und der Mundboden können bezahnt sein. Die Bezahnung der Knochen ist für die Bestimmung einiger Fischarten relevant. Der am Munddach befindliche und als Vomer oder Pflugscharbein bezeichnete Knochen besteht aus einem Stiel und einer Platte. Bei den Lachsen (*Salmonidae*) unterscheiden sich die dazugehörigen Arten u.a. in der Bezahnung dieses Knochens. Beim Lachs (*Salmo salar* L.) ist beispielsweise nur der Stiel bezahnt, bei der Meerforelle (*Salmo trutta* L.) Stiel und Platte. Haie und Rochen haben in mehreren Reihen angeordnete Zähne. Die

a) Einströmen des Wassers (mit Sauerstoff angereichert)
b) Ausstoßen des Wassers (mit Kohlenstoffdioxid angereichert)

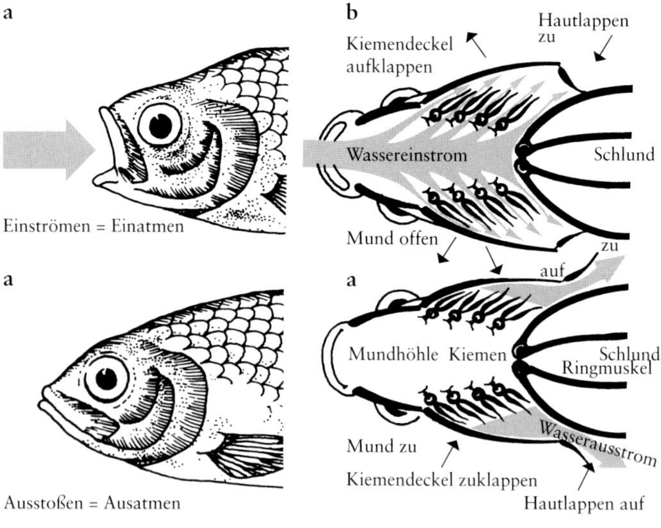

inneren Zahnreihen können nach vorn wachsen und so abgebrochene oder abgenutzte Zähne der vorderen Reihe ersetzen. Man spricht deshalb bei ihnen von einem Revolvergebiß. Die Lage des Mauls ist bei Fischen ebenfalls von der Ernährungsweise abhängig. Während die Knorpelfische eine verlängerte Schnauze (Rostrum) und ein auf der Unterseite liegendes Maul besitzen, liegt es bei den Knochenfischen an der Spitze des Kopfes. Die Kiefer hängen bei den Haien beweglich an der Schädelkapsel, so daß sie das Maul nach vorn schieben und Stücke aus größeren Beutetieren herausbeißen können. Bei den Knochenfischen kann das Maul unter-, end- oder oberständig liegen. Ragt der Oberkiefer über den Unterkiefer, spricht man von einem unterständigen Maul. Fische mit unterständigem Maul weiden häufig ihre Nahrung vom Substrat oder wühlen sie mit der Schnauze aus dem Grund. Ein oberständiges Maul, bei dem der Unterkiefer länger als der Oberkiefer ist und diesen überragt, findet man z. B. bei den bereits beschriebenen Lauerjägern (Teufelsfisch, Petermännchen und Himmelsgucker). Sind beide Kiefer gleichlang, ist das Maul endständig. Das Maul dient aber nicht nur der Nahrungsaufnahme. Bei vielen Fischarten übernimmt es zusätzliche Funktionen. Mit dem Maul werden Nestmulden gegraben oder Nester aus Pflanzenteilen gebaut. Es wird bei innerartlichen Kämpfen als Waffe eingesetzt oder dient bei den sogenannten Maulbrütern als Schutzraum für die abgelgten Eier (z. B. beim Meerbarbenkönig *Apogon imberis* L.). Bei verschiedenen Fischarten befinden sich am Maul eine oder mehrere fadenartige Verlängerungen, die als Tast- und Geschmacksorgane dienen. Die Anzahl und die Lage dieser Barteln sind diagnostische Merkmale, die für bestimmte Fischgruppen charakteristisch sind. So haben Dorsche (Gadidae) meist eine Bartel am Unterkiefer, Meerbarben (Mullidae) dagegen zwei. Fische haben ein Innenskelett, das bei Haien und Rochen aus Knorpelgewebe besteht. Der Knorpel kann durch Kalkeinlagerungen sehr hart werden. In den Tropen stellt man z. B. aus der Wirbelsäule von Haien Spazierstöcke her. Das Knorpelskelett ist kein ursprüngliches Merkmal. Die Vorfahren der Knorpelfische haben die Bildung der schwereren Knochen wahrscheinlich aufgegeben, um bei der Besiedlung des freien Wassers an Gewicht zu sparen. Die Knochenfische können sich ein Skelett aus Knochen leisten, weil sie mit der Schwimmblase über ein effizientes Tarierorgan verfügen. Man unterscheidet zwischen Ersatz- und Deck- oder Hautknochen. Ersatzknochen bilden sich an zunächst knorpelig angelegten Skelettstrukturen, das Knorpelgewebe wird im Lauf der Entwicklung durch Knochen ersetzt. Die Deck- oder Hautknochen bilden sich im mesodermalen Gewebe der Haut. Bei einigen Fischen bilden diese Knochen

einen robusten Körperpanzer. Der Schädel besteht bei den Knochenfischen sowohl aus Ersatz- als auch aus Deckknochen.
Das Achsenskelett wird bei Fischen durch die Wirbelsäule gebildet, die sich vom Kopf bis zum Ansatz der Schwanzflosse erstreckt. Im Rumpf befinden sich die Verdauungs-, Exkretions- und Fortpflanzungsorgane. Die der Fortbewegung dienende Seitenrumpfmuskulatur besteht aus w-förmig ineinander gefügten Muskelsegmenten. Auf diese entfallen bis zu zwei Drittel des Körpergewichtes. Der hohe Anteil an Muskelfleisch macht die Fische zu einem wertvollen Nahrungsmittel.

Flossen

Die Flossen sind die Antriebs- und Steuerorgane der Fische. Sie bestehen aus strahlenförmigen Skelettelementen, die über eine Flossenhaut miteinander verbunden sind. Bei Haien und Rochen bestehen die Strahlen aus Knorpel. Die Flossen der Knochenfische unterscheiden sich wesentlich von denen der Knorpelfische. Die Strahlen bestehen bei ihnen aus knöchernen Strukturen, die mit bestimmten Muskeln aufgerichtet und angelegt werden können. Knorpelfische haben dagegen relativ starre Flossen, deren Bewegungsmöglichkeiten eingeschränkt sind. Ihr Steuer- bzw. Manövriervermögen ist deshalb begrenzt.
Die Anzahl und die Stellung der Flossen sind wichtige Merkmale für die Bestimmung von Fischen. Zunächst unterscheidet man zwischen paarigen und unpaarigen Flossen. Zu den paarigen Flossen gehören die Brust- und Bauchflossen. Die knochengestützten paarigen Flossen waren die Anlagen, aus denen sich die Beine der landlebenden Wirbeltiere entwickelten. Obwohl der Name

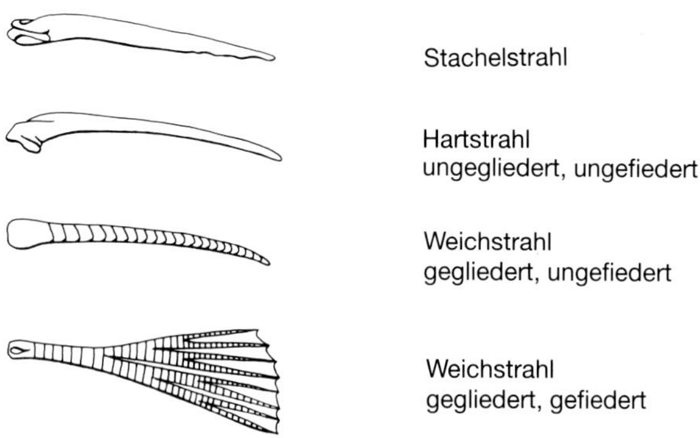

Die verschiedenen Typen von Flossenstrahlen.

es andeutet, setzen die Bauchflossen bei einigen Fischarten nicht am Bauch an. In Anpassung an bestimmte Lebensweisen sind sie nach vorne gewandert. Liegen sie unterhalb der Brust spricht man von bruststständigen Bauchflossen, z. B. bei vielen Grundeln (Gobiidae). Die Bauchflossen können sogar so weit vorne am Körper ansetzen, daß sie vor den Brustflossen liegen. In diesem Fall bezeichnet man sie als kehlständig, z. B. bei den Schleimfischen (Blenniidae). Die Rücken-, die Schwanz- und die Afterflosse sind unpaare Flossen. Einige Fischarten haben nicht nur eine, sondern mehrere Rükken- oder Afterflossen. Viele Vertreter aus der Familie der Dorsche haben drei Rücken- und zwei Afterflossen, z. B der Dorsch (*Gadus morhua* L.) oder der Schellfisch (*Melanogrammus aeglefinus* L.). Auch bei den Knorpelfischen gibt es Arten mit zwei Rückenflossen, wie den Sandhai (*Eugomphodus taurus* RAFINESQUE). Die Schwanzflosse überträgt den von der Rumpfmuskulatur erzeugten Vortrieb und ist damit bei den meisten Fischen das stärkste Antriebsorgan. Sie kann sehr unterschiedlich gebaut sein. Haie und Störe haben eine asymmetrische (heterocerke) Schwanzflosse. Die Wirbelsäule erstreckt sich bis in den oberen Lappen und stützt diesen dadurch besonders. Die meisten Knochenfische besitzen dagegen eine symmetrische (homocerke) Schwanzflosse. Die Flossenstrahlen setzen gleichmäßig ober- und unterhalb der Wirbelsäule an. Bei schnellen und ausdauernden Schwimmern ist sie meist tief gegabelt, z. B. bei den Stachelmakrelen (Carangidae).

Daneben gibt es bei einigen Fischfamilien, z. B. bei den Lachsfischen, eine weitere Flosse, die sogenannte Fettflosse. Diese sitzt zwischen der Rücken- und der Schwanzflosse, wird jedoch nicht durch Flossenstrahlen gestützt. Ihre Funktion ist nicht genau bekannt. Man vermutet, daß sie beim Schwimmen die Wirbelbildung reduziert und damit den Strömungswiderstand herabsetzt.

Bei den Flossenstrahlen der Knochenfische gibt es unterschiedliche Typen. Man unterscheidet zunächst zwischen Hart- und Weichstrahlen. Die Hartstrahlen bestehen jeweils aus einem Stück. Sie sind starr und richten die jeweilige Flosse auf. Sie liegen deshalb im vorderen Bereich der Flossen. Die Weichstrahlen bestehen aus Gliedern, die wie Münzen in einer Geldrolle übereinander liegen und deshalb nicht so starr sind. Die Hartstrahlen spannen die Flossen wie ein Segel auf, die Weichstrahlen verhindern das Einfalten der Flossenhaut. Damit die Weichstrahlen eine möglichst große Fläche in den Flossen stützen können, sind sie im hinteren Bereich meist verzweigt bzw. gefiedert. Die Hart- und Weichstrahlen gewährleisten die hohe Beweglichkeit der Flossen. Die Flossenstrahlen können durch Muskelfasern nicht nur aufgerichtet und angelegt, sondern auch seitwärts ausgelenkt werden und ermöglichen so wellenförmige Bewegungen der Flosse. Mit wellenartigen Bewegegungen der Rücken- und Afterflosse schwimmt z. B. der Drükkerfisch *(Balistes carolinensis* GMELIN). Hartstrahlen, die über die Flossenhaut hinaus ragen, werden als Stachelstrahlen bezeichnet.

Die Anzahl der Hart- und Weichstrahlen in den Flossen variiert innerhalb artspezifischer Grenzen. Aus diesem Grund ist die Anzahl der Flossenstrahlen ein wichtiges Merkmal für die Bestimmung von Fischen. Um im speziellen Teil bei der Beschreibung der Merkmale die formelartigen Angaben zu den Flossen verstehen zu können, werden diese kurz erläutert. Die Flossenformel besteht aus Buchstaben, welche als Kürzel für die jeweilige Flosse dienen. Die Buchstaben leiten sich von der wissenschaftlichen Bezeichnung der Flossen ab. Die Rücken- oder Dorsalflosse wird mit D abgekürzt, die After- oder Analflosse mit A, die Brust- oder Pectoralflosse mit P, die Bauch- oder Ventralflosse mit V und die Schwanz- oder Caudalflosse mit C. Bei Fischen mit mehreren Rücken- oder Afterflossen gibt die Zahl hinter dem Buchstaben an, auf welche Flosse sich die Angaben beziehen. D2 bedeutet z. B. die zweite Rückenflosse. Die Anzahl der Hartstrahlen in der jeweiligen Flosse wird mit römischen, die Anzahl der Weichstrahlen mit arabischen Ziffern angegeben.

Verschiedene Fischarten haben die Anzahl der Flossen reduziert. Beim Meeraal (*Conger conger* L.) fehlen die Bauchflossen, bei den Muränen (Muraenidae) sogar alle paarigen Flossen. Weiterhin können die unpaaren Flossen miteinander verschmelzen und einen Flossensaum ausbilden. Die zuletzt gennanten Fische sind auch Beispiele für diese Abwandlung der Flossen.

Die Flossen dienen verschiedenen Fischen nicht nur als Antriebs- und Steuerorgane. Mit Giftdrüsen verbundene Stachelstrahlen dienen der Verteidigung, mit auffälligen Färbungen versehene Flossen spielen innerhalb des Balz- und Territorialverhaltens eine wichtige Rolle bei der inner-

Flossenformel

Beispiel: Stöcker oder Bastardmakrele *Trachurus trachurus* (LINNAEUS, 1758)
D1 VIII, D2 I/28-34, A1 II, A2 I/23-33, P 20-21, V I/5

Die erste Rückenflosse besteht aus acht Hartstrahlen, die zweite aus einem Hart- und 28-34 Weichstrahlen; die erste Afterflosse aus zwei Hartstrahlen, die zweite aus einem Hart- und 23-33 Weichstrahlen; die Brustflosse aus 20-21 Weichstrahlen und die Bauchflosse aus einem Hart- und fünf Weichstrahlen.

artlichen Komunikation. Einige Fische laufen sogar mit ihren Flossen über den Grund. Der Seeteufel (*Lophius piscatorius* L.) kann mit seinen von armartigen Stummeln gestützten Brustflossen über den Boden kriechen. Bei den Knurrhähnen (Triglidae) sind die vorderen Strahlen der Brustflosse nicht über eine Flossenhaut miteinander verbunden und frei beweglich. Mit diesen können sie sich laufend über den Boden bewegen.

Die Flossen müssen nicht nur der Fortbewegung dienen, sie wurden bei einigen Fischen so abgewandelt, daß sie sich damit an das Substrat anheften können. Bei den Grundeln und beim Seehasen (*Cyclopterus lumpus* L.) bilden die Bauchflossen ein Saugorgan, mit dem sie sich z. B. an Felsen heften können. Weiterhin gibt es Fische, bei denen die Brustflossen tragflächenartig vergrößert sind. Mit diesen können sie kurze Strecken über die Wasseroberfläche fliegen, wie z. B. die Fliegenden Fische (Exocoetidae). Die Flossen können auch der Fortpflanzung dienen. Es gibt Fische, bei denen die Eier im Inneren des Weibchens befruchtet werden. Die Männchen übertragen die Spermien mit Flossen, die zu Begattungsorganen umgewandelt wurden. So pflanzen sich Haie und Rochen über eine innere Befruchtung der Eier fort. Die Männchen paaren sich mit den Weibchen mit Begattungsorganen, die von den inneren Abschnitten der Bauchflosse gebildet werden. Diese griffelartigen Strukturen werden als Klasper oder Pterygopodien bezeichnet. Sie werden bei der Paarung in die Geschlechtsöffnung der Weibchen eingeführt und übertragen das abgegebene Sperma. An den Klaspern lassen sich männliche Haie und Rochen leicht von den weiblichen Unterscheiden.

Eine bemerkenswerte Abwandlung der Flossen gibt es bei dem bereits mehrfach genannten Seeteufel. Bei ihm sind die vorderen drei Flossenstahlen der ersten Rückenflosse vereinzelt. Der erste Flossenstrahl liegt vor den Augen und ist stark verlängert. An seiner Spitze trägt er einen fleischigen Hautlappen, der an die Tentakelkrone eines Röhrenwurms erinnert. Mit diesem Köder lockt er Beutefische in seine Nähe, die plötzlich mit dem weit aufgerissenen Maul geschnappt werden.

Schuppen und Haut

Die rezenten mit Kiefer versehenen Fische stammen von kieferlosen Vorfahren ab, deren Körper mit Hautknochen gepanzert war und die deshalb als Panzerfische (Ostracodermi) bezeichnet werden. Der knöcherne Hautpanzer entstand wahrscheinlich im Zusammenhang mit der Besiedlung des Süßwassers. Dort ist die Salzkonzentration niedriger als innerhalb des Körpers. Da Wassermoleküle die Zellmembranen frei passieren können, die meisten Ionen jedoch nicht, dringt im Süßwasser Wasser in das Gewebe ein. Das eindringende

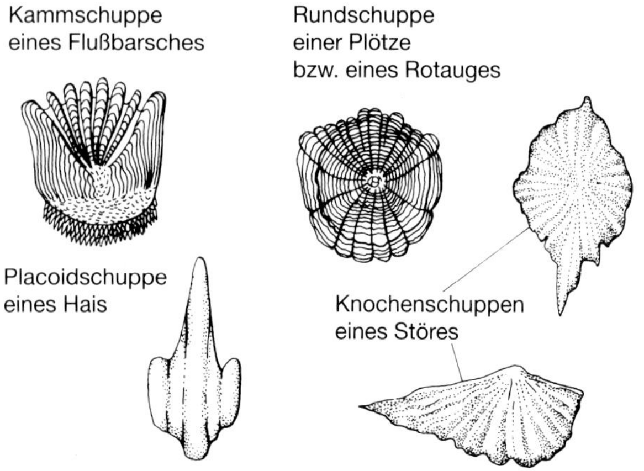

Verschiedene Schuppentypen

Wasser wird über Organe, die der sogenannten Osmoregulation dienen, wieder abgegeben, um die Salzkonzentration in den Geweben auf dem gleichen Niveau zu halten. Mit dem eindringenden Wasser gelangt aber auch gelöster Kalk in den Körper, der an dessen Oberfläche wieder abgeschieden wurde. Aus solchen kalkabscheidenen Geweben haben sich wahrscheinlich die Hautknochen entwickelt. Der Knochenpanzer begrenzte bei den Panzerfischen nicht nur den Wassereinstrom durch die Haut, er bildete auch eine wirksame Schutzstruktur. Um die Beweglichkeit zu erhöhen, wurde der zunächst aus großen Knochenplatten bestehende Panzer zunehmend in kleinere Strukturen aufgelöst, von denen sich die Schuppen der gegenwärtig lebenden Fische ableiten. Die Schuppen bilden einen mechanischen Schutz vor Verletzungen und vor Ektoparasiten. Einige Fischarten haben die Schuppen so verkleinert, daß sie kaum noch mit bloßem Auge erkennbar sind, wie z. B. der Aal (*Anguilla anguilla* L.); andere haben sie ganz reduziert, wie z. B. die Schleimfische (Blenniidae).

Fische ohne Schuppen schützen ihren Körper mit einer entsprechend dicken Schleimschicht.

Die Schuppen der Reptilien stammen nicht von denen der Fische ab. Sie bestehen aus einer hornartigen Substanz und werden von der äußeren (ektodermalen) Hautschicht gebildet. Fischschuppen bilden sich in der mittleren (mesodermalen) Hautschicht, der sogenannten Lederhaut, und sind knöchernen Ursprungs. Die Schuppen der Knorpelfische unterscheiden sich von denen der Knochenfische. Durch eine Reduktion der Knochenplatten der Panzerfische entstanden bei ihnen die sogenannten Placoidschuppen. Diese münden von einer rhombenförmigen Platte ausgehend in einem spitzen, nach hinten gerichteten Dorn, der aus Zahnbein (Dentin) besteht und mit einer Schmelzschicht überzogen ist. Die kleinen spitzen Placoidschuppen verleihen den Haien und Rochen eine rauhe Oberfläche, die sich wie Sandpapier anfühlt. Man nimmt an, daß sich die Zähne auf dem Kiefer der Knorpelfische von den Placoidschuppen ableiten lassen. Während die Knochenfische den Reibungswiderstand der Haut durch eine nach außen abgegebene Schleimschicht herabsetzen, übernehmen bei den Knorpelfischen die Placoidschuppen diese Funktion. Sie sind so angeordnet, daß das Wasser beim Schimmen in den Vertiefungen ruht und damit die reibende Fläche verringert.

Die Schuppen der Knochenfische werden in Hauttaschen gebildet. In diesen befinden sich Zellen, die das organische Material abscheiden. Die Schuppen sind dachziegelartig angeordnet. Sie wachsen in übereinander liegenden Lagen, wobei die unteren, jüngeren Lagen mit dem wachsenden Fisch immer größer werden. Dadurch bilden sich auf der Schuppe von oben betrachtet ringförmige Strukturen, an denen das Alter eines Fisches bestimmt werden kann. Auf der Oberfläche der Schuppen befinden sich ringförmige Leisten (Sklerite) und Furchen (Striae). In den gemäßigten Breiten wachsen Fische im Sommer bei höheren Temperaturen und höherem Nahrungsangebot schneller als im Winter. Die Ringleisten werden

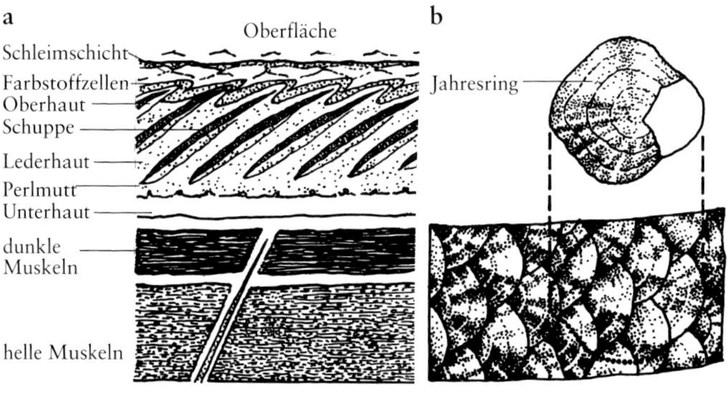

Aufbau der Haut (a) und Schuppen (b) des Knochenfisches
a) Blockdiagramm
b) Rundschuppe (Aufsicht)

bei schnellen Wachstumsphasen mit weiterem Abstand zueinander angelegt als bei langsameren. Dicht beieinander liegende Sklerite wirken dunkel, mit größerem Abstand angelegte hell. Die Ränder eines dunklen Rings werden als Jahresring oder Anulus bezeichnet. An der Anzahl der hellen und dunklen Ringe kann das Alter eines Fischs bestimmt werden. Die mit konzentrischen Wachstumsstrukturen versehenen und aus feinen, übereinander liegenden Plättchen bestehenden Schuppen der modernen Knochenfische (Teleostei) werden als Elasmoidschuppen bezeichnet. Man unterscheidet bei diesen zwischen primitiveren Rundschuppen (Cycloidschuppen) und höherentwickelten Kammschuppen (Ctenoidschuppen). Letztere kommen innerhalb der Barschartigen (Perciformes) vor. Sie tragen im Gegensatz zu den Rundschuppen mehrere Reihen (kammartig angeordnet) kleiner Zähnchen, so daß sich die Haut von Fischen mit Kammschuppen rauh anfühlt.
Die Anzahl der Schuppen entlang des Körpers variiert innerhalb artspezifischer Grenzen. Sie gehört deshalb zu den meristischen (alles was gezählt werden kann) Daten, die für die Beschreibung einer Fischart relevant sind. Im speziellen Teil finden sich daher Angaben über die Schuppen entlang der Seitenlinie. Diese Linie läßt sich meist in Form einer Punktreihe auf dem Körper eines Fisches erkennen. Sie kann gerade oder gebogen verlaufen. Daneben werden in der Literatur auch die Anzahl der Schuppen oder Schuppenreihen entlang anderer Linien angegeben, z. B. die maximale Anzahl der Schuppenreihen von der Rückenflosse bis zur Seitenlinie.
Die bereits erwähnte Schleimschicht auf der Haut von Knochenfischen wird von Zellen in der äußeren Hautschicht, der sogenannten Epidermis, abgegeben. Sie setzt nicht nur den Reibungswiderstand beim Schwimmen herab, sondern dient auch als Schutz vor der Besiedlung mit pathogenen Keimen oder Parasiten. Sie enthält Substanzen, die gegen Bakterien oder Pilze wirken, wie z. B. Lysozym. Wird die Schleimschicht bei Verletzungen abgerieben, kommt es an den betreffenden Stellen oft zu Infektionen. Die Schleimschicht erschwert auch das Anheften von Parasiten. Diese müssen über spezielle Strukturen verfügen, um sich auf der schleimigen Haut festsetzen zu können.
Zu den auffälligsten Bestimmungsmerkmalen eines Fisches gehört dessen Färbung. Hierbei ist jedoch zu berücksichtigen, daß die Fische ein und derselben Art je nach Gewässer, Geschlecht, Alter oder Stimmung unterschiedlich gefärbt sein können. Die Färbung wird durch spezielle Zellen in der Lederhaut hervorgerufen. Diese sind stern- oder rosettenartig geformt und enthalten in abgegrenzten Räumen (Vakuolen) Farbstoffe bzw. Pigmente in Form von Körnern oder Tröpfchen. Die Farbzellen (Chromatophoren) werden anhand der enthaltenen Pigmente

unterschieden. Solche mit schwarzen Pigmenten bezeichnet man als Melanophoren; sie enthalten meist das dunkel gefärbte Melanin. Daneben gibt es auch Zellen mit z. B. gelben (Xanthophoren) oder roten (Erythrophoren) Pigmenten. Die Anzahl der Farbzellen in der Haut verändert sich im Verlauf des Lebens eines Fisches. Darüber hinaus können viele Fische die Anordnung der Farbpigmente in den Zellen steuern und dadurch ihre Färbung verändern. Dabei werden die mit Pigmenten gefüllten Strukturen in den Zellen ausgedehnt oder zusammengezogen. Einen besonderen Typ von Farbzellen bilden die sogenannten Glanzzellen oder Iridozyten. Sie enthalten Substanzen, welche das Licht reflektieren (Guanin). Der silbrige Glanz vieler Fischarten ist auf diese Zellen zurückzuführen.

Kiemen

Bei Knorpelfischen befinden sich die Kiemen in Spalten, durch die das Atemwasser vom Vorderdarm nach außen fließt. Die Kiemenplättchen liegen als dicht mit Blutgefäßen durchzogene Schleimhautfalten an der Vorder- und Hinterwand jeder Spalte. Die meisten Hai- und Rochenarten haben fünf Kiemenspalten auf jeder Körperseite. Die Knochenfische hingegen haben ihre Kiemen in einer Kiemenhöhle, die von einem aus mehreren Knochen bestehenden Deckel geschützt wird. Der Vorderkiemendeckel (Präoperculum) und der Kiemendeckelknochen (Operculum) am freien Rand bilden eine Einheit, mit der die Kiemenhöhle fest verschlossen werden kann. Durch das Schließen der Deckel und das Absenken des Mundbodens kann im Maul ein Unterdruck erzeugt werden, mit dem Atemwasser oder Nahrung eingesaugt wird. Die Kiemen werden durch vier paarige Knochenbögen gestützt. Ihre Oberfläche ist durch die Feinstruktur stark vergrößert, damit die Abgabe von Kohlendioxid und die Aufnahme von Sauerstoff über eine möglichst große Fläche erfolgen kann. Um den Gasaustausch zu begünstigen, haben die kapillar aufgezweigten Blutgefäße dünne Wandungen. Das durchschimmernde Blut verleiht ihnen daher eine intensive rote Färbung. Meeresfische geben über die Kiemen auch mit dem Wasser aufgenommene Salze ab.

Bau und Funktion der Schwimmblase

Innerhalb dieser kurzen Einführung über den Bau und die Funktion des Fischkörpers können nicht alle inneren Organe und Strukturen der Fische beschrieben werden. Auf die Schwimmblase wird deshalb näher eingegangen, weil sie nur bei Knochenfischen vorkommt und ihre Leistungen für Taucher besonders interessant sind. Taucher tarieren nach dem gleichen Prinzip mit gasgefüllten Hohlräumen in Westen oder Jackets. Wie bereits erwähnt, dient die

Schwimmblase den Fischen als hydrostatisches Organ. Mit ihrer Hilfe erzeugen sie einen Auftrieb, der dem Absinken des Körpers infolge seines höheren spezifischen Gewichtes entgegenwirkt. Indem Fische mit der Schwimmblase tarieren, benötigen sie weniger Energie für Schwimmbewegungen, die dem Auftrieb dienen. Damit einhergehend konnte bei ihnen die Steuerfunktion der Flossen in den Vordergrund treten und das Manövriervermögen gesteigert werden. Die Schwimmblase entstand aus einer Aussackung des Vorderdarms und ist mit einem weißen bis silbrigen Bindegewebe ausgekleidet. Wahrscheinlich leitet sie sich von einer Struktur ab, welche ursprünglich der Atmung diente. Sie befindet sich im oberen Bereich der Körperhöhle unterhalb der Wirbelsäule und der Nieren. Bei verschiedenen Fischen ist sie durch ein Septum in zwei Kammern unterteilt. Das Volumen der Schwimmblase entspricht bei Meeresfischen ca. 5% des Körpervolumens, bei Süßwasserfischen dagegen ca. 7%.

Im Wasser ist die Verwendung eines gasgefüllten Hohlraumes zur Erzeugung von Auftrieb nur dann sinnvoll, wenn die Gasmenge reguliert werden kann, da das von diesem eingenommene Volumen nach dem Gesetz von Boyle und Mariotte vom Druck abhängig ist. Bei Gasen in geschlossenen Hohlräumen ist das Produkt aus Volumen und Druck bei gleicher Temperatur konstant. Im Wasser steigt der Druck pro 10 m Tiefe um ein bar bzw. um ca. eine Atmosphäre. Daraus ergeben sich folgende Konsequenzen: Schwimmt ein Fisch in tieferen Schichten, verringert der steigende Druck das Volumen des in der Schwimmblase eingeschlossenen Gases und damit den Auftrieb. Taucht er z. B. 10 m tief ab, halbiert sich das Gasvolumen in der Schwimmblase. Um das Volumen konstant zu halten, erhöhen Fische die Gasmenge, indem im Blut gelöstes Gas in die Schwimmblase abgegeben wird. Umgekehrt verhält es sich, wenn ein Fisch nach oben steigt. Der abnehmende Druck führt zu einer Ausdehnung des Gases in der Schwimmblase. Die Volumenzunahme könnte das Platzen der Schwimmblase verursachen oder den Auftrieb so stark erhöhen, daß der Fisch an die Wasseroberfläche treibt, wenn er die Gasmenge in der Schwimmblase nicht entsprechend reduzieren würde. Fische tolerieren eine Volumenänderung der Schwimmblase um maximal 25%.

Für die Regulation der Gasmenge verfügen Fische über verschiedene Mechanismen. Bei den ursprünglicheren Arten besteht noch eine Verbindung zwischen der Schwimmblase und dem Vorderdarm, der sogenannte Ductus pneumaticus. Über diesen Gang kann an der Wasseroberfläche verschluckte Luft in die Schwimmblase gepreßt und bei Überdruck wieder abgegeben werden. Auf diese Weise tarieren z. B. die Vertreter aus der Familie der Heringe (Clupeidae). Die Fischarten, bei denen der Schwimmblasengang vorhanden ist, werden unter dem Begriff Physostomen zusammengefaßt. Bei den höher entwickelten Fischen, die man als Physoclisten bezeichnet, wird der Schwimmblasengang im Verlauf der Embryonalentwicklung reduziert. Gas kann nicht mehr über den Darm aufgenommen oder abgegeben werden. Das Füllen der Luftblase mit an der Wasseroberfläche verschluckter Luft ist jedoch nur für Fische zweckmäßig, die in geringen Wassertiefen leben. Um auch in größerer Tiefe Gas in das Lumen der Schwimmblase sezernieren zu können, entwickelte sich bei den Fischen eine Gasdrüse an ihrer Unterseite. Dabei handelt es sich um eine Struktur an der Schwimmblase, in der zahlreiche, kapillar verzweigte Blutgefäße in einem sogenannten Wundernetz (Rete mirabilis) angeordnet sind. Darin befinden sich parallel verlaufende und nach dem Gegenstromprinzip funktionierende Kapillaren, die einerseits sauerstoffreiches Blut zur Schwimmblase transportieren (afferent) und andererseits solche, die sauerstoffarmes Blut von ihr weg führen (efferent). In der Schwimmblase ist der Partialdruck der Gase höher als im Blut. Folglich müssen diese gegen das Gefälle von der Gasdrüse in ihr Lumen abgegeben werden. Dies wird zum einen über den Gegenstrom des Blutes in den Kapillaren und zum anderen durch dessen Ansäuerung in der Gasdrüse realisiert. Durch die Abgabe von Milchsäure wird der pH-Wert des Blutes und damit die Löslichkeit der Gase gesenkt (Root-Effekt), so daß diese in die Schwimmblase diffundieren.

Beim Auftauchen muß das sich infolge des Druckabfalls in der Schwimmblase ausdehnende Gas abgegeben werden. Während bei den Physostomen Gasblasen über den Ductus pneumaticus austreten können, sind die Physoclisten ausschließlich auf das sogenannte Oval angewiesen. Diese taschenartige Erweiterung liegt meist gegenüber der Gasdrüse im hinteren Bereich der Schwimmblase bzw. in der hinteren Kammer. Im Oval befinden sich ebenfalls zahlreiche, kapillar verzweigte Blutgefäße. Dort diffundiert das Gas entspechend seinem Konzentrationsgefälle in das Blut. Die Gasabgabe wird sowohl über die Durchblutung des Ovals als auch über die für die Gasabgabe zur Verfügung stehende Fläche reguliert. Die Öffnung zum Lumen der Schwimmblase kann über ein Diaphragma erweitert oder verkleinert werden.

Mit der Gasdrüse und dem Oval können die Physoclisten das Gasvolumen in der Schwimmblase und damit den Auftrieb regulieren. Überwinden sie beim Ab- oder Auftauchen größere Tiefenunterschiede, müssen entsprechend große Gasmengen in die Schwimmblase abgegeben oder von ihr abgeführt werden. Dies hat zur Folge, daß größere Tiefenänderungen bei ihnen nur langsam erfolgen können. Werden z. B. Dorsche *(Gadus morhua* L.*)* mit Schleppnetzen in größerer Tiefe gefangen und an die Oberfläche gezogen, kann die sich ausdehnende Gasmenge nicht schnell genug abgeführt werden. Die Schwimmblase dehnt sich aus, bis sie platzt oder aus dem Maul gedrückt wird. Die Physostomen, zu denen der Hering *(Clupea harengus* L.*)* gehört, können dagegen relativ rasch auftauchen und sich dadurch den ihnen nachstellenden Dorschen entziehen. Die Makrele *(Scomber scombrus* L.*)* kann Heringe auch bei größeren Tiefenänderungen folgen. Für sie war es vorteilhafter, die Schwimmblase zu reduzieren und dadurch schnell ab- oder auftauchen zu können, da sie dadurch besser jagen und sich vor Freßfeinden schützen kann.

Ein Selektionsdruck zur Erhaltung der Schwimmblase fehlt bei Fischen, die nicht im freien Wasser, sondern auf dem Grund leben. Daher wird sie bei vielen Fischen mit bodenorientierter Lebensweise embryonal angelegt und im Verlauf ihrer Entwicklung wieder rückgebildet, z. B. bei Schleimfischen (Blenniidae), Grundeln (Gobiidae) oder Plattfischen (Pleuronectidae).

Sinnesorgane

Geruchs- und Geschmackssinn

Bei im Wasser lebenden Tieren läßt sich der Geruchs- nur schwer von dem Geschmackssinn trennen. Fische können mit speziellen Rezeptoren zwischen den Geschmacksqualitäten süß, sauer, bitter und salzig unterscheiden. Die Geschmacksrezeptoren sind im und am Maul sowie an den Lippen und Barteln besonders zahlreich, können aber auch vereinzelt auf dem Körper vorkommen. Im Maul sind sie in Form von Geschmacksbechern oder -knospen angeordnet. Sie dienen hauptsächlich dem Schmecken, d. h. die Fische überprüfen mit diesem Sinnesorgan die Genießbarkeit ihrer Nahrung. Somit ist der Geschmackssinn ein Nahsinn, während der Geruchssinn eher der Wahrnehmung von Duftstoffen aus größerer Entfernung dient.

Spezifische Duftstoffe nehmen Fische über die paarigen Nasenöffnungen wahr. In diesen befindet sich eine rosettenartig gefaltete Riechschleimhaut. Durch die Faltung wird die Oberfläche des Riechepithels und damit die Anzahl der darin befindlichen Geruchsrezeptoren vergrößert. Damit die Richtung, aus der die Geruchsstoffe kommen, wahrgenommen werden kann, muß beim Schwimmen ein gerichteter Wasserstrom entlang des Riechepithels erzeugt werden. Dies erreichen die meisten Fische über eine Hautfalte, die wie eine Stauklappe quer über der Nasenöffnung liegt und als Velum bezeichnet wird. Sie bewirkt, daß das

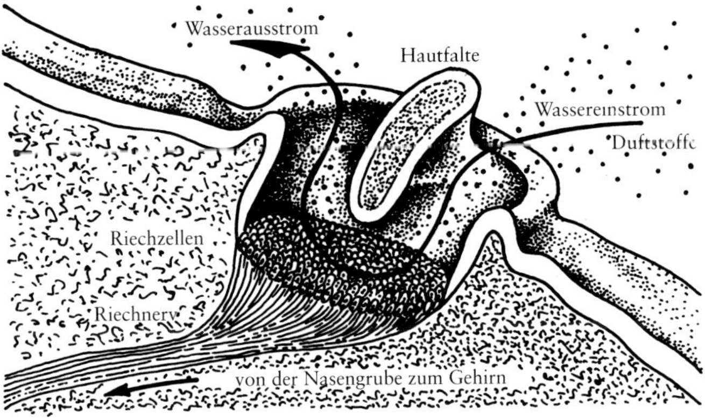

Nasengruben eines Fisches (Längsschnitt)

Wasser beim Schimmen durch die vordere Öffnung ein- und durch die hintere ausstömt.
Das geruchliche Wahrnehmungsvermögen ist bei verschiedenen Fischarten besonders ausgeprägt. Beim Aal wurde z. B. nachgewiesen, daß die Sinneszellen sogar auf einzelne Moleküle bestimmter Geruchsstoffe reagieren. Lachse, die zum Laichen vom Meer in die Flüße aufsteigen, erkennen ihr „Heimatgewässer", in dem sie aus den Eiern schlüpften und die ersten Phasen ihres Lebens verbrachten, an seinem Geruch. Die jungen Lachse prägen sich den spezifischen Geruch ihres Laichgewässers ein, bevor sie ins Meer wandern, um dort bis zum Eintritt der Geschlechtsreife heranzuwachsen. Wenn sie laichreif geworden sind, finden sie den Mündungsbereich ihres Laichgewässers an den spezifischen Geruchsstoffen und schwimmen ihnen entgegen (positive Rheotaxis). Die von den Geruchssinneszellen kommenden Reize werden im Endhirn verarbeitet, das deshalb auch als Riechhirn bezeichnet wird. An dessen Basis befinden sich zwei Anschwellungen (Bulbi olfactorii), die bei Fischen mit ausgerägtem Geruchssinn, wie z. B. bei den Haien, besonders stark entwickelt sind.

Optischer Sinn

Fische haben Augen, die in ihrem Aufbau den Wirbeltieraugen entsprechen. Man spricht bei diesen von inversen Augen, weil die lichtempfindlichen Zellen in der Netzhaut von Wirbeltieren von der Linse abgewandt sind. Im Gegensatz hierzu sind z. B. im Auge eines Kraken die Sinneszellen dem eintretenden Licht zugewandt (evers). Dieser deutliche Unterschied im Aufbau der Netzhaut läßt sich durch die unterschiedliche Herkunft und Bildung der Augen erklären. Bei Wirbeltieren entstehen die Augen

aus einer Ausstülpung des Zwischenhirns. Diese sogenannte Augenblase stülpt sich nach innen ein und bildet dabei den Augenbecher, dessen innere Schicht die Netzhaut bildet. An der Stelle, an welcher der Augenbecher die Epidermis berührt, entsteht die Linse, die sich im Verlauf der Entwicklung des Embryos von dieser abschnürt und in den Augenbecher einsinkt. Fische haben eine kugelförmige Linse, die das Licht entsprechend stark bricht. Im Unterschied zu den Augen von Säugetieren erfolgt bei ihnen die Scharfeinstellung von entfernten Objekten, das sogenannte Akkomodieren, nicht über eine Verformung der Linse, sondern über ihre Verschiebung relativ zur Netzhaut. Die Linse wird durch die ansetzenden Muskeln nach hinten oder wieder zurück nach vorne gezogen und behält dabei ihre runde Form bei.
Um das eintretende Licht optimal ausnutzen und die Lichtempfindlichkeit erhöhen zu können, haben die Fische in der Gefäßhaut des Auges eine lichtreflektierende Schicht entwickelt, das sogenannte Tapetum lucidum. Diese Schicht entsteht durch die Einlagerung von Guaninkristallen in eine flache Zellschicht. Das durch die Linse eintretende Licht reizt die Sinneszellen in der Netzhaut zweimal: einerseits beim Eintritt in die Netzhaut und andererseits, nachdem es vom Tapetum reflektiert wurde. Aus diesem Grund leuchten die Augen vieler Fische auf, wenn sie direkt angestrahlt werden.

Seitenlinienorgan

Das Seitenlinienorgan ist ein der Wahrnehmung von Druckwellen dienendes Sinnesorgan, das nur bei primär wasserlebenden Wirbeltieren vorkommt. Dieser „Ferntastsinn" besteht aus Rezeptoren in der Haut, die sich in Kanälen befinden. Die Kanäle stehen über reihenartig angeordneten Poren mit der Außenwelt in Verbindung. An den Flanken münden die Kanäle an durchbohrten Schuppen nach außen und sind deshalb gut zu erkennen. Die meisten Fische haben jeweils eine Porenreihe entlang der Flanken, die als Seitenlinie bezeichnet wird. Die Anzahl der Schuppen entlang der Seitenlinie schwankt innerhalb artspezifischer Grenzen und wird deshalb bei der meristischen Beschreibung der Fischarten angegeben. So hat z. B. die Scholle *(Pleuronectes platessa* L.*)* 88-115 Schuppen entlang der Seitenlinie.
Im Innern der schleimgefüllten Kanäle sitzen Sinneszellen (Neuromasten), deren haarfeine Fortsätze (Kinozilien) bündelartig zusammengefaßt sind (Cupula) und in das Lumen ragen. Bewegte Objekte erzeugen im Wasser Druckwellen, die den Schleim in den Kanälchen verschieben und dabei die Haarfortsätze aus ihrer Ruhestellung bewegen. Durch die Auslenkung der Haarfortsätze werden in den Sinneszellen Reize erzeugt, mit denen der Fisch die Intensität und die Richtung von Druckwellen im Wasser wahrnehmen kann.

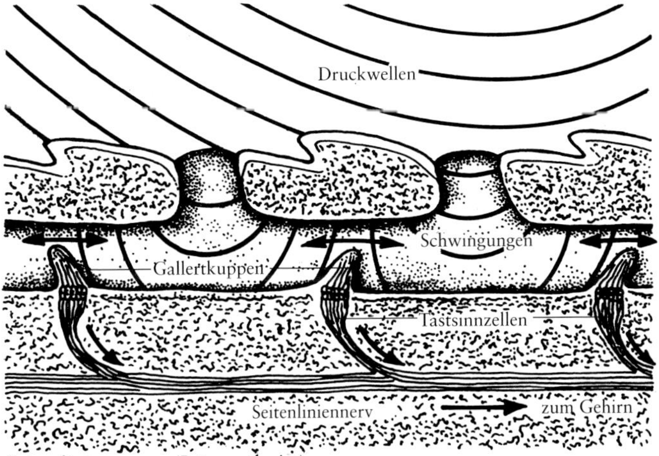

Seitenlinienorgan (Längsschnitt)

Mit dem Seitenlinienorgan können Fische nicht nur Strömungen wahrnehmen und sich an diesen orientieren. Die beim Schwimmen erzeugten und an den Objekten der Umgebung reflektierten Druckwellen ermöglichen auch das Erkennen von Hindernissen. Weiterhin dient es der Ortung von sich bewegenden Beutetieren. Mit Hilfe des Seitenlinienorgans können Fische selbst im trüben Wasser oder bei Dunkelheit jagen. Darüber hinaus dient dieser Ferntastsinn auch der Koordination der Schwimmbewegungen von Fischen innerhalb eines Schwarms.

Gehör

Obwohl Fische keine äußerlich erkennbaren Ohren haben, können sie auch hören. Schallwellen breiten sich im Wasser als Druckwellen aus. Diese können Fische je nach Frequenz mit dem Seitenlinienorgan oder dem Innenohr wahrnehmen. Tiefe Frequenzen unter 100 Hertz (1 Hertz = 1 Schwingung pro Sekunde) werden mit dem Seitenlinienorgan erkannt. So hören z. B. Haie Töne mit tiefen Frequenzen, die u.a. der Mensch beim Schwimmen erzeugt und die denen von verletzten Fischen ähnlich sind. Schallwellen mit höheren Frequenzen werden bei Fischen von zwei bläschenartigen Erweiterungen des Innenohrs (Saculus und Lagena) wahrgenommen. In diesen befinden sich Gehörsteinchen (Otholithen), die jeweils auf einem Polster (Macula) aus Sinneszellen (Kinozilien) liegen. Die Schallwellen werden vom Körper aufgenommen und über die im Innenohr befindliche Lymphflüssigkeit und die Gehörknöchelchen übertragen, welche

Innenohr eines Fisches

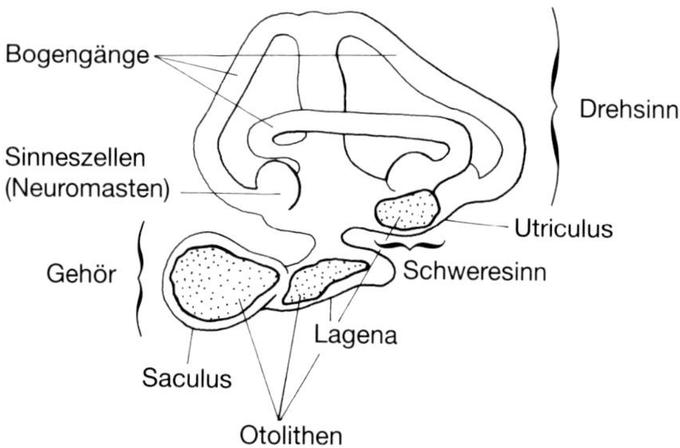

Die Otolithen liegen auf einem Bündel aus Sinneszellen, deren Haarfortsätze durch das Gewicht bei Bewegungen ausgelenkt werden.

ihrerseits die Haarfortsätze der Sinneszellen auslenken und so einen Reiz auslösen. Das Hörvermögen der Fische ähnelt dem des Menschen. Im Gegensatz zu landlebenden Wirbeltieren können Fische jedoch nicht die Richtung orten, aus der die Schallwellen kommen.

Ein besonders gut entwickeltes Hörvermögen haben Fische, die Schallwellen mit der Schwimmblase aufnehmen und über spezielle Knochen in das Innenohr leiten können. Die der Weiterleitung der Schallwellen dienenden Knochen stammen von Wirbelanlagen ab und wurden nach ihrem Entdecker als Webersche Knöchelchen oder Weberscher Apparat bezeichnet. Man faßt die Fischarten mit einem Weberschen Apparat in der Gruppe der sogenannten Ostariophysen zusammen (z. B. Karpfenfische und Welse). Bei ihnen entsprechen die Funktionen der Schwimmblase und der Weberschen Knöchelchen denen des Trommelfells und der Mittelohrknochen (Hammer, Amboß und Steigbügel) beim Menschen.

Mit den Fischen wachsen auch die Gehörsteinchen und bilden dabei in ihrem Inneren konzentrische Ringe aus. Um diese sichtbar zu machen, muß man die Otholithen herauspräparieren, in ein geeignetes Material einbetten (z. B. Kunstharz) und schleifen. Wie bei den Schuppen beschrieben, läßt sich das Alter eines Fisches auch an den Zuwachsraten der Gehörsteinchen bestimmen.

Fische können Schallwellen nicht nur wahrnehmen, sondern auch welche erzeugen. Sie geben Laute von sich, in dem sie z. B. Zähne oder Flossenstrahlen aneinanderreiben. Bei einigen Fischarten dient die Schwimmblase auch als Resonanzkörper und zur Lauterzeugung. Einige Vertreter aus der Familie der Umberfische, wie z. B. der Meerrabe *(Sciaena umbra* L.*)* oder der in der Nordsee vorkommende Rote Knurrhahn *(Trigla lucerna* L.*)* versetzen mit einem speziellen Muskelapparat ihre Schwimmblase in Schwingungen und erzeugen so Geräusche. Die Umberfische geben beim Fressen Trommelgeräusche von sich und locken so Artgenossen zur Futterquelle. Bei den Knurrhähnen dienen die hervorgebrachten Töne wahrscheinlich als Signale im Dienst ihres Fortpflanzungsverhaltens. Es gibt noch weitere Mechanismen, mit denen Fische Laute erzeugen. Die Erkenntnisse über die akustische Kommunikation bei Fischen nehmen stetig zu und offenbaren einen wachsenden Forschungsbedarf.

Raumorientierungssinn

Die Besiedlung des freien Wassers und die schwimmende Fortbewegungsweise machte bei den Fischen Sinnesorgane erforderlich, mit denen Bewegungen und die Lage des Körpers im dreidimensionalen Raum wahrgenommen werden konnten. Der Gleichgewichts- und der Beschleunigungssinn ist bei den Fischen wie das Gehör im Ohr lokalisiert. Das Innenohr setzt sich aus dem Utriculus und der Lagena sowie dem darüber liegenden Labyrinth zusammen. Letzteres besteht aus drei Bögen, die im senkrechten Winkel zu den drei Ebenen des Raumes angeordnet sind. Die Bögen sind mit einer Lymphflüssigkeit (Endolymphe) gefüllt und an ihrer Basis aufgewölbt. In diesen Ampullen befinden sich bündelartig zusammengefaßte Sinneszellen, die in ihrem Aufbau und in ihrer Funktion denen im Seitenlinienorgan entsprechen. Ihre Haarfortsätze (Kinozilien) sind in eine Gallerthülle (Cupula) eingebettet und werden beim Beschleunigen des Körpers durch die Trägheit der Lymphflüssigkeit in den Bogengängen und den Ampullen entgegen der Bewegungsrichtung ausgelenkt. Bei Bewegungen in eine bestimmte Richtung werden die Sinneszellen in den jeweiligen Bögen unterschiedlich stark gereizt. Deshalb kann ein Fisch mit seinem Labyrinth nicht nur Beschleunigungsbewegungen, sondern auch Richtungsänderungen registrieren.
Mit einer weiteren Struktur im Innenohr nehmen Fische wahr, wo oben und unten ist. In einem verknöcherten Bläschen, dem sogenannten Utriculus, befindet sich ein weiteres Gehörsteinchen, das an Bändern aufgehängt ist und auf einem aus Sinneszellen bestehen Polster liegt. Deren Haarfortsätze werden bei Bewegungen durch das Gewicht des Gehörsteinchens ausgelenkt. Dabei entstehen Reize, die das Zentralnervensystem über die jeweilige Lage des Fisches im Raum informieren. Die Raumorientierung erfolgt bei Fischen jedoch nicht ausschließlich über

das Ohr. Der mit den Augen wahrgenommene Lichteinfall spielt bei der vertikalen Ausrichtung der Körperachse ebenfalls eine Rolle. Die meisten Fische schwimmen mit dem Rücken zum einfallenden Licht hin. Dies ist als Anpassung zum Schutz vor Freßfeinden zu verstehen, da die meisten Fische auf der Oberseite dunkler gefärbt sind, so daß sie sich von oben betrachtet kaum vom Untergrund abheben. In der Natur tritt das Licht von oben in ein Gewässer ein. Wenn man einen Fisch im Aquarium nur von der Seite bestrahlt, schwimmt er weder aufrecht noch auf der Seite liegend, sondern in einem dazwischen liegenden Winkel durchs Wasser. Diese Beobachtung läßt sich dadurch erklären, daß Sinneszellen im Ohr und in den Augen dem Gehirn unterschiedliche Informationen darüber liefern, ob der Körper nach oben oder zur Seite ausgerichtet ist.

Elektrischer Sinn

Innerhalb der Klasse der Fische hat sich mehrfach unabhängig voneinander die Fähigkeit zur Wahrnehmung von elektromagnetischen Feldern entwickelt. Einige Vertreter haben so empfindliche Elektrorezeptoren, daß sie Spannungsunterschiede von einem hunderttausendstel Volt je Zentimeter registrieren können (Glattrochen). Damit verfügen sie über die sensibelsten bekannten Elektrorezeptoren im Tierreich. Bei den Knorpelfischen erfolgt die Wahrnehmung der elektromagnetischen Felder über modifizierte Sinnesorgane des Seitenlinienorgans, den sogenannten Lorenzinischen Ampullen. Diese Rezeptoren bestehen jeweils aus einem Kanal, der von der Hautoberfläche in eine Ampulle führt, in der sich sensorische Zellen befinden. Die nach außen mündenden Poren liegen bei Haien gut erkennbar am Kopf und bei Rochen auf der Unterseite der vergrößerten Brustflossen. Mit Hilfe der Elektrorezeptoren können sie nicht nur die schwachen Gleichspannungsfelder von lebenden, im Substrat eingegrabenen Beutetieren wahrnehmen, sondern auch das Magnetfeld der Erde. Bei Haien wurde nachgewiesen, daß sie sich an den magnetischen Feldlinien der Erde orientieren können.

Die Fähigkeit, Beutetiere über schwache elektrische Felder orten zu können, wurde von einigen Fischarten weiterentwickelt, in dem sie diese elektrischen Felder selbst erzeugen. Hierfür wurden quergesteifte Muskelfasern so abgewandelt und zusammengefaßt, daß sie elektrische Potentiale erzeugen können. Mit diesen Organen werden elektrische Felder aufgebaut, die in charakteristischer Weise durch die in der Umgebung befindlichen Objekte verzerrt werden. Über die wahrgenommenen Verzerrungen des erzeugten elektrischen Feldes kann der jeweilige Fisch auf die Form, Größe und Entfernung der Objekte rückschließen. So verfügt z. B. der Himmelsgucker *(Uranoscopus scaber* L.*)* über

elektrische Organe, die sich in einer Grube hinter den Augen befinden und von modifizierten Augenmuskeln ableiten lassen. Inwieweit diese bei der Ortung seiner Beutetiere eine Rolle spielen, ist jedoch nicht hinreichend geklärt.
Die Leistungsfähigkeit der elektrischen Organe wurde im Verlauf der Evolution bei verschiedenen Fischarten so gesteigert, daß sie mit den erzeugten Potentialen ihre Beute nicht nur orten, sondern auch betäuben können. Der an den europäischen Küsten lebende Marmor-Zitterrochen (*Torpedo marmorata* RISSO) beispielsweise kann mehrmals hintereinander Stromstöße mit einer Spannung von bis zu 220 V abgeben. Aufgrund ihrer enormen Stärke können die elektrischen Felder auch zur effizienten Abwehr von Freßfeinden eingesetzt werden.

Fortpflanzung

Die Fortpflanzung von Individuen dient nicht nur ihrer Vermehrung und dem Überleben der Art. Durch die Verknüpfung mit sexuellen Prozessen werden die Erbanlagen neu kombiniert. Dabei entstehen Nachkommen mit veränderten Eigenschaften, die der Selektion ausgesetzt werden. Die meisten Fische pflanzen sich geschlechtlich fort, d. h. die Nachkommen stammen von Eltern mit unterschiedlichem Geschlecht ab. Die Neukombination der Erbanlagen der Eltern erfolgt nach dem Verschmelzen ihrer Geschlechtszellen, die in Keimdrüsen oder Gonaden gebildet werden. Die männlichen Tiere produzieren in ihren Hoden kleine, bewegliche Spermien, welche die erheblich größeren Eizellen aus den Eierstöcken der weiblichen Tiere befruchten. Während bei den meisten Knochenfischen die Eier außerhalb des Körpers befruchtet werden, geschieht dies bei den Knorpelfischen im Innern der Weibchen. Männliche Fische werden als Milchner bezeichnet, die weiblichen als Rogener. Die Gonaden der Fische sind paarig angelegt und liegen als sackartige Schläuche in ihrer Leibeshöhle. Man unterscheidet zwischen eierlegenden (oviparen) Fischen und lebend gebärenden (viviparen) Fischen. Eine Variante der Viviparie ist die sogenannte Ovoviviparie, bei der die Jungfische nach einer inneren Befruchtung im Eileiter der Weibchen aus den Eiern schlüpfen und als schwimmfähige Larven oder Jungfische den Körper der Mutter verlassen. Diese Form der Fortpflanzung kommt sowohl bei Knorpel- als auch bei Knochenfischen vor. Als Beispiel kann der Dornhai (*Squalus acanthias* L.) angeführt werden, dessen Weibchen nach einer Tragzeit von 18–22 Monaten jeweils 2–11 lebende Jungtiere gebären. Bei den lebend gebärenden ist die innere Befruchtung der Eier obligat. Bei den meisten eierlegenden Fischarten erfolgt die Befruchtung der Eier außerhalb des Körpers. Viele Knorpelfische legen jedoch Eier, die bereits im Weibchen befruchtet wurden. Die innere Befruchtung ist bei ihnen notwendig, weil die Eier danach mit einer hornartigen Kapsel umhüllt werden, die für Spermien unpassierbar ist. Die Eikapsel schützt den sich darin entwickelnden Embryo bis zum Schlüpfen und dient der Verankerung des Eis am Substrat. So legt z. B. der Kleingefleckte Katzenhai (*Scyliorhinus canicula* L.) rechteckige Eier, die mit fadenförmigen und aufwindbaren Fortsätzen an den Ecken versehen sind, die sich an Hartstrukturen verfangen und das Ei dort befestigen. Die Embryonen schlüpfen nach 8–10 Monaten und ernähren sich von ihrem Dottervorrat. Bei vielen Fischarten schlüpfen die Larven mit einem Dottersack aus dem Ei, der sie bis zum Freischwimmen ernährt.

Die innere Befruchtung von Eizellen bedingte bei Fischen die Ausbildung von Organen, mit denen die Spermien der Milchner in den Körper der Rogner übertragen werden können. Dies erfolgt meist über abgewandelte Flossen. Bei den Knorpelfischen sind die inneren Bereiche der Bauchflossen zu griffelartigen Kopulationsorganen abgewandelt, die man als Klasper oder Pterygopodien bezeichnet. Diese können vom Körper abgewinkelt und in die Geschlechtsöffnung der Weibchen eingeführt werden. Dabei leiten sie die übertragenen Spermien in einer Rinne weiter.

Die meisten Knochenfische begünstigen die äußere Befruchtung ihrer Eier, indem sie die Geschlechtsprodukte simultan auf engem Raum abgeben. Das sogenannte Laichen erfolgt paarweise oder in großen Schwärmen. Der abgelegte Laich kann wenige oder mehrere Millionen Eier pro Rogener umfassen. Die Anzahl der abgegebenen Eier hängt einerseits von der Größe des Rogeners und andererseits von der Vermehrungsstrategie ab. Fische gehören zu den Wirbeltieren mit offenem Wachstum, d. h. sie wachsen nicht nur bis zum Eintritt der Geschlechtsreife, ihre Länge und ihr Gewicht nimmt von inneren Faktoren und Umwelteinflüssen abhängig bis zum Tod zu. Je größer ein Weibchen ist, desto mehr Energie kann es in die Produktion von Eizellen investieren, desto größer ist die Anzahl der abgegebenen Eier. Sie ist bei solchen Fischarten hoch, bei denen die Eier oder die heranwachsenden Jungfische eine hohe Sterblichkeitsrate aufweisen, weil sie z. B. einem starken Fraßdruck ausgesetzt sind. Eine geringere Anzahl abgelegter Eier können sich dagegen Fischarten leisten, bei denen die Eltern ihren Laich an geschützten Stellen ablegen oder diesen und die schlüpfende Brut bewachen. Die abgelegten Eier können bei ihnen bei gleichem Energieaufwand mit einer höheren Dottermenge versehen werden und entsprechend größer sein. Im Hinblick auf die Fortpflanzungsstrategie unterscheidet man zwischen den K-Strategen, die Brutpflege betreiben oder wenige Eier mit großem Dottervorrat legen und r-Strategen, die viele kleine Eier legen, ohne sich um diese zu kümmern. Aus der hohen Anzahl an Eiern überleben statistisch gesehen genügend Nachkommen, welche den Fortbestand der jeweiligen Art gewährleisten. Dementsprechend wären z. B. der Meerbarbenkönig (*Apogon imberis* L.), bei dem die Männchen den abgelegten Laich bis zum Schlüpfen der Brut im Maul schützen (Maulbrüter) oder die Seepferchen (Syngnathidae), bei denen sich die Eier in einer Bruttasche des Männchens entwickeln, den K-Strategen zuzuordnen. Die Dorschfische (Gadidae) dagegen, bei denen die Rogener einiger Vertreter bis zu mehreren Millionen pelagischer Eier legen, den r-Strategen.

Im Meer legen die meisten Fischarten (ca. 70%) pelagische Eier (Freiwasserlaicher), die oft mit Hilfe eines Öltropfens im Innern im Wasser treiben. Dabei werden sie mit der Strömung verdriftet und dadurch auch verbreitet. Man bezeichnet solche Fischarten als pelagophil. In Binnengewässern ist die Ablage pelagischer Eier eher nachteilig, da sie dort leichter an die Ufer gespült werden können. Im Meer dagegen können sie länger im Wasserkörper treiben. Daneben gibt es Fischarten, die klebrige oder mit Haftstrukturen versehene Eier ablegen (Substratlaicher). Ein am jeweiligen Substrat haftender Laich ist von Vorteil, wenn er an geschützten Stellen abgelegt oder von den Eltern bewacht und gepflegt wird. So legen z. B. viele Schleimfische (Blenniidae) ihren Laich in Spalten oder Höhlungen der Gezeitenzone ab. Dieser wird vom bewachenden Männchen auch dann nicht verlassen, wenn das Nest bei Ebbe trockenfällt. Die Brutpflege vieler Fischarten schließt nicht nur die Verteidigung des Laichs gegen Freßfeinde, sondern auch die Versorgung mit sauerstoffreichem Wasser durch fächelnde Flossenbewegungen ein. Darüber hinaus graben einige Fische Nestmulden im Sand oder bauen Nester aus pflanzlichem Material, wie beispielsweise die Lippfische (Labridae). So kann man z. B. im Frühjahr viele Lippfischarten an den Felsküsten des Mittelmeers dabei beobachten, wie die Männchen Algenstückchen zusammentragen, in Form eines Nestes zusammenfügen und zum Beschweren mit Sand bespucken. Je nach Substrat, an dem der Laich abgelegt wird, kann man die Fische bezüglich ihres Fortpflanzungsverhaltens ganz bestimmten Typen zuordnen. Lithophile Arten legen ihre Eier auf Steinen oder Felsen, psammophile auf Sand und phytophile an Pflanzen ab. Dabei können die Fischarten obligat oder fakultativ an ein ganz bestimmtes Laichsubstrat gebunden sein. Zu den sogenannten ariadnophilen Fischarten gehören solche, die ihren Laich in gebauten Nestern ablegen und hier Brutpflege betreiben.

Nicht alle Fischarten legen ihren Laich innerhalb der Laichzeit auf einmal ab. Die sogenannten Portionslaicher laichen in mehreren Schüben, die mitunter mehrere Wochen auseinander liegen können. Einige Formen haben sogar zwei Laichzeiten innerhalb eines Jahres, andere dagegen laichen nur einmal innerhalb ihres Lebens und sterben nach der Eiablage. Zu diesen als monozyklisch bezeichneten Fischarten gehören z. B. der Aal (*Anguilla anguilla* L.) und der Stint (*Osmerus eperlanus* L.).

Im Hinblick auf die Fortpflanzung von Fischen ist interessant, daß es Arten gibt, bei denen die Individuen zwittrig sind. Sie können in ihrem Leben sowohl weibliche als auch männliche Geschlechtsprodukte produzieren.

Zu den sogenannten ariadnophilen Fischarten, gehören solche, die ihren Laich in Nestern ablegen und Brutpflege betreiben z.

B. der Dreistachelige Stichling *(Gasterosteus aciöertis)*. Werden die Eier und Spermien gleichzeitig abgegeben, spricht man von Simultanzwittern. Bei den Sukzessivzwittern dagegen reifen die Eier und Spermien nicht gleichzeitig, sondern innerhalb bestimmter Lebensphasen. Dadurch wird die Selbstbefruchtung der Eier vermieden. In Abhängigkeit davon, welche Keimzellen zuerst abgegeben werden, unterscheidet man zwischen protandrischen oder protogynen Sukzessivzwittern. Die protandrischen Zwitter werden erst als Männchen fortpflanzungsfähig und wandeln sich im Verlauf ihres Lebens in ein Weibchen um. Bei den protogynen Zwittern ist es umgekehrt. Daneben gibt es auch Fischarten, die mehrfach das Geschlecht wechseln können. Die Fortpflanzung über zwittrige Individuen konnte sich bei verschiedenen Fischarten entwickeln, weil deren Geschlechter keine komplexen Begattungsorgane oder sekundären Geschlechtsmerkmale ausbilden, die bei der Geschlechtsumwandlung rückgebildet oder neu angelegt werden müssen. Diese Bedingung erklärt, warum es bei den Knorpelfischen, bei denen die Männchen die Weibchen mit den Klaspern begatten, keine Zwitter gibt. Die Vermehrung über Zwitter ist wahrscheinlich nur unter bestimmten Voraussetzungen für eine Art von Vorteil, da sich die meisten Fischarten getrenntgeschlechtlich fortpflanzen. So haben z. B. protandrische Zwitter den Vorteil, daß sie bereits mit einer geringen Größe geschlechtsreif werden können, da sich Spermien energiesparender als Eizellen produzieren lassen. In die gleiche Anzahl Eizellen muß wesentlich mehr Energie bzw. Körpermasse investiert werden. Dies können die älteren und damit auch größere Exemplare leichter. Protogyne Zwitter kommen besonders bei solchen Fischarten vor, bei denen die Männchen revierbildend sind, um die Weibchen kämpfen oder Brutpflege betreiben. Je größer sie sind, desto höher sind ihre Chancen, bei innerartlichen Kämpfen zu siegen, und desto besser können sie Laich- oder Bruträuber vertreiben. Kämpfende, balzende oder brutpflegende Männchen werden jedoch leichter zur Beute von Freßfeinden, während die meist unscheinbareren Weibchen durch ihr weniger auffälliges Verhalten besser geschützt sind. Da der Fortpflanzungserfolg einer Art eher durch die Anzahl der Eizellen als durch die der Spermien limitiert wird, ist das Überleben von vielen kleineren Weibchen vorteilhafter. Erreichen diese ein bestimmtes Alter, wandeln sie sich in Männchen um, die aufgrund ihrer erreichten Größe besser ein Revier abgrenzen und verteidigen, sowie den Laich mehrerer Weibchen befruchten können. Die Selektionsvorteile, die zwittrige Fischarten gegenüber getrenntgeschlechtlichen haben, führten dazu, daß sich die Fortpflanzung über Zwitter mehrfach unabhängig voneinander entwickelt hat.

Bei einigen Fischarten, z. B. beim Brandbrassen oder Oblada (*Oblada melanura* L.), gibt es sowohl zwittrige als auch getrenntgeschlechtliche Formen.
Die Bestimmung verschiedener Fischarten wird dadurch erschwert, daß diese in unterschiedlichen Erscheinungsformen auftreten. Unterscheiden sich die Männchen durch ihre Form oder Färbung auffällig von den Weibchen, spricht man von einem Sexualdimorphismus. Dieser ist z. B. bei den Lippfischen verbreitet, bei denen die Geschlechter oft sehr unterschiedlich gefärbt sind. Die Männchen vieler Arten tragen in der Laichzeit ein farbenprächtiges Laichkleid. Dieses ist jedoch für die Träger nachteilig, da sie durch ihre auffällige Färbung leichter von Freßfeinden erkannt werden. Sie erhöhen ihre Überlebenschance, indem sie das Balzkleid nur zur Laichzeit ausbilden und die restliche Zeit unauffälliger gefärbt sind. Da sie nur saisonal anders gefärbt sind, bezeichnet man diese Erscheinung als Saisondimorphismus.
In den gemäßigten Breiten laichen die meisten Fischarten im Frühjahr. In dem sich zum Sommer hin erwärmenden Wasser entwickeln sich große Mengen Planktonorganismen, die den geschlüpften Jungfischen als Nahrung dienen.

Der Lebensraum von Meeresfischen

Die Meere bilden den ältesten und größten zusammenhängenden Lebensraum dieser Erde. Mit einer Fläche von 362 Millionen Quadratkilometern bedecken sie ca. 71% der Erdoberfläche. Das gesamte Volumen des Meerwassers wird auf über 1.375 Millionen Kubikkilometer geschätzt. Hätte die Erde eine plane Oberfläche, so wäre sie von einer über zwei Kilometer dicken Wasserschicht bedeckt. Die höchste Artenvielfalt bei Fischen und anderen Organismen findet man an den Küsten, die sich in ihrer Gesamtheit über zwei Million Kilometer erstrecken. Davon entfallen ca. 80% auf Sandküsten.

Mit einer Fläche von ca. 10 Millionen Quadratkilometern ist Europa der zweitkleinste Kontinent. Im Verhältnis zu seiner Fläche hat er eine extrem lange Küstenlinie. Durch seine zerrissene Kontur und die zahlreichen Ausbuchtungen ist sie etwa 80.000 Kilometer lang! Europa wird im Westen vom Atlantik und seinen Nebenmeeren begrenzt. Das Mittelmeer und das Schwarze Meer sind Randmeere des Atlantiks. Da sie untereinander nur über die Meerenge am Bosporus verbunden sind und nur über die Meerenge von Gibraltar (13 km) mit dem Atlantik in Verbindung stehen, haben sie weitgehend den Charakter von Binnenmeeren. Neben zahlreichen Fischarten des Nordostatlantiks gibt es im Mittelmeer und im Schwarzen Meer auch endemische, d.h nur dort vorkommende Fischarten. Durch den Bau des Suez-Kanals ist das Mittelmeer auch mit dem Roten Meer verknüpft. Über diese Verbindung wandern zunehmend Fischarten aus dem Roten Meer ins Mittelmeer und in umgekehrte Richtung.

Der vertikale Verlauf der Küsten ist fast überall gleich. In Küstennähe nimmt die Wassertiefe zum Meer hin nur langsam bis etwa 200 m Tiefe zu. Dieser flache, aus erodiertem und überschwemmtem Festland bestehende Bereich der Küste wird als Schelf bezeichnet. Die Schelfregionen bilden weitgehend die Konturen der Kontinente nach und begrenzen den sogenannten Kontinentalsockel. An ihren Rändern (Kontinentalrand) fällt das Tiefenprofil steil bis in größere Tiefen ab (Kontinentalhang). Auf die Schelfgebiete entfallen etwa 8% der gesamten Meeresfläche. An den europäischen Küsten gehört z. B. die Nordsee, die Ostsee und der Ärmelkanal zum Kontinentalschelf; sie werden deshalb auch als Schelf- oder Kontinentalmeere bezeichnet und sind kaum tiefer als 200 m. Die Mehrzahl der in diesem Buch vorgestellten Fischarten besiedelt die Küsten bzw. die Schelfregionen Europas. Die von den Kontinentalhängen umgrenzte Tiefenregion der Meere nennt man Bathyal, den ozeanischen

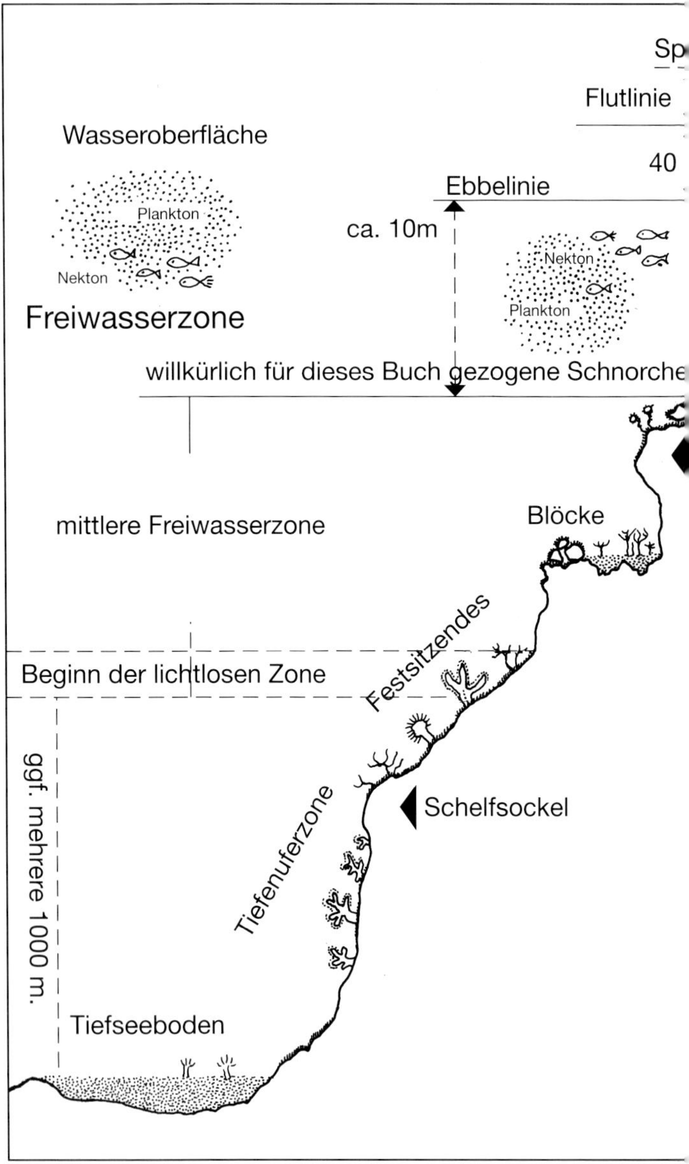
Sp
Flutlinie
40
Wasseroberfläche
Ebbelinie
Plankton
ca. 10m
Nekton
Nekton
Freiwasserzone
Plankton
willkürlich für dieses Buch gezogene Schnorche
mittlere Freiwasserzone
Blöcke
Festsitzendes
Beginn der lichtlosen Zone
ggf. mehrere 1000 m.
Tiefenuferzone
Schelfsockel
Tiefseeboden

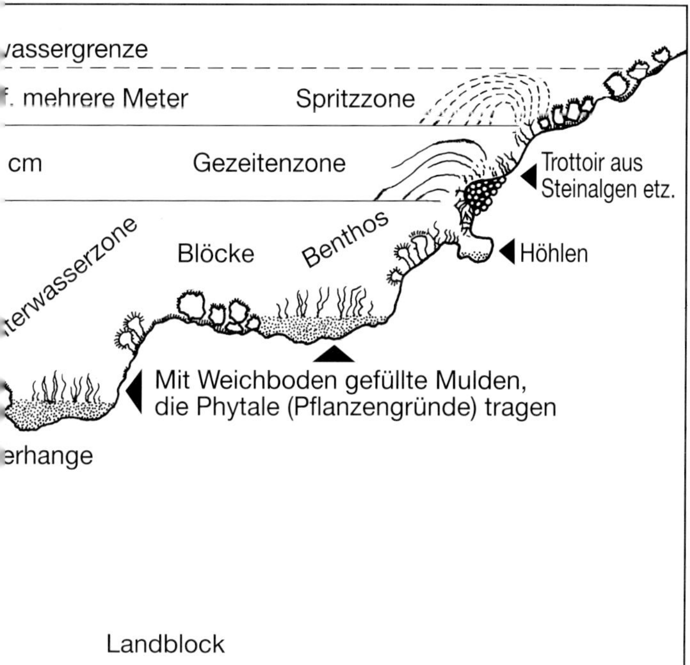

Lebensräume im Meer

Maßstabfrei und horizontal stark gestaucht

Meeresgrund Abyssal und die Tiefseegräben Hadal. Die Fischfauna dieser ewig dunklen Bereiche ist nur wenig erforscht und für Sporttaucher nicht zugänglich. Da sich die nur dort lebenden Tiefseefische nicht lebend beobachten lassen, werden sie in Fischführern wie diesem ausgeklammert.

Die Uferzone einer Küste wird als Litoral bezeichnet. Dieser auch als neritische Zone beschriebene Bereich erstreckt sich vom Ufer bis zum Kontinentalrand und wird wie folgt weiter unterteilt. Der Bereich zwischen der mittleren Hochwasserlinie bei Flut und der mittleren Niedrigwasserlinie bei Ebbe ist das Eulitoral. Der nicht überflutete, aber vom Spritzwasser der Brandung regelmäßig befeuchtete Bereich wird Supralitoral genannt. An Felsküsten läßt sich die sogenannte weiße und schwarze Brandungszone unterscheiden. Die weiße Brandungszone umfaßt den Bereich, an dem die Brandung Sedimente abträgt und so am blanken Felsen nagt. Unterhalb davon liegt die schwarze Brandungszone. Sie ist an Kalkfelsen besonders deutlich ausgeprägt und leicht erkennbar. Blaualgen und Bohrschwämme lösen in diesem Bereich den Kalk auf und verursachen die dunkle Färbung. Das sogenannte Sublitoral umfaßt hingegen den ständig unter Wasser liegenden Bereich der Küste bis zum Kontinentalrand.

Der marine Lebensraum läßt sich grob in zwei Bereiche mit unterschiedlichen Lebensbedingungen unterteilen. Der Freiwasserraum wird als Pelagial bezeichnet, der gesamte Meeresgrund als Benthal. Dementsprechend leben frei im Wasser schwimmende oder treibende Organismen pelagisch und den Meeresgrund besiedelnde Formen benthisch. Die Gesamtheit der im, am oder über dem Meeresgrund lebenden Tiere und Pflanzen wird unter dem Begriff Benthos oder Benthon zusammengefaßt. Die Lebensgemeinschaft der Freiwasserzone bildet das Pelagos. Diese setzt sich einerseits aus Organismen zusammen, die nur ein geringes Schwimmvermögen haben und im wesentlichen mit der Strömung verdriftet werden (Plankton) und solchen, die sich unabhängig von der Strömung schwimmend fortbewegen können (Nekton).

Fische, die sich bevorzugt am Grund aufhalten, haben eine bodenorientierte Lebensweise. Während das freie Wasser einen relativ gleichförmigen Lebensraum darstellt, kann der Meeresgrund sehr unterschiedlich beschaffen oder strukturiert sein. Er kann z. B. aus Felsen, Geröll, Sand oder Schlamm bestehen, bzw. von Algen oder Seegras bewachsen sein. Die im Meer vorkommenden Fischarten sind mehr oder weniger an die Besiedlung bestimmter Lebensräume angepaßt. So finden z. B. bodenorientiert lebende Fische auf sandigem oder schlammigem Grund keine Versteckmöglichkeiten und können daher leicht von herannahenden Freßfeinden ausgemacht bzw. früh von ihren

Beuteorganismen erkannt werden. Deshalb sind Fische, die auf solchen weichen Sedimenten leben, oft farblich an den Untergrund angepaßt, haben eine abgeflachte Körperform oder können sich rasch eingraben (z. B. Rochen, Plattfische, Leierfische oder Petermännchen). Auf Felsen oder Geröll hingegen ist der Grund stark strukturiert und mit Nischen oder Höhlungen versehen, in denen man sich vor Freßfeinden verstecken oder auf Beute lauern kann. Die harten Substrate werden von zahlreichen und vielfältigen Organismen besiedelt, die wiederum Fischen als Nahrung dienen. Die meisten Fischarten, die auf Substraten weiden oder sessile Organismen fressen, haben einen an diese Ernährungsweise angepaßten Körperbau. Sie sind z. B. meist hochrückig und seitlich abgeflacht, da diese Körperform das Manövrieren und die präzise Positionierung des Mauls begünstigt. Weiterhin ist ihr Maul so geformt und bezahnt, daß sie besonders gut Aufwuchsorganismen vom Substrat bürsten, Kleintiere aus Spalten und Höhlen ziehen oder mit harten Schalen versehene Tiere knacken können.

Im freien Wasser gibt es keine Versteckmöglichkeiten. Um sich vor Freßfeinden zu schützen, sind die meisten dort lebenden Fischarten ausdauernde, schnelle Schwimmer oder bilden Schwärme. Man kann sogar die Regel ableiten, daß fast alle pelagischen und Plankton fressenden Fischarten schwarmbildend sind. Die Einzelindividuen können sich innerhalb eines Schwarms besser dem Zugriff von Freßfeinden entziehen, da diese ihre Beute dort nur schwer optisch fixieren und verfolgen können. Von der Effizienz dieses Schutzverhaltens kann man sich relativ leicht überzeugen, wenn man beim Tauchen versucht, ein bestimmtes Individuum innerhalb eines Schwarms zu beobachten oder zu fotografieren. Die Verwirrungstaktik wird bei vielen Schwarmfischen durch eine silbrige Körperfärbung unterstützt (z. B. bei den Heringen). Diese verursacht Lichtreflexe, welche angreifende Raubfische irritieren können. Nur Fischarten, die aufgrund ihrer Größe nicht von Freßfeinden bedroht sind, wie der Walhai und der Riesenhai, können als Einzelgänger das Freiwasser besiedeln.

Felsküsten

Die Artenvielfalt der Unterwasserfauna ist an Felsküsten stärker ausgeprägt als an Sandküsten, die deshalb für Taucher und Schnorchler in der Regel weniger interessant sind. Der marine Lebensraum wird durch die Felsformationen gegliedert und durch darauf siedelnde Aufwuchsorganismen (z. B. Braunalgen und Tange) zusätzlich strukturiert. Die Strukturvielfalt wiederum begünstigt die Entwicklung unterschiedlichster Lebensgemeinschaften auf engstem Raum. Deshalb findet man dort auch eine artenreiche Fischfauna. So kann man bei den im Mittelmeer besonders häufig vorkommenden Schleimfisch- und Grundelarten artspezifische Präferenzen für bestimmte Tiefen oder Strukturen feststellen. Während die einen z. B. lichtexponierte Felsen bevorzugen, findet man die anderen in schattigen Bereichen oder Höhlen. Die Beobachtung von Fischen wird an Felsküsten durch das meist klare Wasser erleichtert. An Sandküsten verursachen die abgetragenen Sedimente eine stärkere Trübung des Wassers. Besonders interessant sind unter Wasser liegende Höhlen und Grotten. In diesen kommen Fischarten vor, die man sonst nur in tieferem Wasser antrifft, wie z. B. der Meerbarbenkönig (*Apogon imberis* L.). Weiterhin dienen sie oft größeren Fischarten, wie beispielsweise dem Braunen Zackenbarsch (*Epinephelus guaza* L.), als Versteck.

Gezeitentümpel

Einen besonderen Lebensraum für Fische, den man hauptsächlich an Felsküsten findet, stellen Gezeitentümpel dar. In ufernahen Felsvertiefungen, die bei Flut unter Wasser liegen oder durch die Brandung mit Spritzwasser gefüllt werden, bleiben bei Ebbe Wasseransammlungen zurück. Bei starker Sonneneinstrahlung kann sich das Wasser in diesen Tümpeln stark erwärmen oder verdunsten, so daß sich dort nicht nur die Temperatur, sondern auch der Salzgehalt des Wasser erhöhen kann. Obwohl Gezeitentümpel deshalb extreme Lebensräume darstellen, können darin auch verschiedene Fischarten vorkommen, die an die dortigen Lebensbedingungen angepaßt sind. Zu diesen gehören beispielsweise verschiedene Grundeln, Schleimfische, Meeräschen und Ährenfische. Die Fischfauna der Gezeitentümpel läßt sich bei vorsichtiger Annäherung auch von außerhalb des Wassers beobachten. Sie ist daher auch für Menschen zugänglich, die Fische nicht direkt unter Wasser beobachten können.

Sandküsten

Die Sand- und Schlickböden der Meere werden auch als unterseeische Wüsten bezeichnet. Obwohl sie oberflächlich betrachtet einen kargen Lebensraum darstellen, dienen die abgelagerten Sedimente einer artenreichen Fauna als Lebensraum. Während auf Felsen sessile und deshalb leicht beobachtbare Organismen um Licht und Nahrung konkurrieren, halten sich die Bewohner des Sandgrundes meist im Sediment verborgen. Dies gilt auch für die meisten Fische, welche diesen Lebensraum besiedeln. Die Sandküsten haben eine enorme Bedeutung für die Selbstreinigungskraft der Meere. Abgestorbenes organisches Material wird dort mineralisiert. Die Sandlückenfauna bzw. die im Sand lebenden wirbellosen Tiere dienen verschiedenen Fischarten als Nahrung. Dort, wo die Strukturvielfalt durch Seegraswiesen erhöht ist, sind wiederum artenreichere Fischgemeinschaften zu beobachten. In diesem Buch werden viele Fischarten beschrieben, die sich bevorzugt an Seegraswiesen aufhalten. Während Seegräser aus der Gattung *Zosteria* auf sandigem und schlammigem Grund in Tiefen bis 10 m vorkommen, besiedelt das ausschließlich im Mittelmeer vorkommende Neptunsgras (*Posidonia oceanica*) ausschließlich Sandflächen bis in 40 m Tiefe. Das Neptunsgras kann nur bis in solche Tiefen gedeihen, wenn das Wasser klar ist, da Trübstoffe den Lichteintritt begrenzen und damit die Photosynthese hemmen. Die Seegräser gehören zu den einkeimblättrigen Blütenpflanzen. Sie bilden oft dichte Matten, die mit den Wurzelausläufern das Abtragen des Sediments verhindern und mit den Blättern wie ein Filter wirken. Die Seegraswiesen dienen nicht nur einem vielfältigem Spektrum wirbelloser Tiere als Lebensraum. Es gibt auch Fischarten, die besonders an die Besiedlung dieser Biotope angepaßt sind, wie z. B. die Seenadeln, die aufgrund ihrer Form und Färbung zwischen Seegrasblättern gut getarnt sind, und die Seepferdchen, die sich mit ihrem Wickelschwanz an den Blättern festhalten können.

Sekundäre Hartböden

Hartböden müssen nicht nur aus Felsen oder Geröll bestehen, sie können auch biologischen Ursprungs und damit sekundär entstanden sein. So werden z. B. die bekannten Korallenriffe an den tropischen Küsten werden von Lebewesen aufgebaut. An den europäischen Küsten gibt es zwar auch Korallen, diese bilden jedoch keine vergleichbaren Riffe. Die sekundären Hartböden der europäischen Küsten werden von verschiedenen marinen Pflanzen und Tieren gebildet. Sie bestehen überwiegend aus Kalk, der hauptsächlich von Rotalgen (Rhodophyceae) abgegeben wird. Dieser verfestigt sich zusammen mit den kalkhaltigen Gehäusen und Schalen verschiedener wirbelloser Bodentiere zu riffähnlichen Strukturen, die man als Corallinenböden oder Corraligène bezeichnet. Das französiche Wort leitet sich von den häufig darauf wachsenden Edelkorallen (*Corallium rubrum*) ab. Auf diesen sekundären Hartböden gibt es zahlreiche Lücken, Spalten und Höhlen, die einer artenreichen Unterwasserfauna als Lebensraum dienen. Coralligène findet man im Sublitoral sowohl auf Felsen als auch auf Sandflächen. Die Kalkrotalgen sind „Schwachlichtpflanzen" und gedeihen deshalb in Tiefen, in denen die geringe Lichtmenge und die veränderte spektrale Zusammensetzung des Lichts nicht für das Wachstum von Grünalgen ausreicht. Im Mittelmeer kommt das Coralligène in

Tiefen von 15 bis 120 m vor. Die Lücken und Höhlen dieser strukturreichen Riffe biogenen Ursprungs dienen häufig Congern, Muränen und Zackenbarschen als Versteck.

Brackwasser

Im Mündungsbereich von Flüssen, dem Ästuar, wird dem Meer ständig salzarmes Süßwasser zugeführt. Die meisten Meeresfische sind so stark an die Salzkonzentration des Meerwassers angepaßt, daß sie empfindlich auf Schwankungen reagieren (stenohalin). Nur wenige Arten können vom Meer aus in das Brackwasser von Flußmündungen oder das Süßwasser der Flüsse wandern. Diese sind im Hinblick auf die Salzkonzentration anpassungsfähig (eryhalin). Während eine Jugendform des katadromen Aals (*Anguilla anguilla* L.), der sogenannte Steigaal, vom Meer kommend die Flüsse aufsteigt, um dort heranzuwachsen, ziehen anadrome Fischarten wie der Lachs (*Salmo salar* L.) bis in die Quellregionen, um dort zu laichen. Im Brackwasser selbst vermehren sich nur wenige Fischarten. Aufgrund ihres Nahrungsreichtums werden die Mündungsregionen jedoch von relativ vielen Fischarten als Weidegrund aufgesucht. Das Wasser der Flüsse transportiert nicht nur große Mengen an feinem suspendierten Material, das dort sedimentiert und zur Bildung von ausgedehnten Flächen mit sandigem oder schlammigem Grund führt, sondern auch Plankton, das sich in den Fließgewässern entwickelt hat. Die Planktonorganismen sind an das Süßwasser angepaßt und sterben, wenn die Salzkonzentration steigt. Auf diese Weise bilden sich im Mündungsbereich erhebliche Mengen an abgestorbenem, organischem Material, das ausflockt und absinkt. Dieses wird von wirbellosen Bodentieren aufgenommen und über die Nahrungskette auch von Fischen als Nahrung genutzt. So ernähren sich in großen Schwärmen ziehende Jungfische von Heringen (*Clupea harengus* L.) und Sprotten (*Sprattus sprattus* L.) vom Plankton des Brackwassers. Zu den Fischen, die im Ästuar besonders häufig sind, gehört z. B. die Flunder (*Platichthys flesus* L.) und die Strandgrundel (*Pomatoschistus microps* KROYER).

Systematik

In der Biologie werden die Arten systematisch geordnet. Die Zuordnung von Arten in die jeweiligen Gruppen erfolgt nicht willkürlich, sondern soll die verwandtschaftlichen Verhältnisse berücksichtigen, d. h. die Mitglieder einer bestimmten Tier- oder Pflanzengruppe sind untereinander näher verwandt als die nicht dazugehörigen. In der Natur bilden die Arten reale Einheiten, die innerhalb eines Systems höheren Gruppen (Familie, Ordnung, Klasse, Stamm etc.) zugeordnet werden. In der modernen Systematik hat jede Art einen lateinischen oder latinisierten Doppelnamen, der sich aus dem Gattungs- und Artnamen zusammensetzt. Diese binäre Nomenklatur geht auf den schwedischen Naturforscher Carl von Linné (1707-1778) zurück, der in seinem Werk „Systema naturae" bereits über 4.000 Tierarten beschrieben und dabei die Benennung mit Gattungs- und Artnamen konsequent durchgeführt hat. Nach einer internationalen Abmachung, die erst 150 Jahre danach beim 5. Internationalen Zoologenkongress in Berlin getroffen wurde, ist dieses Werk die Grundlage für die Benennung der Tierarten. Die Regeln für die Namensgebung werden von der Internationalen Kommission für die Zoologische Nomenklatur (IKZN) festgelegt. Eine entsprechende Kommission regelt auch die Benennung der Pflanzenarten. Danach erhält jede Tier- oder Pflanzenart einen großgeschriebenen Gattungs- und einen kleingeschriebenen Artnamen. Eventuell kommt noch ein dritter, ebenfalls kleingeschriebener Name für Unterarten hinzu. Weiterhin wird der Autor, der die Art zuerst benannt hat, und das Jahr, in dem die Art beschrieben wurde, angegeben. Obwohl die Regeln für die Nomenklatur einfach sind, ist die systematische Zuordnung der Arten für viele verwirrend. Für die gleiche Art findet man in der Literatur unterschiedliche Namen und man fragt sich, welcher denn der „richtige" ist. Dieser Umstand ist darauf zurückzuführen, daß auch die Systematik eine dynamische Wissenschaft ist. Der stetige Zuwachs an Erkenntnissen begründet neue Einsichten in die verwandtschaftlichen Verhältnisse. Damit wird gelegentlich die Neubenennung oder Neuzuordnung von Arten erforderlich. Beispielsweise wurden bei manchen Fischarten die unterschiedlich aussehenden Geschlechter als eigene Arten beschrieben. Als man beobachtete, daß diese jedoch einer Art angehören, war ein Artname überflüssig. Weiterhin haben verschiedene Autoren unabhängig voneinander die gleiche Art beschrieben und benannt. Nach dem sogenannten

Prioritätsgesetz gilt in solchen Fällen der Name der ersten (ältesten) Beschreibung einer Art. Während die Arten im vergangenen Jahrhunderten überwiegend anhand von morphologischen Merkmalen beschrieben wurden, stehen heute weiter entwickelte (z. B. biochemische oder molekularbiologische) Methoden zur Verfügung. Der Zuwachs an Methoden und damit auch an Merkmalen, die zur Beschreibung von Arten herangezogen werden können, macht eine neue Benennung oder die Zuordnung einer Art in eine andere Gattung erforderlich. Ist dies bei einer Art der Fall, wird der Name des Autors, der die Art zuerst beschrieben hat, in Klammern gesetzt. Die Zuordnung einer Art in eine bestimmte Gattung kann umstritten sein.

In diesem Buch erfolgte die wissenschaftliche Benennung und die systematsiche Zuordnung der Arten bis auf wenige Ausnahmen auf der Basis des von der UNESCO herausgegebenen Werkes, „Fishes of the North-eastern Atlantic and the Mediterranean“, das auf eine von zahlreichen Ichthyologen erarbeiteten Liste der Fischarten des Nordatlantiks und des Mittelmeers zurückgeht (CLOFNAM = Check-list of the fishes of the north-eastern Atlantic and of the Mediterranean).

Systematische Übersicht der beschriebenen Fischarten

Unterstamm: Gnathostoma, Kiefermäuler
Klasse: Chondrichthyes, Knorpelfische

Ordnung: Selachiformes, Haie bzw. Haiartige
Familie: Lamnidae, Heringshaie
Isurus oxyrinchus RAFINESQUE, 1810, Makrelenhai
Familie: Odontaspididae, Sandhaie
Eugomphodus taurus (RAFINESQUE, 1809), Sandhai
Familie: Squalidae, Dornhaie
Squalus acanthias LINNAEUS, 1758, Dornhai
Familie: Triakidae, Marderhaie
Galeorhinus galeus (LINNAEUS, 1758), Hundshai
Familie: Scyliorhinidae, Katzenhaie
Scyliorhinus canicula (LINNEAUS, 1758), Kleingefleckter Katzenhai
Scyliorhinus stellaris (LINNEAUS, 1758), Großgefleckter Katzenhai
Ordnung: Rajiformes, Rochen bzw. Rochenartige
Familie: Torpedinidae, Zitterrochen
Torpedo marmorata RISSO, 1810, Marmor-Zitterrochen
Familie: Rajidae, Echte Rochen
Raja clavata LINNEAUS, 1758, Nagelrochen
Raja radiata DONOVAN, 1808, Sternrochen
Raja muntagui FOWLER, 1910, Fleckenrochen
Familie: Dasyatidae, Stechrochen
Dasyatis pastinaca (LINNEAUS, 1758), Stechrochen
Familie: Myliobatidae, Adlerrochen
Myliobatis aquilla (LINNEAUS, 1758), Adlerrochen

Klasse: Osteichthyes, Knochenfische

Überordnung: Chondrostei, Knorpelganoiden
Ordnung: Acipenseriformes, Störartige
Familie: Acipenseridae, Störe
Acipenser sturio LINNEAUS, 1758, Stör
Überordnung: Teleostei, Echte Knochenfische
Ordnung: Clupeiformes, Heringsartige
Familie: Clupeidae, Heringe
Clupea harengus LINNEAUS, 1758, Hering
Sprattus sprattus (LINNEAUS, 1758), Sprotte
Sardina pilchardus (WALBAUM, 1792), Sardine
Alosa alosa (LINNEAUS, 1758), Maifisch

Familie: Engraulidae, Sardellen

Engrausilus encrasicolus (LINNAEUS 1758), Sardelle

Familie: Osmeridae, Stint

Osmerus eperlanus (LINNEAUS, 1758), Stint

Familie: Coregonidae, Maränen

Coregonus lavaretus (LINNEAUS, 1758), Ostseeschnäpel

Coregonus oxyrhynchus LINNEAUS, 1758, Nordseeschnäpel

Familie: Salmonidae, Lachse

Salvelinus alpinus (LINNEAUS, 1758), Wandersaibling

Salmo salar LINNEAUS, 1758, Lachs

Salmo trutta trutta LINNEAUS, 1758, Meerforelle

Ordnung: Anguilliformes, Aalartige

Familie: Anguillidae, Aale

Anguilla anguilla (LINNEAUS, 1758), Aal

Familie: Congridae, Meeraale

Conger conger (LINNEAUS, 1758), Conger, Meeraal

Familie: Muraenidae, Muränen

Murena helena LINNEAUS, 1758, Mittelmeer-Muräne

Gymnothorax unicolor (DELAROCHE, 1809), Braune Muräne

Ordnung: Beloniformes, Hornhechtartige

Familie: Belonidae, Hornhechte

Belone belone (LINNEAUS, 1758), Hornhecht

Ordnung: Gadiformes, Dorschartige

Familie: Gadidae, Dorsche

Gadus morhua LINNEAUS, 1758, Dorsch, Kabeljau

Melanogrammus aeglefinus (LINNEAUS, 1758), Schellfisch

Trisopterus luscus (LINNEAUS, 1758), Franzosendorsch

Pollachius virens (LINNEAUS, 1758), Köhler, Seelachs

Pollachius pollachius (LINNEAUS, 1758), Pollack

Merlangius merlangius (LINNEAUS, 1758), Wittling

Brosme brosme (ASCANIUS, 1772), Lumb

Phycis phycis (LINNEAUS, 1758), Dunkler Gabeldorsch

Molva molva (LINNEAUS, 1758), Leng

Molva dipterygia (PENNANT, 1784), Blauleng

Merluccius merluccius (LINNEAUS, 1758), Seehecht

Ciliata mustela (LINNEAUS, 1758), Fünfbärtelige Seequappe

Ordnung: Gasterosteiformes, Stichlingsartige

Familie: Gasterosteidae, Stichlinge

Spinachia spinachia (LINNEAUS, 1758), Seestichling

Gasterosteus aculeatus LINNEAUS, 1758, Dreistachliger Stichling

- Ordnung: Syngnathiformes, Büschelkiemerartige
  - Familie: Syngnathidae, Seenadeln
    - *Syngnathus acus* LINNEAUS, 1758, Große Seenadel
    - *Syngnathus thyphle* LINNEAUS, 1758, Grasnadel
    - *Entelurus aequoraeus* (LINNEAUS, 1758), Große Schlangennadel
    - *Nerophis maculatus* (RAFINESQUE, 1810), Gefleckte Schlangennadel
    - *Nerophis ophidion* (LINNEAUS, 1758), Kleine Schlangennadel
    - *Hippocampus hippocampus* (LINNEAUS, 1758), Kurzschnauziges Seepferdchen
    - *Hippocampus ramulosus* LEACH, 1814, Langschnauziges Seepferdchen
  - Familie: Macrorhamphosidae, Schnepfenfische
    - *Macrorhamphosus scolopax* (LINNEAUS, 1758), Schnepfenfisch
- Ordnung: Zeiformes,Heringskönigartige
  - Familie: Caproidae, Eberfisch
    - *Capros aper* (LINNEAUS, 1758), Eberfisch
  - Familie: Zeidae, Heringskönige
    - *Zeus faber* LINNEAUS, 1758, Heringskönig
- Ordnung: Perciformes, Barschartige
  - Familie: Moronidae; Wolfsbarsche
    - *Dientrarchus labrax* (LINNEAUS, 1758), Wolfsbarsch
  - Familie: Serranidae, Zackenbarsche
    - *Epinephelus alexandrinus* (VALENCIENNES, 1828), Spitzkopf-Zackenbarsch
    - *Epinephelus guaza* (LINNEAUS, 1758), Brauner Zackenbarsch
    - *Polyprion americanus* (SCHNEIDER, 1801), Wrackbarsch
    - *Serranus cabrilla* (LINNEAUS, 1758), Sägebarsch
    - *Serranus hepatus* (LINNEAUS, 1758), Beutelbarsch
    - *Serranus scriba* (LINNEAUS, 1758), Schriftbarsch
    - *Serranus atricauda* GÜNTHER, 1874, König-Sägebarsch
    - *Anthias anthias* (LINNEAUS, 1758), Fahnenbarsch
  - Familie: Apogonidae, Kardinalfische
    - *Apogon imberis* (LINNEAUS, 1758), Meerbarbenkönig
  - Familie: Pomacentridae, Riffbarsche
    - *Chromis chromis* (LINNEAUS, 1758), Mönchsfisch
  - Familie: Carangidae, Stachelmakrelen
    - *Trachurus trachurus* (LINNEAUS, 1758), Stöcker Bastardmakrele
    - *Trachurus mediterraneus* (STEINDACHNER, 1868) Mittelmeer-Bastardmakrele
    - *Caranx crysos* POEY, 1860, Dunkle Stachelmakrele
    - *Caranx lugubris* POEY, 1860, Dunkle Stachlmakrele

Lichia amia (LINNEAUS, 1758), Stachelmakrele
Seriola dumerilli (RISSO,1810), Seriola, Bersteinmakrele
Familie: Sciaenidae, Umberfische
Sciaena umbra LINNEAUS, 1758, Meerrabe
Umbrina cirrosa (LINNEAUS, 1758), Bartumber
Familie: Mullidae, Meerbarben
Mullus surmuletus LINNEAUS, 1758, Streifenmeerbarbe
Mullus barbatulus LINNEAUS, 1758, Rote Meerbarbe
Familie: Centracanthidae, Schnauzenbrassen
Spicara smaris (LINNEAUS, 1758), Schnauzenbrassen
Spicara maena (LINNEAUS, 1758),
Gefleckter Schnauzenbrassen
Familie: Sparidae, Meerbrassen
Sparus aurata LINNEAUS, 1758, Goldbrassen
Diplodus annularis (LINNEAUS, 1758), Ringelbrassen
Diplodus vulgaris (GEOFFROY-ST., 1817),
Zweibindenbrassen
Diplodus puntazzo (CETI, 1777), Spitzbrassen
Diplodus sargus (LINNEAUS, 1758), Großer Geißbrassen
Diplodus cervinus (LOWE, 1841), Zebrabrassen
Pagellus erythrinus (LINNEAUS, 1758), Rotbrassen
Lithognathus mormyrus (LINNEAUS, 1758),
Marmorbrassen
Dentex dentex (LINNEAUS, 1758), Zahnbrassen
Spondyliosoma cantharus (LINNEAUS, 1758),
Streifenbrassen
Oblada melanura (LINNEAUS, 1758), Brandbrassen,
Oblada
Sarpa salpa (LINNEAUS, 1758), Goldstriemen
Boops boops (LINNEAUS, 1758), Gelbstriemen
Familie: Labridae, Lippfische
Labrus bimaculatus LINNEAUS, 1758, Streifenlippfisch
Labrus bergylta ASCANIUS, 1767, Gefleckter Lippfisch
Labrus viridis LINNEAUS, 1758, Grüner Lippfisch
Labrus merula LINNEAUS, 1758, Brauner Lippfisch
Symphodus tinca (LINNEAUS, 1758), Pfauenlippfisch
Symphodus rostratus (BLOCH, 1797), Langschnauzen-Lippfisch
Symphodus ocellatus FORSSKAL, 1775, Augenfleck-Lippfisch
Symphodus mediterraneus (LINNEAUS, 1758)
Mittelmeer-Lippfisch
Symphodus melops (LINNEAUS, 1758), Goldmaid
Symphodus roissali (RISSO, 1810),
Fünffleckiger Lippfisch
Symphodus cinereus (BONATERRE, 1788) Grauer Lippfisch

Symphodus doderleini JORDAN 1891, Langsteifiger Lippfisch
Symphodus melanocerus (RISSO, 1810), Putzer-Lippfisch
Ctenolabrus rupestris (LINNEAUS, 1758), Klippenbarsch
Acantholabrus palloni (RISSO, 1810), Sattelfleck-Lippfisch
Thalassoma pavo (LINNEAUS, 1758), Meerpfau
Coris julis (Linneaus, 1758), Meerjunker
Xyrichthys novacula (LINNEAUS, 1758), Schermesserfisch

Familie: Ammodytidae, Sandaale
Gymnammodytes semisquamatus (JOURDAIN, 1879) Nacktsandaal
Ammodytes tobianus LINNEAUS, 1758, Kleiner Sandaal

Familie: Atherinidae, Ährenfische
Atherina presbyter CUVIER, 1829, Ährenfisch, Streifenfisch
Atherina boyeri RISSO, 1810, Kleiner Ährenfisch

Familie: Mugilidae, Meeräschen
Chelon labrosus (RISSO, 1826), Dicklippige Meeräsche
Liza ramada (RISSO, 1826), Dünnlippige Meeräsche

Familie: Sphyraenidae, Barrakudas, Pfeilhechte
Sphyraena viridis CUVIER, 1829, Atlantischer Barrakuda
Sphyraena sphyraena (LINNEAUS, 1758), Mittelmeer-Barrakuda

Familie: Scombridae, Makrelen
Scomber scombrus LINNEAUS, 1758, Makrele

Familie: Cepolidae, Bandfische
Cepola rubescens LINNEAUS, 1758, Roter Bandfisch

Familie: Callionymidae, Leierfische
Callionymus lyra LINNEAUS, 1758, Gestreifter Leierfisch
Callionymus maculatus (RAFINESQUE, 1810) Gefleckter Leierfisch

Familie: Gobiidae, Grundeln
Gobiusculus flavescens (FABRICIUS, 1779) Schwimmgrundel
Pomatoschistus minutus (PALLAS, 1770), Sandgrundel
Pomatoschistus marmoratus (RISSO, 1810), Marmorierte Grundel
Pomatoschistus microps (KROYER, 1836), Strandgrundel
Pomatoschistus pictus (MALM, 1865), Fleckengrundel
Gobius bucchichi STEINDACHNER, 1870, Anemonengrundel
Gobius cobitis PALLAS, 1811, Riesengrundel
Gobius paganellus LINNEAUS, 1758, Felsengrundel
Gobius niger LINNEAUS, 1758, Schwarzgrundel
Gobius geniporus VALENCIENNES, 1837, Schlankgrundel
Gobius auratus RISSO, 1810, Goldgrundel
Gobius cruentatus GMELIN, 1789, Rotmaulgrundel

Lesueurigobius frisii (MALM, 1874), Friesgrundel
Neogobius cephalargoides PINCHUK, 1976, Dicklippige Grundel
Benthophiloides brauneri BELIN & ILJIN, 1927, Bindengrundel

Familie: Gobiescidae, Ansauger oder Schildfische
Lepadogaster lepadogaster (BONATERRE, 1788), Blaufleckiger Ansauger
Lepadogaster candollei RISSO, 1810, Rotfleckiger Ansauger

Familie: Blenniidae, Schleimfische
Aidablennius sphinx (VALENCIENNES, 1836), Sphinx-Schleimfisch
Scartella cristata (LINNEAUS, 1758), Kammschleimfisch
Parablennius incognitus (BATH, 1968), Brauner Schleimfisch
Parablennius sanguinolentus (PALLAS, 1811), Blutstriemenschleimfisch
Parablennius zvonimiri (KOLOMBATOVIC, 1892), Hirsch-Schleimfisch
Parablennius tentacularis (BRÜNNICH,1768) Gehörnter Schleimfisch
Parablennius gattorugine (BRÜNNICH, 1768), Geweih schleimfisch
Parablennius rouxi (RISSO, 1810), Gestreifter Schleimfisch
Coryphoblennius galerita (LINNEAUS, 1758), Marmorierter Schleimfisch
Lipophrys fluviatilis (ASSO, 1801), Fluß-Schleimfisch
Lipophrys pavo (RISSO, 1810), Pfauenschleimfisch
Lipophrys pholis (LINNEAUS, 1758), Schan
Lipophrys dalmatinus (STEINDACHNER & KOLOMBATOVIC, 1883) Dalmatinischer Schleimfisch, Zwergschleimfisch
Lipophrys canevai (VINCINGUERRA, 1880) Gelbwangen-Schleimfisch
Lipophrys trigloides (VALENCIENNES, 1836), Grauer Schleimfisch
Lipophrys nigriceps (VINCINGUERRA, 1883), Schwarzkopf-Schleimfisch

Familie: Trypterygiidae, Spitzkopf- oder Dreiflossen-Schleimfische
Tripterygion tripteronotus (RISSO, 1810), Großer Spitzkopf-Schleimfisch
Trypterygion delaisi CADENAT & BLACHE 1971, Gelber Spitzkopf-Schleimfisch
Tripterygion melanurus GUICHENOT, 1845, Zwergspitzkopf-Schleimfisch

Familie: Pholidae, Butterfische
Pholis gunnelus (LINNEAUS, 1758), Butterfisch
Familie: Zoarcidae, Gebärfische
Zoarces viviparus (LINNEAUS, 1758), Aalmutter
Familie: Anarhichadidae, Seewölfe
Anarhichas lupus LINNEAUS, 1758, Gestreifter Seewolf
Anarhichas denticulatus KRÖYER, 1845, Blauer Seewolf
Familie: Triglidae, Knurrhähne
Aspitrigla cuculus (LINNEAUS, 1758), Seekuckuck
Trigla lucerna LINNEAUS, 1758, Roter Knurrhahn
Eutrigla gurnadus (LINNEAUS, 1758), Grauer Knurrhahn
Trigloporus lastoviza (BRÜNNICH, 1768), Gestreifter Knurrhahn
Familie: Dactylopteridae, Flughähne
Dactylopterus volitans (LINNEAUS, 1758), Flughahn
Familie: Scorpaenidae, Drachenköpfe
Sebastes marinus (LINNEAUS, 1758), Großer Rotbarsch
Helicolenus dactylopterus (DELAROCHE, 1809), Blaumaul
Scorpaena scrofa LINNEAUS, 1758, Großer Roter Drachenkopf
Scorpaena notata RAFINESQUE, 1810, Kleiner Roter Drachenkopf
Scorpaena maderensis VALENCIENNES, 1833, Kleiner Brauner Drachenkopf
Scopaena porcus LINNAEUS, 1758, Großer Brauner Drachenkopf
Scorpaena loppei CADENAT, 1943, Zwergdrachenkopf
Familie: Cottidae, Groppen
Taurulus bubalis (EUPHRASEN, 1786), Seebull
Micrenophrys lilljeborgi (COLLET, 1875), Zwergseeskorpion
Myoxocephalus scorpius (LINNEAUS, 1758), Seeskorpion
Familie: Agonidae, Panzergroppen
Agonus cataphractus (LINNEAUS, 1758), Steinpicker
Familie: Trachinidae, Drachenfische
Trachinus draco LINNEAUS, 1758, Petermännchen
Familie: Synodontidea, Eidechsenfische
Synodus saurus (LINNEAUS, 1758), Atlantischer Eidechsenfisch
Familie: Uranoscopidae, Himmelsgucker
Uranoscopus scaber LINNEAUS, 1758, Himmelsgucker
Familie: Cyclopteridae, Scheibenbäuche
Cyclopterus lumpus LINNEAUS, 1758, Seehase

Familie: Scophthalmidae, Butte
Scophthalmus rhombus (LINNEAUS, 1758), Glattbutt, Kleist
Zeugopterus punctatus (BLOCH, 1787), Haarbutt
Phrynorhombus regius (BONATERRE,1788), Südlicher Zwergbutt
Psetta maxima (LINNEAUS, 1758), Steinbutt
Familie: Bothidae, Lammzungen
Arnoglossus laterna (WALBAUM, 1792), Lammzunge
Bothus podas (DELAROCHE, 1809), Weitäugiger Butt
Familie: Pleuronectidae, Schollen
Platichthys flesus (LINNEAUS, 1758), Flunder, Rauhbutt
Pleuronectes platessa LINNEAUS, 1758, Scholle, Goldbutt
Hypoglossus hypoglossus (LINNEAUS, 1758), Heilbutt
Limanda limanda (LINNEAUS, 1758), Kliesche
Microstomus kitt (WALBAUM, 1792), Rotzunge, Limande
Familie: Soleidae, Seezungen
Solea vulgaris QUENSEL, 1806, Seezunge
Buglossidium luteum (RISSO, 1810), Zwergzunge
Familie: Ballistidae, Drückerfische
Ballistes carolinensis GMELIN, 1789
Ordnung: Lophiiformes, Armflosserartige
Familie: Lophiidae, Seeteufel
Lophius piscatorius LINNEAUS, 1758, Seeteufel, Angler

Umrißschlüssel
für die beschriebenen Fischfamilien

Klasse: Chondrichthyes, Knorpelfische

Familie: Lamnidae, Heringshaie
S. 72

Familie: Odontaspididae,
Sandhaie
S. 73

Familie: Squalidae, Dornhaie
S. 74

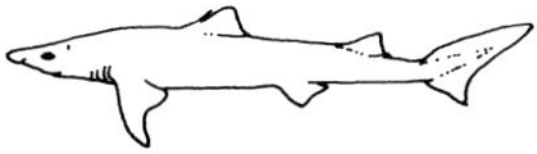

Familie: Triakidae, Marderhaie
S. 75

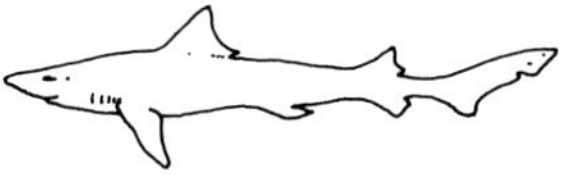

Familie: Scyliorhinidae,
Katzenhaie
S. 76

Familie: Torpedinidae,
Zitterrochen
S. 79

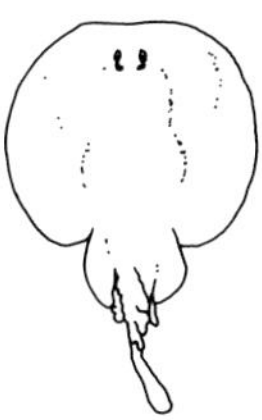

Familie: Rajidae, Echte Rochen
S. 80

Familie: Dasyatidae,
Stechrochen
S. 84

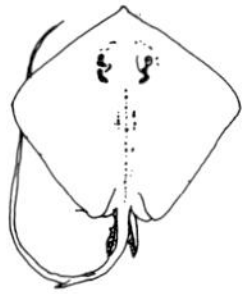

Familie: Myliobatidae,
Adlerrochen
S. 85

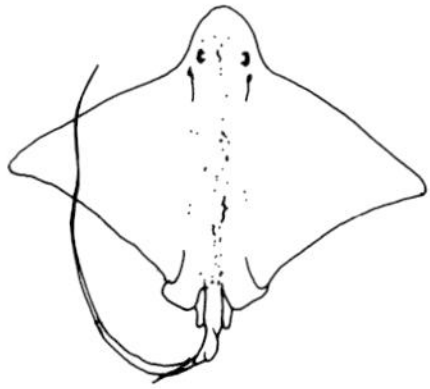

Klasse: Osteichthyes, Knochenfische

Familie: Acipenseridae, Störe
S. 86

Familie: Clupeidae, Heringe
S. 88

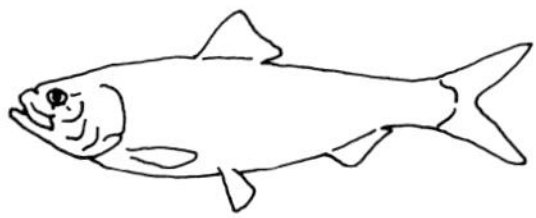

Familie: Osmeridae, Stinte
S. 94

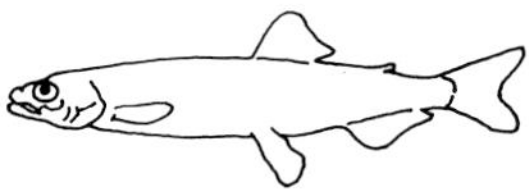

Familie: Coregonidae, Maränen
S. 95

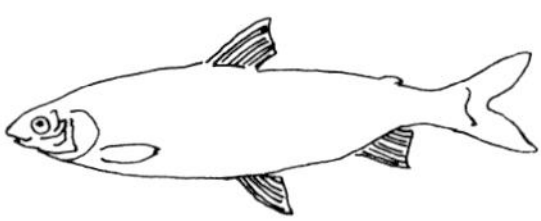

Familie: Salmonidae, Lachse
S. 97

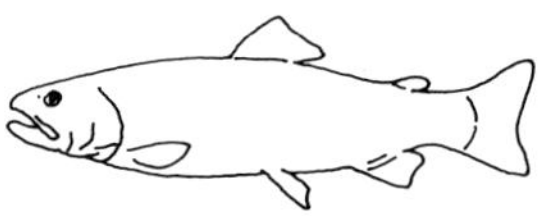

Familie: Anguillidae, Aale
S. 100

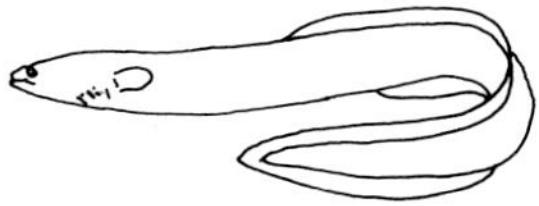

Familie: Congridae, Meeraale
S. 102

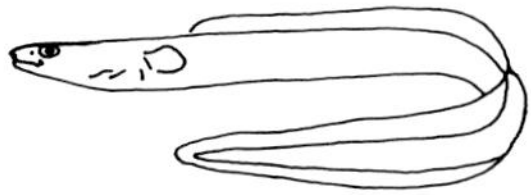

Familie: Muraenidae, Muränen
S. 104

Familie: Belonidae, Hornhechte
S. 107

Familie: Gadidae, Dorsche
S. 108

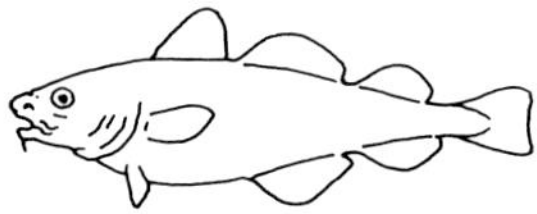

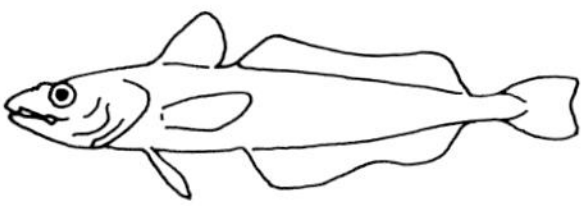

Familie: Gasterosteidae,
Stichlinge
S. 122

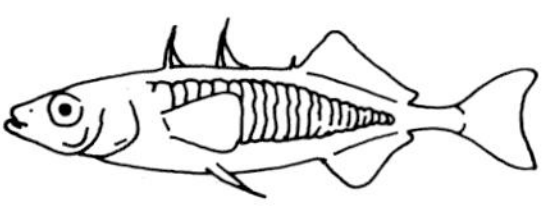

Familie: Syngnathidae,
Seenadeln
S. 125

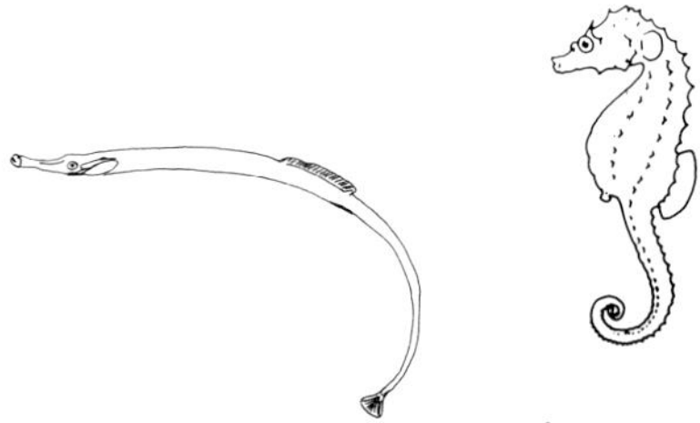

Familie: Macrorhamphosidae,
Schnepfenfische
S. 132

Familie: Caproidae, Eberfische
S. 134

Familie: Zeidae, Heringskönige
S. 135

Familie: Moronidae,
Wolfsbarsche
S. 136

Familie: Serranidae,
Zackenbarsche
S. 137

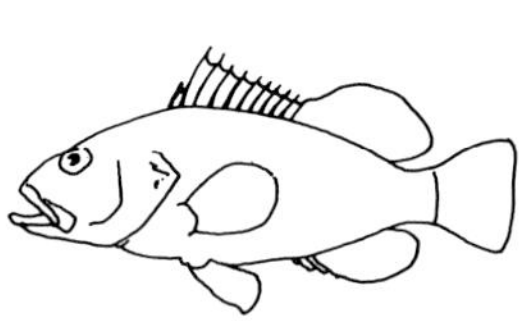

Familie: Apogonidae,
Kardinalfische
S. 147

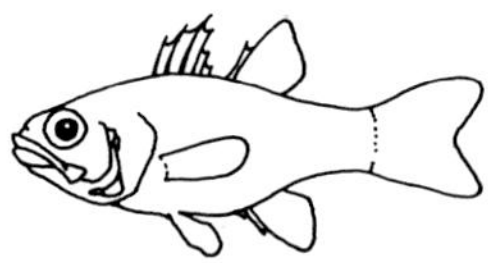

Familie: Pomacentridae,
Riffbarsche
S. 148

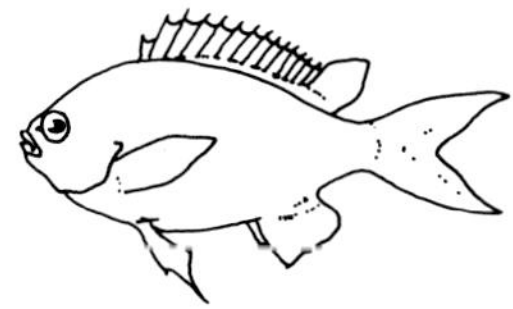

Familie: Carangidae,
Stachelmakrelen
S. 150

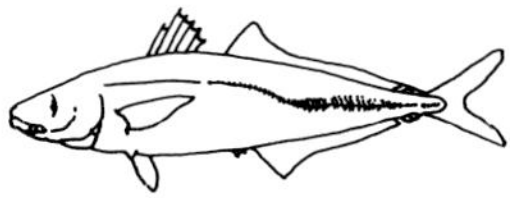

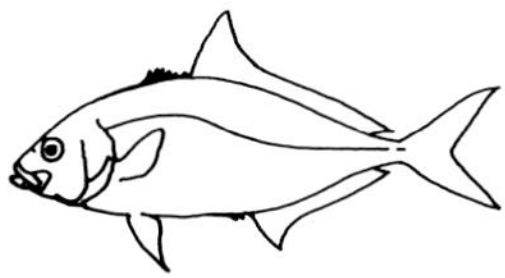

Familie: Sciaenidae, Umberfische
S. 156

Familie: Mullidae, Meerbarben
S. 158

Familie: Centracanthidae,
Schnauzenbrassen
S. 160

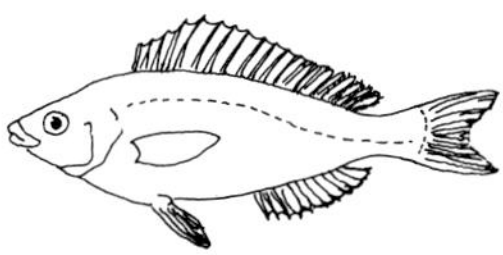

Familie: Sparidae, Meerbrassen
S. 162

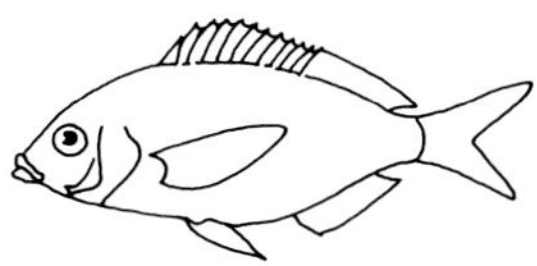

Familie: Labridae, Lippfische
S. 176

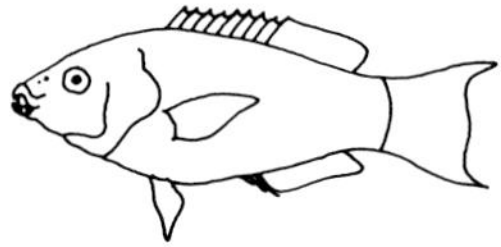

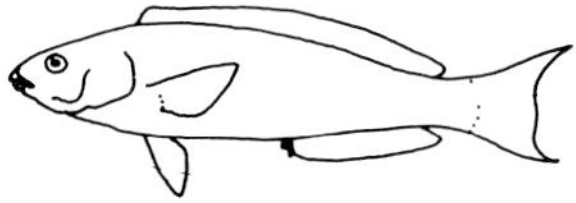

Familie: Ammodytidae, Sandaale
S. 201

Familie: Atherinidae,
Ährenfische
S. 202

Familie: Mugilidae, Meeräschen
S. 204

Familie: Sphyraenidae,
Barrakudas, Pfeilhechte
S. 206

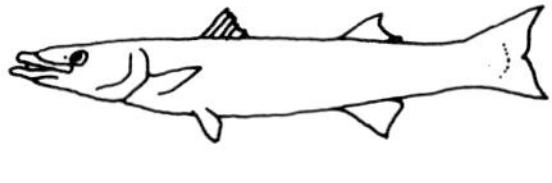

Familie: Scombridae, Makrelen
S. 208

Familie: Cepolidae, Bandfische
S. 209

Familie: Callionymidae,
Leierfische
S. 210

Familie: Gobiidae, Grundeln
S. 213

Familie: Gobiescidae, Ansauger
oder Schildfische
S. 230

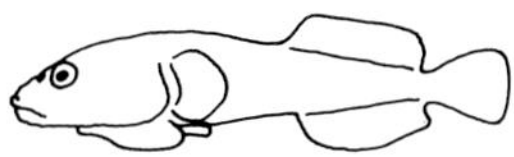

Familie: Blenniidae,
Schleimfische
S. 233

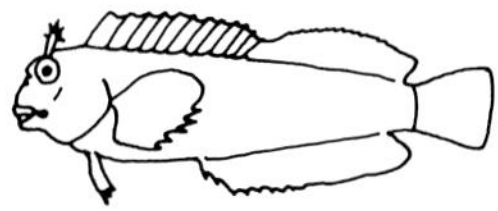

Familie: Trypterygiidae,
Spitzkopf-Schleimfische
S. 252

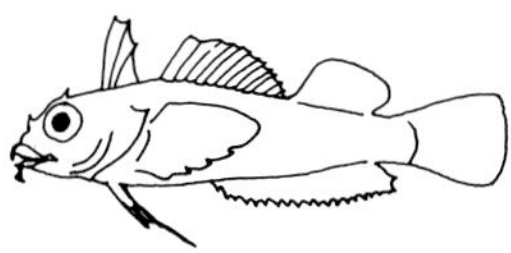

Familie: Pholidae, Butterfische
S. 257

Familie: Zoarcidae, Gebärfische
S. 258

Familie: Anarhichadidae,
Seewölfe
S. 260

Familie: Triglidae, Knurrhähne
S. 263

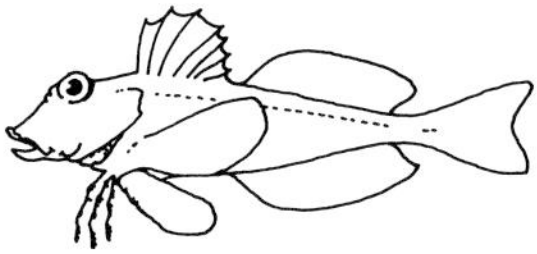

Familie: Dactylopteridae,
Flughähne
S. 268

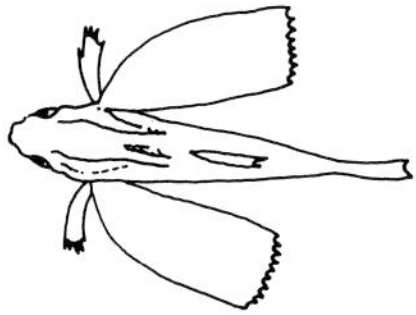

Familie: Scorpaenidae,
Drachenköpfe
S. 269

Familie: Cottidae, Groppen
S. 276

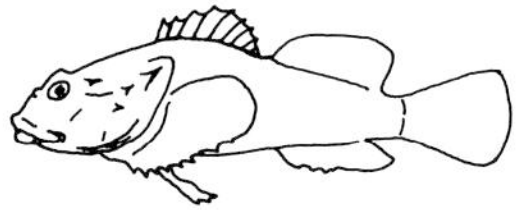

Familie: Agonidae,
Panzergroppen
S. 279

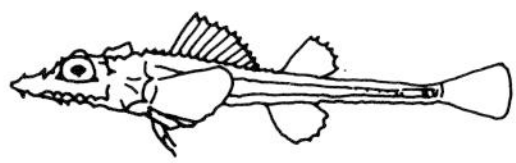

Familie: Trachinidae,
Drachenfische
S. 280

Familie: Synodontidae
Eidechsenfische
S. 281

Familie: Uranoscopidae,
Himmelsgucker
S. 282

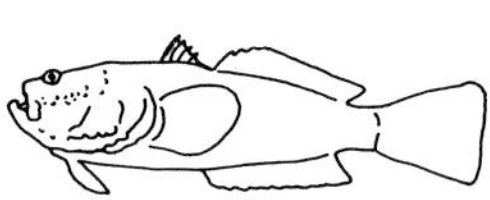

Familie: Cyclopteridae,
Scheibenbäuche
S. 284

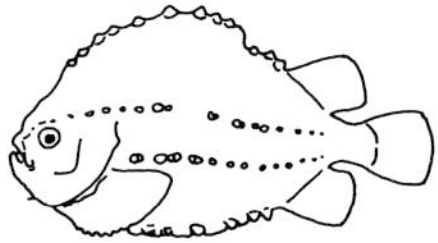

Familie: Scophthalmidae, Butte
S. 286

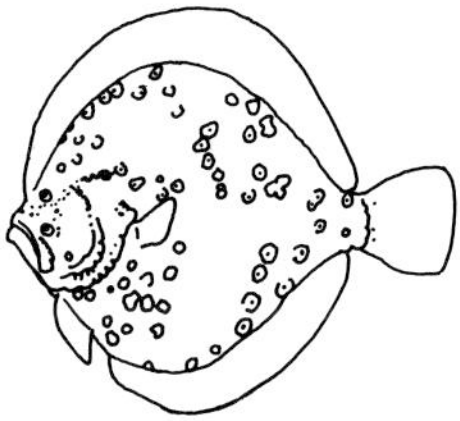

Familie: Bothidae,
Weitäugige Butte
S. 290

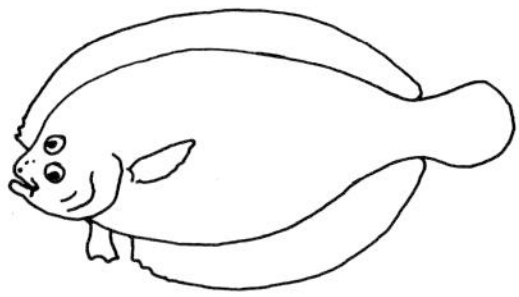

Familie: Pleuronectidae, Schollen
S. 292

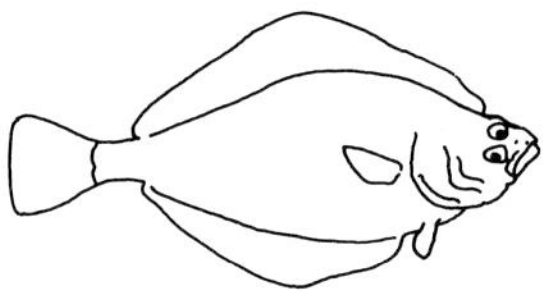

Familie: Soleidae, Seezungen
S. 298

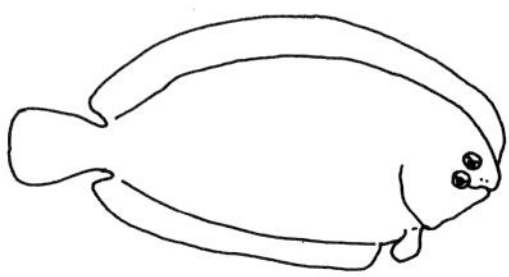

Familie: Ballistidae,
Drückerfische
S. 300

Familie: Lophiidae, Seeteufel
S. 302

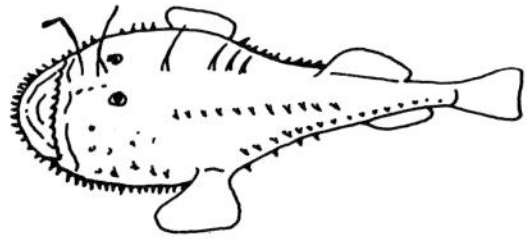

Makrelenhai

Isurus oxyrinchus Rafinesque, 1810 Lamnidae, Heringshaie

Merkmale: Der Makrelenhai hat einen langgestreckten, spindelförmigen Körper mit spitzer, kegelartiger Schnauze (Rostrum). Die fünf langen Kiemenspalten liegen vor den Brustflossen. Diese sind kürzer als der Kopf. Zwei Rückenflossen, wobei die erste größer ist und vor den Bauchflossen liegt. Der vordere Ansatz der zweiten Rükkenflosse liegt knapp vor dem der gleich großen Afterflosse. Der obere, größere Lappen der asymmetrischen (heterocerken) Schwanzflosse ist am freien Rand gekerbt. Der Schwanzstiel ist auf beiden Seiten gekielt. Die Augen haben keine Nickhaut. Die Zähne sind auf beiden Kiefern schlank und glattrandig. Färbung: Rücken und Flanken blaugrau, Unterseite hellgrau bis weiß. Wird über 3 m lang (max. 4 m) und bis 500 kg schwer.

Verbreitung: Gemäßigt warme Ozeane, lokal auch in tropischen Gewässern. Im Ostatlantik bis zu den Britischen Inseln im Norden und im Mittelmeer.

Biologie: Der Makrelenhai ist ein Hochseebewohner, der nur selten im Küstenbereich vorkommt. Er hält sich bevorzugt in der Nähe der Wasseroberfläche auf, kommt aber auch in Tiefen bis 400 m vor. Sein Nahrungsspektrum besteht überwiegend aus Fischen und Tintenfischen.

Fortpflanzung: Die Männchen begatten die Weibchen mit griffelartigen Kopulationsorganen an den Bauchflossen (Klasper). Die im Eileiter der Mutter schlüpfenden Jungfische sind bei der Geburt 60–70 cm lang (Ovoviviparie). Ein Wurf umfaßt 6–10 Junge. Die Männchen werden mit einer Länge von 2 m geschlechtsreif, die Weibchen mit 2,40 m.

Sandhai, Sandtiger

Eugomphodus taurus (RAFINESQUE, 1809) Odontaspididae, Sandhaie

Merkmale: Kräftiger, langgestreckter Körper mit abgeflachtem kleinem Kopf und kegelförmiger, spitzer Schnauze. Die kleinen, runden Augen haben keine Nickhaut. Die fünf Kiemenspalten liegen vor dem Ansatz der Brustflosse. Er hat zwei gleich große Rückenflossen, wobei die erste vor den Bauchflossen und die zweite vor der Afterflosse liegt. Die asymmetrische Schwanzflosse ist am freien Rand des oberen, sichelförmig verlängerten Lappens eingekerbt. Der Schwanzstiel ist nicht gekielt, sondern mit einer rinnenförmigen Vertiefung versehen. Färbung: Rücken und Flanken sind braun, graubraun oder dunkelgrau gefärbt. Die helle Unterseite ist meist scharf von der Oberseite abgesetzt. Länge: bis 3,50 m, Gewicht bis 180 kg.

Verbreitung: In tropischen, subtropischen und gemäßigt warmen Meeren. Im Ostatlantik vom Golf von Guinea bis zu den Kanarischen Inseln und im Mittelmeer.

Biologie: Der Sandhai besiedelt die Küstenregionen bis in 200 m Tiefe, meist jedoch oberhalb von 70 m. Er bevorzugt sandigen Grund und jagt bodenorientiert hauptsächlich nach Fischen und Tintenfischen. Um weniger Energie für den Auftrieb aufzuwenden, schluckt er gelegentlich an der Wasseroberfläche Luft und preßt diese in den Magen.

Fortpflanzung: Die Weibchen werden von den Männchen mit Kopulationsorganen an den Bauchflossen (Klasper) begattet. Nach einer Tragzeit von 8–9 Monaten werden ein oder zwei ca. 1 m lange Jungfische geboren (Ovoviviparie). Die Geschlechtsreife tritt bei einer Länge von 2,20 m ein.

Dornhai

Squalus acanthias LINNAEUS, 1758 Squalidae, Dornhaie

Merkmale: Der Dornhai hat einen langgestreckten, schlanken Körper mit spitzer Schnauze. Zwei Rückenflossen, vor denen sich jeweils ein spitzer Dorn befindet (Name), der über eine Furche mit einer Giftdrüse verbunden ist. Die vordere Rückenflosse ist größer als die hintere. Der obere Lappen der Schwanzflosse ist nicht gekerbt. Eine Afterflosse fehlt. Große Augen ohne Nickhaut. Färbung: dunkelgrau bis braun, Unterseite hell. Auf dem Rücken und den Flanken befinden sich unregelmäßig verteilte weiße Flecken. Bis zu 1 m lang und 10 kg schwer.
Verbreitung: Nordostatlantik, Nordsee, Mittelmeer, Schwarzes Meer.
Biologie: Häufigster Grundhai im Nordatlantik. Er besiedelt bevorzugt Schelfregionen mit weichem Sediment in Tiefen von 10 bis 200 m, selten auch tiefer. Er bildet häufig Schwärme, die weite Strecken wandern. Nahrung: Überwiegend Fische (z. B. Hering und Dorsch), aber auch Krebse und Mollusken.
Fortpflanzung: Nach einer inneren Befruchtung bilden sich im Eileiter der Weibchen Hornkapseln mit jeweils 1–6 Eiern, deren Hülle sich im Verlauf der Entwicklung auflöst, so daß die Embryos im Leib der Mutter schlüpfen (Ovoviviparie). Nach einer Entwicklungszeit von 18–22 Monaten gebärt ein Weibchen 2–11 Jungtiere mit einer Länge von jeweils 20–30 cm. Die Weibchen werden nach 10 Jahren und einer Länge von 75–90 cm, die Männchen mit 60–80 cm geschlechtsreif. Dornhaie werden über 20 Jahre alt.
Sonstiges: Wirtschaftlich bedeutender Speisefisch. Sein Schwanzstiel wird als „Seeaal" und seine Bauchlappen als „Schillerlocke" angeboten.

Hundshai

Galeorhinus galeus (Linnaeus, 1758) Triakidae, Marderhaie

Merkmale: Der Hundshai ist langgestreckt und hat einen schlanken Körper. Die Schnauze ist konisch und spitz. Die vordere Rückenflosse ist mehr als doppelt so groß wie die hintere und liegt gegenüber der Afterflosse. Er trägt keine Stacheln vor den Rückenflossen. Der obere Lappen der heterocerken Schwanzflosse ist am freien Rand tief gekerbt. Er hat fünf Kiemenspalten, von denen die letzte über der Brustflosse liegt. Die dreieckigen Zähne sind am Innenrand glatt und am Außenrand mehrspitzig bzw. gesägt. Ovale Augen mit einer Nickhaut im vorderen Winkel. Färbung: Rücken und Flanken dunkel-grau bis braun, Unterseite hell. Länge: bis 1,50 m (max. 2 m). Gewicht: bis 70 kg.
Verbreitung: An den Küsten des Ostatlantiks, des Mittelmeers und der Nordsee (fehlt in der Ostsee). Lokal relativ häufig (z. B. bei Helgoland).

Biologie: Besiedelt Schelfregionen mit Sand- oder Geröllgrund in Tiefen von 40–100 m, im Mittelmeer bis 400 m. Hält sich im Sommer meistens im Flachwasserbereich der Küsten auf, im Winter zieht er sich in tiefere oder weiter südlich gelegene Regionen zurück. Selten im freien Wasser oder an der Wasseroberfläche. Nahrung: Überwiegend Fische (z. B. Dorsche und Plattfische), aber auch Krebse, Mollusken und Stachelhäuter.
Fortpflanzung: Der Hundshai ist lebend gebärend. Nach einer inneren Befruchtung und einer Tragzeit von 10 Monaten werfen die Weibchen von Juni bis September 25–35 Jungfische mit einer Länge von jeweils 30–40 cm (Ovoviviparie).
Sonstiges: Hundshaie sind als Speisefische wirtschaftlich unbedeutend.

Kleingefleckter Katzenhai

Scyliorhinus canicula (LINNAEUS, 1758) Scyliorhinidae, Katzenhaie

Merkmale: Schlanker, langgestreckter Körper, der geradlinig in die kaum gegabelte Schwanzflosse übergeht. Diese ist auf der Unterseite eingekerbt. Zwei Rückenflossen, wobei die vordere hinter den spitz ausgezogenen Bauchflossen ansetzt. An den unterhalb der kurzen, abgerundeten Schnauze liegenden Nasenöffnungen setzen ungeteilte Nasenlappen an, die bis zum Maul reichen. Darunter befindet sich jeweils eine Rinne. Die längsovalen Augen haben im helladaptierten Zustand senkrechte Pupillen und erinnern an Katzenaugen (Name). Färbung: Rücken und Flanken gelbgrau oder braun mit unregelmäßig verteilten dunklen Flecken und Punkten, Bauch heller und nicht gepunktet. Länge: 60–80 cm, selten bis 1 m.

Verbreitung: Küstenregionen des Nordostatlantiks von Norwegen im Norden bis Senegal im Süden, im Mittelmeer und in der Nordsee (fehlt in der Ostsee).

Biologie: Katzenhaie leben gesellig, bodenorientiert sowie nacht- und dämmerungsaktiv an Küsten mit Fels-, Sand- oder Schlammgrund in Tiefen bis über 100 m, im Mittelmeer bis 400 m. Bevorzugt halten sie sich an mit Algen überwachsenen Sandbänken auf. Tagsüber trifft man sie ruhend am Grund an. Nahrung: Muscheln, Schnecken, Krebse, Stachelhäuter und kleine Fische.

Fortpflanzung: Bei den Männchen befinden sich an den Bauchflossen griffelförmige Begattungsorgane (Klasper), die eine innere Befruchtung der Eier ermöglichen. Die Paarung findet im Herbst in tieferen Wasserschichten statt. Anschließend legt ein Weibchen 18–20 je 6 cm lange, durch eine Hornkapsel geschützte Eier an Algen oder Steinen ab (Oviparie). An den rechteckigen Hornkapseln befinden sich vier biegsame, spiralig aufgewundene Fäden, die das Ei am Substrat befestigen. Bei der Eiablage umschwimmt das Weibchen das Substrat, so daß sich die zunächst weichen Fäden am Substrat verfangen, dann härten und das Ei aus dem Körper ziehen (siehe Abbildung rechts unten). Gelegentlich findet man von der Strömung abgerissene Eier am Strand. Die Jungen schlüpfen nach 8–10 Monaten und ernähren sich zunächst von ihrem Dottersack. Die Geschlechtsreife tritt bei einer Körperlänge von ca. 60 cm ein.

Sonstiges: Katzenhaie werden häufig in Schauaquarien gehalten. Im Aquarium am Berliner Zoo werden sie sogar seit Jahren erfolgreich nachgezüchtet.

Oben:
Kleingefleckter Katzenhai
Unten:
Weibchen bei der Eiablage

Großgefleckter Katzenhai

Scyliorhinus stellaris (LINNAEUS, 1758) Scyliorhinidae, Katzenhaie

Merkmale: Der langgestreckte Körper geht geradlinig in die kaum gegabelte und auf der Unterseite eingekerbte Schwanzflosse über. Zwei Rückenflossen. Unterhalb der kurzen, abgerundeten Schnauze liegen die Nasenöffnungen, an denen Nasenlappen ansetzen, die nicht bis zum Maul reichen. Am unteren Rand der längsovalen Augen befindet sich eine dicke Hautfalte. Die Pupillen stehen im helladaptierten Zustand senkrecht und erinnern an Katzenaugen (Name). Färbung: Rücken und Flanken braun mit dunklen, z. T. ringförmig angeordneten Flekken, Unterseite weiß und nicht gefleckt. Länge: bis 1,30 m.
Verbreitung: Küstenregionen des Nordostatlantiks und des Mittelmeers in Tiefen von 20–60 m. Nördlich der Biskaya selten.
Biologie: Der Großgefleckte Katzenhai besiedelt bevorzugt felsigen Grund. Dort versteckt er sich tagsüber in Höhlen oder Nischen. In der Dämmerung und nachts sucht er nach Nahrung, die hauptsächlich aus Krebsen, Mollusken, Stachelhäutern und kleinen Fischen besteht.
Fortpflanzung: Die Männchen befruchten die Weibchen mit den griffelförmigen Begattungsorganen an den Bauchflossen (Klasper). Die Weibchen legen in den Sommermonaten (im Mittelmeer das ganze Jahr über) 13 cm lange und 3–4 cm breite Eier an Hartsubstraten ab. Die rechteckigen Eier sind mit einer Hornkapsel umhüllt und bleiben mit den vier spiraligen Hornfäden am Substrat hängen. Die 10–15 cm langen Jungfische schlüpfen nach 9 Monaten.

Marmor-Zitterrochen

Torpedo marmorata Risso, 1810 Torpedinidae, Zitterrochen

Merkmale: Abgeflachter, fast kreisrunder Körper mit dreieckigem, dickem Schwanzstiel, auf dem zwei Rückenflossen sitzen. Hinter den kleinen Augen liegen die mit Hautfransen umgebenen Spritzlöcher. Das Maul und die Kiemenspalten sind auf der Unterseite. Zwischen dem Kopf und den Brustflossen befinden sich auf jeder Seite durch die Haut erkennbare, elektrische Organe. Färbung: Rückenseite braun und dunkel marmoriert; Unterseite weiß mit dunklem Rand. Länge: bis 60 cm.

Verbreitung: Ostatlantikküste von den Britischen Inseln und der Nordsee (dort nur selten) bis nach Südafrika und im Mittelmeer.

Biologie: Der Marmor-Zitterrochen lebt als dämmerungs- und nachtaktiver Einzelgänger in küstennahen Flachwasserbereichen mit sandigem oder steinigem Grund. Er kommt in Tiefen von 2–20 m, selten auch bis 100 m vor. Mit Hilfe seines elektrischen Organs, das nach dem Prinzip der Voltaschen Säule funktioniert, kann er mehrere Stromstöße von bis zu 220 V erzeugen und damit seine Beute lähmen oder Feinde abwehren. Er ernährt sich überwiegend von Krebsen, Mollusken und kleinen Fischen.

Fortpflanzung: Nach einer inneren Befruchtung schlüpfen die sich entwickelnden Embryonen im Weibchen aus den Eiern und werden nach einer Tragzeit von 10 Monaten im Herbst geworfen (Ovoviviparie). Ein Wurf umfaßt 5–30 je ca. 10 cm lange Jungtiere.

Nagelrochen

Raja clavata LINNAEUS, 1758 Rajidae, Echte Rochen

Merkmale: Abgeflachter, breiter, und rautenförmiger Körper. Am Ende des langen Schwanzstiels sitzen zwei gleich große Rückenflossen. Die Brustflossen enden spitzwinkelig. Die Schnauze ist stumpf. Auf der Oberseite befinden sich zahlreiche, spitze Dornen mit glatter Basalplatte, die entlang der Rükkenlinie in einer Reihe angeordnet sind. Das gerade Maul und die 5 Kiemenspalten liegen auf der Unterseite. Die Augen sind kleiner als die Spritzlöcher. Färbung: Oberseite braun mit unregelmäßig verteilten, vereinzelten hellen Flecken und zahlreichen dunklen Punkten. Unterseite weiß oder gelblich. Wird über 1 m lang und 12 kg schwer.

Verbreitung: Im Ostatlantik von Skandinavien bis nach Südafrika, in der Nordsee, in der westlichen Ostsee und im Mittelmeer.

Biologie: Nagelrochen leben bodenorientiert auf sandigem oder schlammigem Grund in Tiefen von 20–300 m. Ihre Nahrung besteht überwiegend aus Krebsen und kleinen Fischen (z. B. Plattfische oder Sandaale).

Fortpflanzung: Die Männchen begatten die Weibchen in seichten Gewässern in der Nähe der Wasseroberfläche mit Hilfe von Kopulationsorganen an den Bauchflossen (Klasper). Die 4 x 6 cm großen, abgeflachten Eikapseln (Seemäuse) haben Spalten für das Atemwasser, hornartige Fortsätze und werden vom späten Frühjahr bis zum Sommer portionsweise abgelegt. Die ca. 10 cm langen Jungfische schlüpfen nach 4–5 Monaten. Die Geschlechtsreife tritt bei den Männchen bei einer Länge von 60 cm und einem Alter von 7 Jahren, bei den Weibchen nach 9 Jahren ein.

Sternrochen

Raja radiata DONOVAN 1808 Rajidae, Echte Rochen

Merkmale: Abgeflachter, breiter und rautenförmiger Körper mit stumpfer Schnauze und abgerundeten Brustflossen. Auf dem Schwanzstiel befinden sich zwei fast gleichgroße Rückenflossen. Auf der Oberseite sitzen zahlreiche kleine Dornen, in einer Reihe entlang der Rückenlinie und 12–19 große Dornen mit geriffelter Basalplatte. Das gerade Maul und die 5 Kiemenöffnungen liegen auf der Unterseite. Die Augen und die Spritzlöcher sind relativ klein. Färbung: Rückenseite braun, mit zahlreichen kleinen, dunklen Punkten; Unterseite weiß. Länge: bis 60 cm (selten bis 1 m).

Verbreitung: Nordatlantik bis zum Ärmelkanal, der Nordsee und der westlichen Ostsee im Süden.

Biologie: Der Sternrochen ist eine bodenorientiert lebende, kaltstenotherme Art, die auf sandigem, schlammigem oder felsigem Grund in Tiefen von 20–1000 m lebt. Ihr Nahrungsspektrum besteht überwiegend aus Krebsen, Stachelhäutern und kleinen Fischen.

Fortpflanzung: Die Männchen begatten die Weibchen mit Kopulationsorganen an den Bauchflossen (Klasper). Die Eikapseln sind 3–7 cm groß, eckig und behaart. Die Geschlechtsreife tritt bei einer Länge von ca. 30 cm ein.

Fleckenrochen

Raja muntagui FOWLER, 1910 Rajidae, Echte Rochen

Merkmale: Der abgeflachte rautenförmige Körper ist breiter als lang und am vorderen Rand leicht eingebuchtet. Die Brustflossen sind spitzkantig. Die leicht ausgezogene Schnauze verläuft stumpfwinkelig. Vor den Augen und entlang der Rückenlinie befindet sich je eine Dornenreihe. Das Maul und die 5 Kiemenspalten liegen auf der Unterseite. Färbung: Die Oberseite ist hellbraun oder grau gefärbt und mit schwarzen Punkten versehen, die nicht bis zum Flossenrand reichen. Auf der Brustflossenmitte bilden diese meist einen ringförmigen Fleck. Die Bauchseite ist weiß oder rosafarben. Länge: bis 80 cm.
Verbreitung: Nordostatlantik von Marokko im Süden bis Shetland-Inseln im Norden. In der Nordsee und der westlichen Ostsee sowie im Mittelmeer bis Griechenland und Tunesien im Osten.

Biologie: Der häufig vorkommende Fleckenrochen ist ein bodenorienter Bewohner von Sand- und Felsküsten in 20–100 m Tiefe, der sich bevorzugt von Krebsen aber auch von Mollusken, Stachelhäutern und kleinen Fischen ernährt.
Fortpflanzung: Die Männchen begatten die Weibchen mit den sogenannten Klaspern an den Bauchflossen. Nach einer inneren Befruchtung werden die 4–7 cm langen, eckigen und einseitig mit Hornleisten versehenen Eikapseln im Frühsommer abgelegt. Die Jungfische schlüpfen nach 5–6 Monaten.

Stechrochen, Stachelrochen

Dasyatis pastinaca (LINNAEUS, 1758) Dasyatidae, Stechrochen

Merkmale: Stark abgeflachter, rautenförmiger Körper mit abgerundeten Brustflossen, relativ stumpfer Schnauze und dünnem, langem Schwanz, der einen mit Widerhaken bewehrten Giftstachel trägt. Rückenflossen sind nicht vorhanden. Das Maul und die 5 Kiemenspalten liegen auf der Unterseite. Färbung: Rükkenseite braun, gelblich oder grau; Bauchseite weiß mit dunklem Rand. Länge bis 1 m (max. 2,50 m) und 10 kg schwer.

Verbreitung: Ostatlantikküste von den Britischen Inseln und der Nordsee bis Südafrika, sowie im Mittelmeer.

Biologie: Stechrochen leben an Küsten mit Sand- oder Schlammgrund in Tiefen bis zu 200 m. Sie sind überwiegend dämmerungs- und nachtaktiv. Tagsüber halten sie sich oft halb eingegraben im Sand verborgen. Ihre Nahrung besteht aus Mollusken, Krebsen, Stachelhäutern und Fischen.

Fortpflanzung: Die Männchen unterscheiden sich von den Weibchen durch die griffelartigen Kopulationsorgane an den Bauchflossen. Nach einer inneren Befruchtung entwickeln sich im Weibchen 4–6 Embryonen an den Nährstoffe absondernden Zotten (Trophonemata), einer uterusartigen Erweiterung des rechten Eileiters. Die Jungfische werden nach einer Tragzeit von 4 Monaten geworfen.

Sonstiges: Mehrere mit dem Stechrochen verwandte Arten sind in den Tropen verbreitet. Für den Menschen sind in Strandnähe eingegrabene Tiere gefährlich, da Badende in den giftigen Schwanzstachel treten können. Das Gift hat eine neuro- und hämatoxische Wirkung. Die Schwanzstacheln wurden als Pfeilspitzen verwendet.

Adlerrochen

Myliobatis aquilla (LINNAEUS, 1758) Myliobatidae, Adlerrochen

Merkmale: Der Adlerrochen hat einen stark abgeflachten, rautenförmigen Körper. Die Breite seines Körpers übertrifft dessen Länge (ohne Schwanz) fast um das Doppelte. Der Schwanz ist peitschenartig verlängert und doppelt so lang wie der Körper. Er trägt keine Schwanzflosse. Die am Ansatz des Schwanzstiels liegende Rückenflosse trägt am Hinterrand ein oder zwei mit Widerhaken versehene, giftige Stacheln. Die Brustflossen enden spitzwinkelig und sind am Innenrand leicht konkav gebogen. Sein weites Maul ist mit flachen, pflasterartigen, in 1–7 Reihen angeordneten Zähnen versehen. Färbung: Oberseite schwarz, dunkelgrau oder braun, Unterseite weiß mit braunen Flossenrändern. Länge: bis 1,50 m.

Verbreitung: Ostatlantik von der Südküste der Britischen Inseln bis Südafrika und im Mittelmeer.

Biologie: Adlerrochen leben sowohl in der offenen See als auch an Küstenbereichen mit Sand- oder Schlickgrund in Tiefen bis 100 m. Gewandt mit eleganten Flügelschlägen schwimmend sind sie häufig nahe der Wasseroberfläche zu beobachten. Ihre Nahrung besteht aus bodenlebenden Mollusken und Krebsen.

Fortpflanzung: Nach einer inneren Befruchtung gebären die Weibchen in küstennahen Gewässern von September bis Februar 3–7 Jungfische, die bereits im Eileiter der Mutter aus den Eiern geschlüpft sind (Ovoviviparie). Der Uterus gibt ein nährstoffreiches Sekret ab, das die Jungen ernährt.

Stör

Aciperser sturio LINNAEUS, 1758 Acipenseridae, Störe

Merkmale: Der Stör hat einen langgestreckten, spindelförmiger Körper mit verlängerter Schnauze (Rostrum) und asymmetrischer (heterocerker) Schwanzflosse (haiähnlich). Die Rückenflosse sitzt am hinteren Körperviertel. Das rüsselartige, zahnlose Maul steht unterständig. Davor befinden sich vier, in einer Querreihe angeordnete, ungefranste Barteln. Auf dem Rücken befinden sich 11–13 reihenartig angeordnete Knochenplatten, auf den Flanken 24–40 und am Bauch 11–13. Färbung: Rücken und Flanken dunkelgrau bis braun, Bauch weiß bis silbrig. Länge: bis 2 m, selten bis 5 m und über 300 kg schwer.

Verbreitung: Ostatlantikküste von Nordskandinavien bis Marokko. Mittelmeer und Schwarzes Meer.

Biologie: Der Stör lebt bodenorientiert im küstennahen Flachwasser und im Mündungsbereich von Flüssen in Tiefen bis 50 m. Dort wandert er z.T. über lange Distanzen. Sein Nahrungsspektrum ist relativ breit. Es setzt sich aus Krebsen, Mollusken, Würmern und kleinen Fischen zusammen. Er ist eine anadrome Wanderart, die zum Laichen in den Mittellauf von Flüssen zieht.

Fortpflanzung: Pro Rogener werden im Sommer 800.000–3.000.000 klebrige Eier mit 2–3 mm Durchmesser (Kaviar) an überströmten Stellen mit hartem Grund in 6–8 m Tiefe abgelegt. Nach dem Laichen wandern die Störe wieder ins Meer. Die kaulquappenähnlichen 9 mm langen Larven schlüpfen nach 3–6 Tagen und bleiben 1–2 Jahre im Süßwasser. Anschließend ziehen sie ins Meer, wo sie heranwachsen. Die Geschlechtsreife tritt bei den Milchnern nach 7–9, bei den Rogenern nach 8–14 Jahren ein. Störe können wahrscheinlich über 100 Jahre alt werden.

Sonstiges: Der Atlantische Stör ist vom Aussterben bedroht, da einerseits seine Bestände früher wegen des begehrten Kaviars und des wohlschmeckenden Fleisches überfischt wurden und andererseits Querverbauungen in den Flüssen seine Laichwanderungen behindern. Weiterhin gibt es in den meisten mitteleuropäischen Flüssen kaum noch geeignete Laichplätze. Da Störe relativ lange brauchen, um geschlechtsreif zu werden, wirkte sich die intensive Befischung besonders negativ auf seine Bestände aus. In Deutschland gehört der Stör zu den ausgestorbenen Fischarten.

Hering

Clupea harengus LINNAEUS, 1758 Clupeidae, Heringe

Merkmale: Der Hering hat einen schlanken, seitlich abgeflachten Körper mit leicht oberständigem Maul und tief gegabelter Schwanzflosse. Die Seitenlinie fehlt. Das Auge ist mit einem durchsichtigen Fettlid versehen. Die Bauchflossenbasis liegt hinter dem vorderen Ansatz der Rückenflosse. Flossen: D 17–21, A 14–20, P 15–19, V 7–10. Die Kiemendeckel sind glatt und nicht radiär gestreift. Färbung: Rücken dunkelgrau oder grün, Flanken silbrig. Länge: bis 30 cm.

Verbreitung: Nordatlantik, in Europa von Grönland und Skandinavien im Norden bis zur Bretagne im Süden. Nord- und Ostsee, fehlt im Mittelmeer. Innerhalb des Verbreitungsgebietes gibt es mehrere lokale Unterarten.

Biologie: Der Hering bewohnt schwarmbildend und z. T. in hohen Bestandsdichten die Freiwasserregion küstennaher Gewässer in Tiefen bis 250 m. Er kommt meist nachts an die Wasseroberfläche und zieht sich tagsüber in größere Tiefen zurück. Er hält sich meist in Bereichen auf, wo sich nährstoffreiches Tiefenwasser mit warmen Wasserschichten mischt, da sich dort große Planktonmengen entwickeln. Seine Nahrung besteht aus Zooplankton (hauptsächlich Kleinkrebse), das mit Hilfe der Kiemenreusen aus dem Wasser gefiltert wird. Die beschriebenen Unterarten unterscheiden sich im Hinblick auf die Größe, die Wachstumsgeschwindigkeit, das Wanderverhalten, die Laichzeit und den Laichplatz.

Fortpflanzung: Pro Rogener werden in 40–70 m Tiefe bei einer Wassertemperatur von 5°C 20.000–50.000 Eier gelegt, die zum Grund sinken und am Substrat haften. Die ca. 7–9 mm langen Larven schlüpfen nach 2–4 Wochen und schwimmen zur Wasseroberfläche, wobei sie sich am Licht orientieren (phototaktisch). Die Schuppen bilden sich bei einer Länge von 4 cm. Jungheringe schließen sich gelegentlich mit Sprotten zusammen Die Geschlechtsreife tritt nach 3–7 Jahren ein. Heringe können über 20 Jahre alt werden.

Sonstiges: Der Hering ist einer der wirtschaftlich bedeutensten Speisefische. Im Atlantik werden jährlich über 2 Millionen Tonnen gefangen. Von der deutschen Seefischerei wurden 1992 knapp 50.000 Tonnen Heringe gefangen. In verschiedenen Gewässern haben sich seine Bestände infolge andauernder Überfischung rückläufig entwickelt. Heringe eignen sich gut zum Räuchern, da sie Fett in den Muskeln speichern. Weiterhin ist der Hering als Beutefisch für andere Wirtschaftsfische wie Makrelen und Dorsche von Bedeutung.

Sprotte

Sprattus sprattus (LINNAEUS, 1758) Clupeidae, Heringe

Merkmale: Die Sprotte hat einen langgestreckten, spindelförmiger Körper mit Bauchkiel, geknickten Kielschuppen, eine gegabelte Schwanzflosse und ein oberständiges Maul. Die Rükkenflosse sitzt hinter den Bauchflossen. Die Augen haben schmale Fettlider. Die Kiemendeckel sind glatt. Flossen: D 15–19, A 17–22, P 15–17, V 6–8. Färbung: Rücken blau, Flanken und Bauch silbrig. Länge: bis 16 cm.

Verbreitung: Nordostatlantik von Skandinavien bis Marokko, in der Nordsee, in der Ostsee (dort eigene Unterart), im Mittelmeer und im Schwarzen Meer.

Biologie: Die Sprotte ist ein schwarmbildender Freiwasserfisch der Küsten, der sich tagsüber in Tiefen bis 150 m aufhält und meist nur nachts an die Wasseroberfläche aufsteigt. Oft lassen sich ausgedehnte Wanderungen zwischen den Weidegründen und Laichplätzen beobachten. Die Jungfische fressen u. a. Kieselalgen, ältere dagegen hauptsächlich Zooplankton (meist Kleinkrebse).

Fortpflanzung: Im Verbreitungsgebiet haben die einzelnen Populationen unterschiedliche Laichzeiten. Der pro Rogener bis 10.000 Eier (1 mm ø) umfassende Laich wird meist in 10–20 m Tiefe in küstennahen Gewässern abgegeben und schwebt im Wasser, bis die 4 mm langen Larven nach etwa einer Woche schlüpfen. Sprotten werden mit zwei Jahren geschlechtsreif und können sechs Jahre alt werden.

Sonstiges: Die Sprotte ist als Speisefisch und als Beutefisch für andere genutzte Fischarten wirtschaftlich von Bedeutung.

Sardine

Sardina pilchardus (WALBAUM, 1792) Clupeidae, Heringe

Merkmale: Die Sardine hat einen langgestreckten, im Querschnitt ovalen Körper und ein weites, bis unter die Augen reichendes, unterständiges Maul. Der Kopf ist unbeschuppt, die Kiemendeckel strahlenförmig gefurcht und die Schwanzflosse tief gegabelt. Der Vorderrand der Rückenflosse liegt über dem hinteren Ansatz der Bauchflossen. Flossen: D 17–18, A 17–18, P 16–17, V8. Ca. 30 Schuppen entlang der Körpermitte. Färbung: Rücken grün oder bläulich schimmernd, Flanken und Bauch silbrig. Länge: bis 25 cm.
Verbreitung: Nordostatlantik von Island und Skandinavien im Norden bis zum Senegal im Süden, Kanarische Inseln, westliches und nördliches Mittelmeer und Schwarzes Meer. Fehlt in der nördlichen Nordsee und in der Ostsee. Innerhalb des Verbreitungsgebietes gibt es mehrere Unterarten.
Biologie: Sardinen sind ausgesprochene Schwarmfische, die sowohl in der offenen See als auch nahe der Küste leben und auf der Nahrungssuche ausgedehnte Wanderungen unternehmen. Ihre Nahrung besteht aus Plankton, Fischeiern und -brut.
Fortpflanzung: Die Laichzeit erstreckt sich im Ärmelkanal von April bis November, in der Biskaya von Februar bis April und im Mittelmeer von November bis Juni. Pro Rogener werden in Küstennähe 50.000–60.000 pelagische Eier abgegeben, aus denen nach 2–4 Tagen die 4 mm langen Larven schlüpfen. Die Geschlechtsreife tritt nach 3 Jahren ein.
Sonstiges: Sardinen haben als Speisefische wirtschaftliche Bedeutung. Ihr Marktanteil bei den Seefischarten lag in Deutschland 1992 bei 2%. Im gleichen Jahr wurden 8.500 Tonnen in Konserven importiert.

Maifisch

Alosa alosa (LINNAEUS, 1758) Clupeidae, Heringe

Merkmale: Seitlich abgeflachter Körper mit kurzer Rückenflosse und leicht oberständigem Maul. Die Augen haben unbewegliche Fettlider. Die Seitenlinie fehlt. Färbung: Rücken blaugrün, Flanken und Bauch silbrigweiß. Am oberen Rand befindet sich ein großer schwarzer Fleck, dahinter oft 1–2 verwaschene Flekken. 90–130 Reusendornen auf dem ersten Kiemenbogen. Flossen: D IV–V/ 13–17, A III/17–22, P I/13–15, V I/7–8. 70–86 Schuppen entlang der Körpermitte. Länge: 35–40 cm (max. 70 cm).

Verbreitung: Küstengewässer und Zuflüsse des Nordostatlantiks und des westlichen Mittelmeeres.

Biologie: Der Maifisch besiedelt als Schwarmfisch Küstengewässer und Flußmündungen. Er ernährt sich von Zooplankton (meist Kleinkrebse), das mit Hilfe der Kiemenreusen aus dem Wasser gefiltert wird.

Fortpflanzung: Anadromer Wanderer, der in der Laichzeit, meist im Mai (Name), die Flüsse aufsteigt, um zu Laichen (früher im Rhein bis Basel, in der Elbe bis Dresden). Der pro Rogener 100.000–200.000 Eier (ca. 1,6 mm) umfaßende Laich quillt stark auf und sinkt auf den Grund. Die Larven schlüpfen nach 4–8 Tagen. Mit einer Länge von 8–12 cm ziehen die Jungfische im Herbst ins Meer, wo sie nach 3–4 Jahren geschlechtsreif

Sonstiges: Maifische waren wegen ihres zarten Fleisches früher geschätzte Speisefische, die in großen Mengen in den Flüssen gefangen wurden. Querverbauungen entlang der Flußläufe und die Gewässerverschmutzung verhindern ihre Laichwanderungen und führten zu einem drastischen Rückgang der Bestände, so daß diese Art in Deutschland heute vom Aussterben bedroht ist.

Sardelle, Anchovis

Engrausilus encrasicolus (LINNAEUS, 1758) Engraulidae, Sardellen

Merkmale: Die Sardelle läßt sich durch ihren langgestreckten, schlanken Körper, ihre glatte (ungesägte) Bauchlinie und ihr weites, bis hinter die Augen reichendes, unterständiges Maul von anderen Heringsarten unterscheiden. Sie hat weder eine Seitenlinie noch Fettlider auf den Augen. Ihre vorderen Bauchflossenansätze liegen vor dem Rükkenflossenansatz. Flossen: D 15–18, A 20–26, P 15–17, V7. 44–50 Schuppen entlang der Flanken. Die Oberseite ist blaugrün, die Unterseite silbrig gefärbt. Entlang der Flanken erstreckt sich ein silbrigblau glänzendes Längsband. Länge: bis 18 cm, im Mittelmeer bis 13 cm.

Verbreitung: Im Ostatlantik von der Nordsee und dem Ärmelkanal im Norden bis Westafrika im Süden; Mittelmeer, Schwarzes Meer und Asowsches Meer. In ihrem Verbreitungsgebiet gibt es mehrere Unterarten.

Biologie: Die Sardelle besiedelt als Schwarmfisch die Freiwasserregion und hält sich im Sommer meist in küstennahem Gewässer auf. Dabei dringt sie auch in den Brackwasserbereich von Flußmündungen ein. Im Winter zieht sie in tieferes Wasser, um dort zu überwintern. Sie ernährt sich von Zooplankton.

Fortpflanzung: Die Eiablage erfolgt im Ärmelkanal und der Nordsee von April bis August und im Mittelmeer von April bis September (Portionslaicher). Der Laich umfaßt pro Weibchen bis zu 20.000 ovale Eier, die 2–4 Tage pelagisch im Waser treiben und aus denen danach 3 mm lange Larven schlüpfen. Die Geschlechtsreife tritt meist nach 2 Jahren, selten auch bereits am Ende des 1. Jahrs ein.

Sonstiges: Die Sardelle hat ein bitter schmeckendes Fleisch, das mehrere Monate gelagert werden (reifen) muß.

Stint

Osmerus eperlanus (LINNAEUS, 1758) Osmeridae, Stinte

Merkmale: Der Stint ist langgestreckt und schlank. Er hat ein weites, oberständiges Maul und eine Fettflosse. Die Seitenlinie endet über den Brustflossen. Flossen: D III/7–8, A III/10–13, P I/9–10, V II/7. Färbung: Rükken grau, Flanken und Bauch silbrig. Gefangene Stinte riechen nach frischen Gurken. Länge: bis 40 cm.
Verbreitung: Nordostatlantik von Nordskandinavien bis zur Biskaya. Nord- und Ostsee, sowie in einigen Seen und Flüssen Norddeutschlands (Binnenstint).
Biologie: Der Stint besiedelt pelagisch und in Schwärmen Küstengewässer und Flußmündungen in Tiefen bis 30 m. Er frißt hauptsächlich kleine planktische Krebse.
Fortpflanzung: Die anadromen Formen ziehen in der von März bis April reichenden Laichzeit in die Flüsse, um an seichten Stellen mit hartem Grund oder an Wasserpflanzen zu laichen. Dabei werden pro Rogener bis 40.000 Eier (0,6–0,9 mm) abgegeben. Diese sinken zum Grund und bleiben am Substrat kleben. Nach dem Laichgeschäft stirbt ein Großteil der Tiere (monozyklisch). Von der Wassertemperatur abhängig, schlüpft die Brut nach 2–5 Wochen. Wanderstinte werden nach 3–4, Binnenstinte nach 1–2 Jahren geschlechtsreif. Wahrscheinlich verursachen Umwelteinflüsse die in vielen Gewässern beobachteten Bestandsfluktuationen.
Sonstiges: In Deutschland haben sich seine Bestände rückläufig entwickelt, so daß er zu den gefährdeten Arten gehört. Wird auch als Speisefisch gefangen.

Nordseeschnäpel, Kleine Schwebrenke

Coregonus oxyrhynchus LINNAEUS, 1758 Coregonidae, Maränen

Merkmale: Variable Art mit langgestrecktem, seitlich abgeflachtem Körper. Wandernde Formen haben eine nasenartig verlängerte Schnauze. 35–44 Reusendornen auf dem 1. Kiemenbogen. Der dritte und längste Strahl der Rückenflosse ist verknöchert und am Hinterrand gesägt. Färbung: Rücken grau bis olivgrün, Flanken und Bauch silbrig glänzend (manchmal mit rötlichem Schimmer). Flossen: D III/8–9, A III/5, P II/15–17, V II/8. Länge: 30–50 cm, max. 90 cm.
Verbreitung: Küsten der Britischen Inseln und Skandinaviens. Nord- und Ostsee, weiterhin in Seen im Einzugsgebiet der Ostsee und der Voralpen.
Biologie: Schwarmfisch, der in der Freiwasserregion von Flußmündungen, Küsten und Seen lebt und sich von Plankton und wirbellosen Benthosorganismen ernährt. Neben den stationären, in Binnenseen vorkommenden Formen gibt es anadrome Wanderformen, die aus dem Meer in die Flüsse aufsteigen, um an seichten Uferbereichen über hartem Grund zu laichen.
Sonstiges: Schleusen und Wehre behindern seine Laichwanderungen und durch die Gewässerverschmutzung wurden ursprüngliche Laichhabitate zerstört, so daß die wandernden Formen stark zurückgegangen und bedroht sind.

Ostsseeschnäpel, Wandermaräne

Coregonus lavaretus (LINNAEUS, 1758) Coregonidae, Maränen

Merkmale: Variable Art, die innerhalb ihres Verbreitungsgebietes in zahlreichen Formen und Unterarten vorkommt. Sie hat einen langgestreckten, seitlich abgeflachten Körper mit einer Fettflosse. Das unterständige Maul reicht bis zum Vorderrand der Augen. Manche Bestände in der Ostsee bilden eine nasenartig verlängerte Schnauze aus (Ostseeschnäpel). 25–39 (meist 30–34) Reusendornen auf dem ersten Kiemenbogen. Färbung: Rücken blaugrün oder dunkelgrün, Flanken und Bauch silbrigglänzend. Flossen: D III/V/9–13, A III/11–14, P I/15–17, V I–II/9–7. Länge: 30–50 cm, selten bis 60 cm.
Verbreitung: Nord- und Ostsee, deren Zuflüsse, sowie in Seen des Alpen- und Voralpengebietes (Blaufelchen).
Biologie: Bei den Maränen lassen sich zwei ökologische Formen unterscheiden: Schwebrenken, die in der Freiwasserregion leben und sich von Zooplankton ernähren und Bodenrenken, die bodenorientiert leben und wirbellose Bodentiere fressen.
Fortpflanzung: Die an der Küste und im Brackwasser der Ostsee vorkommenden Formen sind anadrome Wanderer, die im Winter zum Laichen in die Flüsse ziehen. Die Eier werden im freien Wasser oder über hartem Grund abgelegt. Die Larven schlüpfen je nach Wassertemperatur nach 2–4 Monaten.
Sonstiges: Querverbauungen entlang der Flüsse, welche die Laichwanderungen behindern, und die Gewässerverschmutzung haben einen drastischen Rückgang der Maränenbestände verursacht.

Wandersaibling

Salvelinus alpinus (LINNAEUS, 1758) Salmonidae, Lachsfische

Merkmale: Variable Art. Der Körper des Wandersaiblings ist langgestreckt und torpedoförmig, im Alter zunehmend gedrungen und hochrückig. Er hat ein weites Maul, das bis hinter die Augen reicht. Zwischen der Rücken- und der Schwanzflosse trägt er eine Fettflosse. Beim Pflugscharbein (Vomer) ist der Stiel und die Platte bezahnt. Flossen: D III IV/9–10, AIII/8–10, P I/12–14, V I/8. 190–240 Schuppen entlang der Seitenlinie. Färbung: Rücken und Flanken braun bis oliv marmoriert, mit gelblichen Punkten; Bauch gelb, beim Männchen zur Laichzeit rötlich. Die Brustflossen, die Bauchflossen und die Afterflosse sind am Vorderrand weiß gesäumt. Länge: bis 70 cm.
Verbreitung: Zirkumpolar in den Küstengewässern und Zuflüssen des Eismeeres. Im Nordostatlantik bis zu den Britischen Inseln und Südnorwegen im Süden. Neben der anadromen Stammform gibt es auch mehrere stationäre Unterarten in den Binnengewässern Europas (In tiefen, sauerstoffreichen Alpenseen lebt z. B. der Seesaibling (*Salvelinus alpinus salvelinus*).
Biologie: Die anadrome Stammform des Wandersaiblings zieht von Juli bis September von den Küstengewässern in die Flüsse, wo sie im Winter meist über Kiesgrund laichen. Im folgenden Frühjahr wandern sie wieder ins Meer. Der Laich umfaßt pro Weibchen bis 4.000 Eier (3–4 mm) pro kg Körpergewicht. Die ca. 1,5 cm langen Larven schlüpfen im Frühjahr und ernähren sich zunächst von ihrem Dottervorrat. Die Jungsaiblinge der anadromen Formen ziehen zunächst in den Mündungsbereich der Flüsse und später ins Meer. Das Nahrungsspektrum unterscheidet sich bei den verschiedenen Formen.

Lachs

Salmo salar LINNAEUS, 1758 Salmonidae, Lachsfische

Merkmale: Der Lachs hat einen langgestreckten, torpedoförmigen Körper mit weitem Maul und einer Fettflosse. Die Milchner bilden in der Laichzeit einen hakenförmigen Unterkiefer aus (Laichhaken). Von der Meerforelle unterscheidet sich der Lachs u. a. durch den schmaleren Schwanzstiel, die leicht eingeschnittene Schwanzflosse und die unbezahnte Pflugscharbeinplatte. Flossen: D III–IV/9–11, A III/7–8, P I/13, VI/8.
120–130 Schuppen entlang der Körpermitte. Länge: bis 120 cm (max. 150 cm) lang und 36 kg schwer.
Verbreitung: Nordostatlantik, Nord- und Ostsee, sowie die einmünden Flüsse. Fehlt im Mittelmeer.
Biologie: Anadromer Wanderfisch, der die Küstengewässer besiedelt und zum Laichen bis in den Oberlauf von Flüssen schwimmt. Vom Zeitpunkt des Laichaufstiegs abhängig unterscheidet man Sommer- und Winterlachse.
Fortpflanzung: Von einem Rogener werden bis 40.000 Eier (5–6 mm) an überströmten Bereichen mit Kiesgrund in einer angelegten Grube gelegt und danach mit Kies bedeckt. Die Larven schlüpfen je nach Wassertemperatur nach 70–200 Tagen. Die Junglachse ziehen nach 1–3 Jahren ins Meer, wo sie heranwachsen, bis sie geschlechtsreif werden.
Sonstiges: Geschätzter Angel- und Speisefisch. Wanderhindernisse und die Zerstörung ursprünglicher Laichgewässer verursachten einen drastischen Rückgang der Lachsbestände. In Deutschland versucht man, diese vom Aussterben bedrohte Art im Rahmen von Besatz- und Renaturierungsmaßnahmen wieder in geeigneten Gewässern anzusiedeln (Programm Lachs 2000).

Meerforelle

Salmo trutta trutta LINNAEUS, 1758 Salmonidae, Lachsfische

Merkmale: Die Meerforelle ist langgestreckt und torpedoförmig. Sie hat ein weites, bis unter das Auge reichendes Maul und eine Fettflosse. Vom Lachs unterscheidet sich die Meerforelle u. a. durch den breiteren Schwanzstiel, dem auf Platte und Stiel bezahnten Pflugscharbein und die am freien Rand gerade Rückenflosse. Färbung: Rücken und Flanken blaugrau bis grün, Bauch weiß, ältere Exemplare mit zahlreichen dunklen Flecken. Flossen: D III/9–11, A III/8–9, P I/12–13, V I/8. 13–19 Schuppen zwischen der Fettflosse und der Seitenlinie. Länge: bis 1 m.

Verbreitung: Nordostatlantikküste von Island und Skandinavien bis Portugal, Nord- und Ostsee.

Biologie: Die Meerforelle ist eine anadrome Wanderart, die im Mündungsbereich von Flüssen lebt und von Juli bis November zum Laichen in diese aufsteigt. Das Laichen erfolgt von Dezember bis März im Flußoberlauf an kiesigen, überströmten Stellen. Dabei werden pro Rogener bis 10.000 Eier abgelegt. Im Gegensatz zum Lachs sind Meerforellen nach dem Laichen weniger geschwächt. Nach dem Schlüpfen bleiben die Jungforellen 2–5 Jahre im Süßwasser, danach wandern sie ins Meer. Erwachsene Exemplare ernähren sich von Krebsen und kleinen Fischen.

Sonstiges: Wanderhindernisse entlang der Flüsse und die Verschmutzung der Gewässer verursachten den Rückgang ihrer Bestände. Gegenwärtig wird versucht, diese durch Besatz zu stützen. Geschätzter Angel- und Speisefisch.

Aal

Anguilla anguilla (LINNAEUS, 1758) Anguillidae, Aale

Merkmale: Der Aal hat einen schlangenförmigen Körper mit weitem, leicht unterständigem, bis unter die Augen reichendem Maul. Rücken- After- und Schwanzflosse bilden einen durchgehenden Flossensaum, der, wie die Brustflossen, nur durch Weichstrahlen gestützt wird. Die Bauchflossen fehlen. Die Schuppen sind klein und tief in die mit einer dicken Schleimschicht versehene Haut eingebettet. Färbung: Oberseite dunkelgrau bis olivgrün, Unterseite gelblich oder weiß. Flossen: D 245–280, A 205–235, P 15–20. Länge: Milchner bis 50 cm, Rogener bis 150 cm und bis zu 3 kg schwer.

Verbreitung: Nordatlantik und dessen Nebenmeere (Mittelmeer, Nord- und Ostsee) sowie die mit diesen in Verbindung stehenden Binnengewässer.

Biologie: Der Aal ist überwiegend dämmerungs- und nachtaktiv. Am Tag hält er sich in der Ufervegetation, in Höhlen oder im weichen Grund eingegraben versteckt. Der Aal ist im Hinblick auf das Nahrungsspektrum sehr anpassungsfähig. Neben verschiedenen Benthosorganismen kann er sich auch von Fischlaich oder Fischen ernähren. Die Maulbreite ist variabel, sie kann schmal oder breit ausgeprägt sein. Die Extremformen werden als Spitzkopf- oder Breitkopfaale bezeichnet. Letztere ernähren sich häufiger von Fischen.

Fortpflanzung: Der Aal ist eine katadrome Wanderart, die in Binnengewässern heranwächst und zum Laichen ins Meer zieht. Das Laichgebiet liegt wahrscheinlich in größerer Tiefe in der Sargassosee (Westatlantik). Dort findet man von März bis April in 100–300 m Tiefe die Aalbrut, die sich zu unpigmentierten, bis 7 cm langen und planktonfressenden Weidenblattlarven (Leptocephalie) entwickeln und mit dem Golfstrom bis zu den europäischen und nordafrikanischen Küsten treiben. Sie haben relativ große Zähne, jedoch ist unbekannt, wovon sie sich ernähren. Am Kontinentalschelf wandeln sie sich zu unpigmentierten Glasaalen um (siehe Abb. unten). Diese nehmen keine Nahrung auf und wandern ins Brackwasser, wo sie sich an den abnehmenden Salzgehalt des Wassers anpassen. Danach fangen sie an zu fressen und ziehen als dunkel pigmentierte Steigaale die Flüsse hinauf. Dort und in deren Mündungsbereich wachsen sie heran, bis sie geschlechtsreif werden und als sogenannte Blankaale (siehe Abbildung unten) zum Laichen in den Atlantik wandern. Letztere erkennt man an den vergrößerten Augen und der weißen Unterseite. Die Elterntiere sterben wahrscheinlich nach dem Laichakt (monozyklisch).

Sonstiges: Der Aal ist ein geschätzter Speisefisch.

Conger, Meeraal

Conger conger (LINNAEUS, 1758) Congridae, Meeraale

Merkmale: Der Conger hat einen schlangenähnlichen, hinten seitlich abgeflachten Körper, ein bis unter die Augen reichendes Maul und große Augen. Auf beiden Kiefern sitzen zahlreiche lange, spitze Zähne. Rücken-, After- und Schwanzflosse bilden einen durchgehenden Flossensaum, die Bauchflossen fehlen. Die mit einer dicken Schleimschicht versehene Haut ist schuppenlos. Färbung: Oberseite dunkelgrau, Unterseite hellgrau. Flossen: D 270–300, A 205–230, P 17–19. Länge: Milchner bis 1,50 m, Rogener bis 3 m und bis über 60 kg schwer.

Verbreitung: Nordostatlantik von Skandinavien bis Kanarische Inseln, Nordsee und Mittelmeer.

Biologie: Der Conger ist ein revierbildender, nacht- und dämmerungsaktiver Einzelgänger, der sich am Tag in Felsspalten und Höhlen (auch in Schiffswracks) bis 100 m Tiefe versteckt. Das Versteck wird gelegentlich mit einer Muräne geteilt. Beim Tauchen kann man ihn nur selten aus diesem locken, meistens ist nur der neugierig hervorschauende Vorderkörper zu beobachten. Er ernährt sich von Krebsen (z. B. Langusten), Tintenfischen (z. B. Kraken) und Fischen.

Fortpflanzung: Das Ablaichen erfolgt im Sommer in großer Tiefe. Bisher sind nur wenige Laichplätze bekannt. Der Laich umfaßt pro Weibchen 3–8 Millionen Eier. Wahrscheinlich sterben die Elterntiere nach dem Laichakt. Die weidenblattähnlichen Larven (Leptocephalie) treiben in 200–300 m Tiefe mit der Strömung und wandeln sich mit einer Länge von 14–16 cm in Jungaale mit bodenorientierter Lebensweise um. Diese wachsen an den Küsten relativ schnell heran und werden nach 5–15 Jahren geschlechtsreif. Im Gegensatz zum Aal lebt der Conger ausschließlich im Meer.

Sonstiges: Der Conger ist ein geschätzter Angel- und Speisefisch. Da er Fett überwiegend in den Muskeln speichert, wird er meist geräuchert im Handel angeboten. Für Taucher ist er ein lohnendes Beobachtungsobjekt. Innerhalb des Verbreitungsgebietes gibt es zwei weitere, kleinere Congerarten

Mittelmeer-Muräne

Murena helena LINNAEUS, 1758 Muraenidae, Muränen

Merkmale: Die Mittelmeer-Muräne ist langgestreckt und seitlich abgeflacht. Sie hat ein weites, bis hinter die Augen reichendes Maul. Beide Kiefer tragen lange, spitze, nach hinten gebogene Zähne. Die relativ kleine, dunkel gerandete Kiemenöffnung wird nicht durch einen Kiemendeckel geschützt. Die hinter dem Kopf ansetzende Rückenflosse, die Schwanz- und die Afterflosse sind miteinander verwachsen und bilden einen durchgehenden Flossensaum. Die paarigen Brust- und Bauchflossen fehlen. Die lederartige Haut trägt keine Schuppen. Die Seitenlinie ist kurz und besteht meist aus nur wenigen Poren hinter den Kiemen. Die Nasenöffnungen sind röhrenartig ausgezogen. Färbung: Dunkelbraun mit heller, am Vorderkörper feinkörniger Marmorierung. Länge: bis 1,50 m.

Verbreitung: Nordostatlantik von den Britischen Inseln bis Senegal. Kanarische Inseln, Azoren und Mittelmeer. Fehlt in der Nord- und Ostsee.

Biologie: Die Mittelmeer-Muräne ist ein revierbildender, überwiegend dämmerungs- und nachtaktiver Bewohner felsiger Küsten. Tagsüber hält sie sich meist in Felsspalten und Höhlen (auch Schiffswracks) versteckt. Interessiert beobachtet sie von dort mit dem Vorderkörper herausschauend die Umgebung. Sie frißt große Krebse, Tintenfische und Fische, die sie mit ihrem gut entwickelten Geruchssinn findet.

Fortpflanzung: Pflanzt sich im Flachwasser fort. Die Eier und die weidenblattförmigen Larven (Leptocephalie) treiben mit der Strömung.

Sonstiges: Entgegen manchen Behauptungen haben Muränen keine Giftdrüsen am Maul. Wird sie angegriffen oder gereizt, verteidigt sie sich mit Bissen. Falls dabei Hautschleim in die Wunde gelangt, kann er allergische Reaktionen hervorrufen. Muränen sind bevorzugte Beobachtungsobjekte von Tauchern. Oft findet man sie mit symbiotischen Putzergarnelen vergesellschaftet. Durch die Harpunenjagd sind ihre Bestände an manchen Küsten zurückgegangen. Größere Exemplare findet man meist nur noch an wenig frequentierten Küsten oder in größeren Tiefen.

Braune Muräne

Gymnothorax unicolor (DELAROCHE, 1809) Muraenidae, Muränen

Merkmale: Die Braune Muräne hat einen langgestreckten, seitlich abgeflachten Körper mit weitem, bis hinter die Augen reichendem Maul. Beide Kiefer tragen lange, spitze und nach hinten gebogene Zähne. Die hinter dem Kopf ansetzende Rükkenflosse, die After- und die Schwanzflosse sind miteinander verwachsen und bilden einen durchgehenden Flossensaum. Die paarigen Brust- und Bauchflossen fehlen. Die relativ kleine Kiemenöffnung wird nicht durch einen Kiemendeckel geschützt. Die Haut ist schuppenlos. Die Nasenöffnungen sind röhrenförmig ausgezogen. Färbung: braun, ohne Marmorierung. Länge: bis 1 m.
Verbreitung: Von der Südküste Portugals bis Marokko, bei den Azoren und im Mittelmeer.
Biologie: Die Braune Muräne lebt als revierbildender Einzelgänger an Felsküsten. Sie ist überwiegend dämmerungs- und nachtaktiv. Tagsüber hält sie sich in Felsspalten und Höhlen (auch in Schiffswracks) verborgen. Bei Störungen beobachtet sie nur mit dem Vorderkörper aus dem Versteck ragend interessiert die Umgebung. Das Nahrungsspektrum besteht aus Krebsen, Schnecken, Tintenfischen und Fischen, die sie mit ihrem gut entwickelten Geruchssinn findet.
Fortpflanzung: In den Sommermonaten werden die Eier (2,3–4,3 mm) gelegt. Die Eier und die weidenblattähnlichen Larven (Leptocephalie) treiben pelagisch mit der Strömung.

Hornhecht

Belone belone (LINNAEUS, 1761) Belonidae, Hornhechte

Merkmale: Der Hornhecht hat einen langgestreckten, schlanken, an beiden Enden spitz zulaufenden Körper mit schnabelartig verlängertem Maul. Der Unterkiefer ist länger als der Oberkiefer. Die Rückenflosse sitzt am hinteren Körperende gegenüber der Afterflosse. Flossen: D II/ 15–16, A II/18–21, P I/11–13, V 6–7. Färbung: Körper grau bis silbrig glänzend, Rippenbögen grün. Länge: 40–50 cm (max. 90 cm).

Verbreitung: Nordostatlantik von Island und Skandinavien bis Marokko, Nord- und Ostsee, Mittelmeer, Schwarzes Meer.

Biologie: Der Hornhecht ist ein pelagischer Schwarmfisch, der sich meist an der Wasseroberfläche aufhält und sich überwiegend von kleinen Fischen ernährt. Er ist ein guter Schwimmer, der auf der Flucht vor Freßfeinden gelegentlich auch aus dem Wasser springt.

Fortpflanzung: Vor der Laichzeit von März bis Mai (Nord- und Ostsse) sammeln sie sich in großen Schwärmen und wandern zu den an seichten Küsten gelegenen Laichplätzen. Dort geben die Weibchen von Mai bis September jeweils 1.000–35.000 Eier (3 mm) ab, die mit ihren langen, klebrigen Fäden am Substrat (Tange oder Steine) haften. Die 13 mm langen Larven schlüpfen nach 5 Monaten und ernähren sich zunächst von Plankton. Mit 2 Jahren werden sie geschlechtsreif. Sie können ein Höchstalter von 18 Jahren erreichen.

Sonstiges: Wird in einigen Ländern als Speisefisch gefangen, hat jedoch keine wirtschaftliche Bedeutung.

Dorsch, Kabeljau

Gadus morhua LINNAEUS, 1758 Gadidae, Dorsche

Merkmale: Der Dorsch ist langgestreckt und stromlinienförmig gebaut. Er hat einen langen Kopf. Sein unterständiges Maul reicht bis an die Augen. Drei Rücken- und zwei Afterflossen. Die Bauchflossen setzen unter den Brustflossen an. Am Unterkiefer befindet sich eine Bartel. Flossen: D1 12–16, D2 14–24, D3 17–21, A1 17–23, A2 15–19, P 16–21, V 5–6. Färbung: Variabel, je nach Gewässer sind Rükken und Flanken grau, grünlich oder rötlich gefärbt und marmoriert, Bauch und Seitenlinie weiß. Länge: Der Dorsch wird 40–70 cm, selten bis 1,50 m lang und bis 30 kg schwer.

Verbreitung: Nord- und Ostsee, Nordatlantik.

Biologie: Der Dorsch besiedelt bodenorientiert den Kontinentalschelf kühler Gewässer in Tiefen bis 200 m, selten bis 600 m. Am häufigsten ist er in Gewässern mit einer Wassertemperatur von 0–10 °C anzutreffen. Eine schwarmbildende Art mit stationären und wandernden Formen. Die Jungfische ernähren sich von Plankton und mit zunehmender Größe von wirbellosen Benthosorganismen (z. B. Krebse, Gliederwürmer, Stachelhäuter) bis hin zu Fischen (z. B. Hering und Sandaal).

Fortpflanzung: Die meisten Populationen laichen im Frühjahr bei einer Wassertemperatur von 4–6 °C. Die Geschlechtsprodukte werden nach lebhaften Balzspielen von den eng beieinander schwimmenden Fischen ins freie Wasser abgegeben. Der Laich umfaßt pro Rogener 500.000 bis 5 Millionen Eier (1,5 mm). Die glasklaren Eier steigen zur Wasseroberfläche und werden mit der Strömung verdriftet. Die 5 mm langen Larven schlüpfen nach 2–4 Wochen und gehen nach 3–5 Monaten und mit einer Länge von 3–6 cm zur bodenorientierten Lebensweise über. Die Geschlechtsreife tritt je nach Population nach 6–15 Jahren ein. Dorsche können über 25 Jahre alt werden.

Sonstiges: Dorsche sind wirtschaftlich bedeutende Speisefische. Im gesamten Atlantik werden jährlich mehr als 1,5 Millionen Tonnen gefangen. Von der deutschen Küsten- und Hochseefischerei wurden 1990 über 40.000 Tonnen und 1992 knapp 18.000 Tonnen angelandet. Der Name Dorsch leitet sich von Dörrfisch ab. Früher dienten die luftgetrockneten Fische (Stockfische) nordischen Völkern als wichtige Nahrungsgrundlage und Handelsware. Da Dorsche große Mengen Fett in der Leber speichern, wurde aus diesem Organ Tran gewonnen.

Schellfisch

Melanogrammus aeglefinus (LINNAEUS, 1758) Gadidae, Dorsche

Merkmale: Der Schellfisch ist langgestreckt und stromlinienförmig gebaut. Er hat einen langen Kopf, 3 Rücken- und 2 Afterflossen. Sein unterständiges Maul trägt am Unterkiefer eine Bartel. Die Bauchflossen liegen vor den Brustflossen.
Flossen: D1 14–16, D2 20–24, D3 19–23, A1 23–27, A2 20–25, P 19–21, V 6. Färbung: Rücken schwarz bis oliv, Flanken und Bauch silbrig, ein schwarzer Fleck unter der 1. Rückenflosse. Größe: bis 1 m lang und bis 12 kg schwer.
Verbreitung: Nordatlantik einschließlich der Nordsee. Fehlt in der Ostsee.
Biologie: Der Schellfisch bewohnt schwarmbildend den Kontinentalschelf kühler Meere. Dort hält er sich meist in Tiefen von 10–200 m dicht über dem Grund auf. Er ernährt sich von Krebsen, Mollusken, Stachelhäutern, Fischlaich und kleinen Fischen. Seine Zuwachsraten variieren stark bei verschiedenen Populationen.
Fortpflanzung: Die Laichzeit erstreckt sich von Februar bis Juni. Bei Wassertemperaturen von 6–10 °C werden nach lebhaften Balzspielen pro Rogener 100.000 bis 1 Million glasklare Eier in 30–100 m Tiefe abgegeben. Diese steigen zur Wasseroberfläche und werden mit der Strömung verdriftet. Die 5 mm langen Larven schlüpfen nach 1–3 Wochen, ernähren sich zunächst von Plankton und gehen anschließend zur bodenorientierten Lebensweise über. Schellfische werden nach 3–4 Jahren geschlechtsreif und bis 20 Jahre alt.
Sonstiges: Der Schellfisch ist ein wirtschaftlich bedeutender Speisefisch. In der Nordsee und einigen anderen Gewässern sind die Bestände überfischt.

Franzosendorsch

Trisopterus luscus (LINNAEUS, 1758) Gadidae, Dorsche

Merkmale: Langgestreckter, seitlich abgeflachter, gedrungener Körper mit langem Kopf, endständigem Maul und großen Augen. Am Unterkiefer sitzt eine Bartel. 3 Rücken- und 2 Afterflossen. Die Bauchflossen liegen vor den Brustflossen.
Flossen: D1 11–14, D2 20–28, D3 15–20, A1 25–35, A2 17–21, P 17–20, V 6. Färbung: Rücken dunkelgrau mit Kupferglanz, Bauch weiß, an der Brustflossenbasis ein dunkler Fleck. Länge: bis 30 cm.
Verbreitung: Nordostatlantik von Skandinavien und den Britischen Inseln bis Marokko, Nordsee und westliches Mittelmeer.
Biologie: Der Franzosendorsch ist ein geselliger Bewohner des Kontinentalschelfs in Tiefen von 30–100 m, selten tiefer. Er lebt bodenorientiert auf Sand- und Felsböden und ernährt sich von wirbellosen Bodentieren und kleinen Fischen.
Fortpflanzung: In der von März bis April reichenden Laichzeit sammeln sich die geschlechstreifen Franzosendorsche in Tiefen von 50–70 m um zu laichen. Nach dem Schlüpfen ernähren sich die Jungfische von Plankton. Die Geschlechstreife tritt am Ende des 1. Lebensjahres ein.
Sonstiges: Als Speisefisch ist der Franzosendorsch unbedeutend.

Köhler, Seelachs

Pollachius virens (LINNAEUS, 1758) Gadidae, Dorsche

Merkmale: Der Köhler hat einen langgestreckten, stromlinienförmigen Körper mit oberständigem Maul sowie 3 Rükken- und 2 Afterflossen. Seine Brustflossen liegen vor den Bauchflossen. Flossen: D1 12–15, D2 18–24, D3 19–23, A1 23–29, A2 18–23, P 19–21, V 6. Im Gegensatz zum ähnlichen Pollack verläuft die Seitenlinie fast gerade. Färbung: Rücken schwarz, braun oder oliv, Bauch silbrig grau. Länge: wird 60–90 cm, selten bis 1,20 m lang.
Verbreitung: Nordostatlantik von Island und Skandinavien über die Britischen Inseln bis Spanien. Nordsee, Kattegat und Skagerrak.
Biologie: Der Köhler lebt pelagisch und schwarmbildend in felsigen oder mit Geröll bedeckten Schelfregionen in Tiefen bis 200 m. Er frißt erwachsen hauptsächlich Fische (z. B. Heringe oder Sandaale).
Fortpflanzung: Der Köhler laicht von Januar bis Mai (hauptsächlich März) in Tiefen von 100–150 m und bei Wassertemperaturen von 6–8 °C. Die Eier und die schlüpfende, später planktonfressende Brut treiben pelagisch mit der Strömung. Köhler werden nach 5–10 Jahren geschlechtsreif. Sie können ein Höchstalter von über 25 Jahren erreichen.
Sonstiges: Der Köhler ist ein wirtschaftlich bedeutender Speisefisch und kommt u. a. als Seelachs auf den Markt. In Deutschland wurden 1992 knapp 16.000 Tonnen angelandet.

Pollack

Pollachius pollachius (LINNAEUS, 1758) Gadidae, Dorsche

Merkmale: Langgestreckter, stromlinienförmiger, seitlich abgeflachter Körper mit oberständigem Maul sowie drei Rükken- und zwei Afterflossen. Die Brustflossen liegen vor den Bauchflossen. Flossen: D1 11–14, D2 15–21, D3 15–20, A1 24–24, A2 16–21, P 16–20, V 6. Im Gegensatz zum ähnlichen Köhler verläuft die Seitenlinie in einem Bogen über die Brustflossen. Färbung: Rücken schwarz, braun oder oliv, Bauch silbrig grau. Länge: wird 30–60 cm, selten bis 1 m lang.
Verbreitung: Nordostatlantik von Skandinavien über die Britischen Inseln bis Marokko, Nordsee und westliches Mittelmeer.
Biologie: Der Pollack ist ein schwarmbildender Freiwasserfisch, der pelagisch oder dicht über felsigem Grund die Schelfregionen in Tiefen bis 200 m besiedelt. Er ernährt sich erwachsen hauptsächlich von Fischen (z. B. Heringe oder Sandaale) und Garnelen.
Fortpflanzung: Der Pollack laicht von Januar bis Mai (hauptsächlich März) in Tiefen von 100–150 m und bei Wassertemperaturen von 6–8 °C. Die aus den pelagischen Eiern schlüpfende Brut frißt zunächst Plankton und geht später zur bodenorientierten Lebensweise über.
Sonstiges: Der Pollack hat fischereiwirtschaftlich nur geringe Bedeutung.

Wittling, Merlan

Merlangius merlangius (LINNAEUS, 1758) Gadidae, Dorsche

Merkmale: Der Wittling ist langgestreckt und stromlinienförmig gebaut. Er hat einen langen Kopf und ein unterständiges Maul ohne Bartel sowie drei Rücken- und zwei Afterflossen. Seine Brustflossen liegen vor den Bauchflossen. Flossen: D1 13–16, D2 18–25, D3 19–22, A1 30–38, A2 20–25, P 19–22, V 6. Färbung: Rücken grau, braun oder olivfarben mit Messingglanz, Bauch silbrig grau. Länge: wird bis 40 cm, selten bis 70 cm lang.

Verbreitung: Nordostatlantik von Island und Skandinavien über die Britischen Inseln bis Marokko. Westliches Mittelmeer, Nord- und westliche Ostsee.

Biologie: Der Wittling lebt in Schelfregionen mit Sand oder Schlammgrund in Tiefen bis 200 m. Seine Nahrung besteht aus Krebsen und kleinen Fischen.

Fortpflanzung: Der Wittling sammelt sich zur Laichzeit von Januar bis Juli in Schwärmen, um in 30–100 m Tiefe bei Wassertemperaturen von 6–8 °C zu laichen. Die Eier und die zunächst planktonfressende Brut treiben pelagisch mit der Strömung. Später gehen sie zur bodenorientierten Lebensweise über. Die Jungfische sammeln sich oft unter den Medusen von Quallen, wo sie zwischen den mit Nesselzellen versehenen Tentakeln vor Freßfeinden besser geschützt sind.

Sonstiges: Der Wittling ist als Speisefisch fischereiwirtschaftlich nicht von Bedeutung.

Lumb

Brosme brosme (ASCANIUS, 1772) Gadidae, Dorsche

Merkmale: Der Lumb hat einen langgestreckten und spindelförmigen Körper mit großem Kopf sowie eine relativ lange Rückenflosse und eine Bartel am Unterkiefer. Seine Bauchflossen setzen vor den Brustflossen an (kehlständig). Die Rücken- und die Afterflosse reichen bis zum Ansatz der Schwanzflosse. Flossen: D 93–103, A 62–75. Seine Schuppen liegen tief in die dicke Haut eingebettet. Färbung: braun bis grau, die unpaaren Flossen sind mit einem weißen und schwarzen Saum versehen. Länge: bis 1 m und bis 10 kg schwer.

Verbreitung: Im Nordostatlantik von Island und Skandinavien im Norden bis zu den Britischen Inseln und der Nordsee im Süden. Weiterhin im westlichen Nordatlantik.

Biologie: Der Lumb besiedelt als Einzelgänger mit bodenorientierter Lebensweise Steilabhänge und felsigen Grund in Tiefen von 50–1.000 m. Seine Nahrung besteht hauptsächlich aus Mollusken und Krebsen.

Fortpflanzung: In der von April bis Juli reichenden Laichzeit geben die Rogener jeweils bis 2 Millionen Eier (1,3–1,5 mm) in Tiefen von 200–500 m ab. Diese und die mit einer Länge von 4 mm schlüpfenden Larven treiben pelagisch mit der Strömung. Der Lumb wird erst nach 8–10 Jahren und bei einer Länge von 40–50 cm fortpflanzungsfähig.

Sonstiges: Der Lumb ist ein Speisefisch, der in nordischen Ländern als Stockfisch angeboten wird. Seine wirtschaftliche Bedeutung ist gering.

Dunkler Gabeldorsch

Phycis phycis (LINNAEUS, 1766) Gadidae, Dorsche

Merkmale: Der Dunkle Gabeldorsch hat einen langgestreckten Körper mit weitem, bis unter die Augen reichendem Maul sowie eine Bartel am Unterkiefer. Die fadenartig ausgebildeten und im unteren Drittel gegabelten Bauchflossen (Name) stehen vor den Brustflossen (kehlständig). Die hintere der beiden Rückenflossen und die Afterflosse sind relativ lang. Flossen: D1 9–11, D2 60–63, A 54–64. Färbung: Rücken und Flanken dunkelbraun, Bauch hell. Länge: wird 15–25 cm, selten bis 60 cm lang.
Verbreitung: Nordostatlantik von der Biskaya bis Marokko und im westlichen Mittelmeer.
Biologie: Der Dunkle Gabeldorsch besiedelt felsige Küsten in Tiefen bis 200 m. Er ist überwiegend nachtaktiv. Tagsüber zieht er sich in Felsspalten oder Höhlen zurück. Seine Nahrung besteht aus wirbellosen Kleintieren und kleinen Fischen.

Fortpflanzung: Die Laichzeit erstreckt sich von Januar bis Mai.
Sonstiges: Der verwandte Helle Gabeldorsch *Phycis blennoides* (BRÜNNICH, 1768) besiedelt den Nordostatlantik bis Skandinavien und Island. Beide Arten werden als Speisefische angeboten, sind aber wirtschaftlich unbedeutend.

Leng

Molva molva (LINNAEUS, 1758) Gadidae, Dorsche

Merkmale: Der langgestreckte Körper des Lengs hat einen langen Kopf, ein endständiges Maul und eine Bartel am Unterkiefer. Im Gegensatz zu den vorangegangenen Dorscharten hat er zwei Rücken- und eine Afterflosse. Die Bauchflossen setzen vor den Brustflossen an (kehlständig). Flossen: D1 14–15, D2 61–68, A 58–61. Färbung: Rükken und Flanken braun marmoriert, Bauch gelb bis weiß, Rücken und Afterflosse mit weißem Saum. Länge: wird 1,50–1,80 m, selten bis 2 m lang und bis 30 kg schwer (größte Dorschart).
Verbreitung: Nordostatlantik von Nordskandinavien bis zur Biskaya, Nordsee und Skagerrak. Gelegentlich auch im westlichen Mittelmeer.
Biologie: Der Leng bewohnt den Kontinentalschelf in Tiefen bis 400 m. Er frißt hauptsächlich Fische (z. B. Heringe, andere Dorscharten und Plattfische), daneben auch Krebse, Mollusken und Stachelhäuter.
Fortpflanzung: Von April bis Juni laicht der Leng in Tiefen von 100–200 m und bei Wassertemperaturen von ca. 7 °C. Der Laich umfaßt pro Rogener bis 60 Millionen Eier (1 mm), die pelagisch mit der Strömung treiben. Die Jungfische leben 1–3 Jahre am Grund. Die Milchner werden mit 80 cm, die Rogener mit 90–100 cm geschlechtsreif.
Sonstiges: Im Nordostatlantik gibt es eine weitere Lengart (*Molva dipterygia*, PENNANT, 1748), von der eine Unterart auch das Mittelmeer besiedelt *(M. dipterygia macrophtalma)*. Dieser sogenannte Blau- oder Mittelmeerleng unterscheidet sich vom Leng durch die kürzere Bartel und die fehlende Marmorierung.

Blauleng

Molva dipterygia (PENNANT, 1784) Gadidae, Dorsche

Merkmale: Der Blauleng hat einen langgestreckten, spindelförmigen Körper mit großem Kopf. Er unterscheidet sich vom Leng durch die größeren Augen und die kürzere Bartel am Unterkiefer. Er hat zwei Rückenflossen und kehlständige Bauchflossen. Die 2. Rückenflosse und die Afterflosse sind relativ lang. Ihre Ansätze liegen fast senkrecht aufeinander. Flossen: D1 12–14, D2 72–84, A 10–12. Färbung: Oberseite dunkelgrau, Unterseite kupferfarben, ohne Marmorierung; die unpaaren Flossen sind am hinteren Rand dunkel gefärbt. Länge: bis 1,50 m.
Verbreitung: Nordostatlantik von Island und Skandinavien im Norden bis Marokko im Süden und im westlichen Mittelmeer. Innerhalb des Verbreitungsgebietes gibt es zwei Unterarten, die sich u. a. durch die Länge der Bauchflossen unterscheiden. Bei *M. d. macrophthalma* reichen sie angelegt bis hinter die Spitzen der Brustflossen.
Biologie: Der Blauleng lebt in Tiefen von 200 bis 1.500 m und ernährt sich überwiegend von Krebsen und Fischen.
Fortpflanzung: Die Laichzeit erstreckt sich von April bis Juni. Die Geschlechtsreife tritt nach 5–6 Jahren und einer Länge von ca. 80 cm ein.
Sonstiges: Der Blauleng ist ein geschätzter Speisefisch mit geringer wirtschaftlicher Bedeutung.

Hechtdorsch, Seehecht

Merluccius merluccius (LINNAEUS, 1758) Gadidae, Dorsche

Merkmale: Langgestreckter, stromlinienförmiger Körper mit oberständigem, bis unter die Augen reichendem, stark bezahntem Maul. Die für Dorsche typische Bartel am Unterkiefer fehlt. Der Hechtdorsch hat zwei Rücken- und eine Afterflosse. Die Bauchflossen stehen vor den Brustflossen (kehlständig). Die Seitenlinie ist fast gerade. Flossen: D1 9–10, D2 37–40, A 36–40. Färbung: Rücken und Flanken dunkelgrau, Bauch hellgrau bis weiß. Länge: im Mittelmeer bis 35 cm, sonst bis 1 m lang und bis 10 kg schwer.
Verbreitung: Nordostatlantik von Island und Nordskandinavien im Norden bis Nordafrika im Süden, einschließlich der nördlichen Nordsee und dem Mittelmeer.
Biologie: Der Hechtdorsch lebt in Tiefen von 100–300 m. Tagsüber hält er sich meist am Meeresgrund auf. Nachts steigt er in höhere Wasserschichten, wo er seine Beutefische (Heringe, Sardinen und Makrelen) jagt.
Fortpflanzung: Im Mittelmeer liegt die Laichzeit im März, im Nordostatlantik reicht sie von Mai bis August. Die 1 mm großen Eier werden in 200 m Tiefe abgegeben und treiben pelagisch mit der Strömung. Für den Auftrieb haben sie in der Mitte einen Öltropfen. Die Milchner werden nach 3–4, die Rogener nach 8 Jahren geschlechtsreif.
Sonstiges: Der Hechtdorsch ist als Speisefisch wirtschaftlich bedeutend.

Fünfbärtelige Seequappe

Ciliata mustela (LINNAEUS, 1758) Gadidae, Dorsche

Merkmale: Die Fünfbärtelige Seequappe hat einen langgestreckten, schlanken Körper mit kehlständigen Bauchflossen. Namensgebend sind die fünf Barteln am Kopf, von denen sich vier am Oberkiefer befinden. Ihr Maul reicht bis unter die Augen. Der 1. Strahl der vorderen Rükkenflosse ist fadenförmig verlängert, die restlichen sind stark verkürzt und bewegen sich meist wellenförig (undulierend). Flossen: D1 50–60, D2 45–56, A 40–46, P14–17, V 6–8. Färbung: Rücken und Flanken dunkel- bis rotbraun mit kupferfarbenem Glanz, gelegentlich fast schwarz, Bauch und Kehle weiß. Länge: bis 30 cm.
Verbreitung: Nordostatlantik von Island und Skandinavien im Norden bis Portugal im Süden, Ärmelkanal, Nordsee und westliche Ostsee.
Biologie: Die Fünfbärtelige Seequappe hat eine bodenorientierte Lebensweise und besiedelt das Eulitoral. Sie kommt sowohl auf sandigem als auch auf felsigem oder schlammigem Grund vor. Gelegentlich findet man sie auch in Gezeitentüpeln. Sie frißt überwiegend Krebse und kleine Fische (z. B. Grundeln).
Fortpflanzung: Die Laichzeit reicht vom Winter bis ins Frühjahr. Die Eier und die geschlüpfte Brut treiben pelagisch mit der Strömung. Die Jungfische haben einen blaugrünen Rücken, silbrige Flanken sowie lange Flossen und wurden als eigene Gattung beschrieben (*Couchia*). Sie gehen mit einer Länge von 3–4 cm zur bodenorientierten Lebensweise über.
Sonstiges: Die Fünfbärtelige Seequappe hat ein nicht besonders schmackhaftes Fleisch und keine fischereiwirtschaftliche Bedeutung.

Seestichling

Spinachia spinachia (LINNAEUS, 1758) Gasterosteidae, Stichlinge

Merkmale: Der Körper des Seestichlings ist langgestreckt, im Querschnitt des vorderen Bereichs fünfkantig und läuft in einem dünnen Schwanzstiel aus. Am langen Kopf befindet sich ein kleines, oberständiges Maul. Der vordere Bereich der Rückenflosse besteht aus freien, aufrichtbaren Stacheln, der hintere liegt gegenüber der Afterflosse. Flossen: D1 XV(XIII–XVII) D2 67, A I/6–7, P 10, V I/2. Färbung: Variabel, Rücken und Flanken gün oder braun mit Messingglanz, oft mit zickzackförmigem, schwarzem Band auf den Flanken. Bauch weiß mit marmoriertem Übergang. Die Männchen haben längere Brustflossen, wirken heller und schimmern in der Laichzeit bläulich. Länge: bis 20 cm.

Verbreitung: Nordostatlantik von Nordskandinavien bis zur Biskaya, in Nord- und Ostsee.

Biologie: Der Seestichling besiedelt bevorzugt mit Seegras oder Algen bewachsene seichte Küstenbereiche bis in 10 m Tiefe. Er kommt auch im Brackwasser und in Gezeitentümpeln vor. Seine Nahrung besteht aus einem breiten Spektrum wirbelloser Kleintiere sowie Fischlaich und -brut.

Fortpflanzung: In der von April bis Juli reichenden Laichzeit werden die Männchen revierbildend und bauen in Seegras- oder Tangwiesen ein Nest aus Pflanzenstücken, die mit einem Nierensekret verklebt werden. In dieses legen die Weibchen von Mai bis Juni je 150–200 Eier (2 mm). Das Nest wird vom Männchen bewacht und verteidigt. Die 6 mm langen Larven schlüpfen nach ca. 20 Tagen. Die Jungfische wachsen relativ schnell und werden bereits im folgenden Jahr geschlechtsreif.

Abbildung rechte Seite oben: Männlicher Seestichling
Abbildung rechte Seite Mitte: Weiblicher Seestichling
Abbildung rechte Seite unten: Dreistachliger Stichling, Männchen im Balzkleid.
Die Beschreibung folgt auf der nächsten Seite.

Dreistachliger Stichling

Gasterosteus aculeatus LINNAEUS, 1758 Gasterosteidae, Stichlinge

Merkmale: Der Dreistachlige Stichling hat einen langestreckten, seitlich abgeflachten Körper mit drei aufrichtbaren Stacheln auf dem Rücken und einem an den Bauchflossen. Seine Haut ist nackt oder mit reihenartig angeordneten Knochenplatten vor den Rückenflossen und an den Flanken bedeckt. Anhand der Knochenschilder werden verschiedene Formen unterschieden. Flossen: D III/8–14, A I/6–11, P 9–12, V I/1. Färbung: Rükken und Flanken grau und meist dunkel marmoriert, Bauch heller, Männchen bilden in der Laichzeit ein Hochzeitskleid aus. Ihr Rücken und die Flanken sind blau, die Kehle und der vordere Bauchbereich leuchtend rot gefärbt. Länge: in Binnengewässern bis 8 cm, im Meer bis 11 cm.

Verbreitung: Circumpolar von 35 bis 70 nördlicher Breite. In Binnengewässern, an den europäischen Küsten, einschließlich der Nord- und Ostsee, des Mittelmeers und des Schwarzen Meers.

Biologie: Der Dreistachlige Stichling besiedelt außerhalb der Laichzeit schwarmbildend Küsten- und Binnengewässer. Er kommt in stehenden und fließenden Gewässern vor und bildet sowohl anadrome marine als auch in Binnengewässern stationäre Formen aus. Er ist bezüglich der Nahrung und der Wassergüte sehr anpassungsfähig. Er ernährt sich vom gesamten Spektrum an wirbellosen Kleintieren im jeweiligen Gewässer, das er mit seinem Maul bewältigen kann. Daneben frißt er auch Fischlaich und -brut.

Fortpflanzung: Die marinen Formen ziehen im Früjahr in die Binnengewässer. Die Männchen bilden ein Revier, in dessen Zentrum sie am Grund ein Nest aus pflanzlichem Material bauen, das mit einem Nierensekret verklebt wird. In dieses lockt das Männchen hintereinander mehrere laichbereite Weibchen, die jeweils einen Teil des pro Jahr ca. 100–800 Eier umfassenden Laichs dort ablegen. Das Nest und die nach 4–27 Tagen schlüpfende Brut wird vom Männchen bewacht und mit den Brustflossen befächelt. Nach etwa einer Woche verlassen die Jungfische das Nest und werden bereits im folgenden Jahr geschlechtsreif. Sie können bis 3 Jahre alt werden.

Sonstiges: Der Dreistachlige Stichling ist ein robuster und leicht in Aquarien halt- und vermehrbarer Fisch, dessen Fortpflanzungsverhalten in vielen Lehrbüchern beschrieben wird.

Große Seenadel

Syngnathus acus LINNAEUS, 1758 Syngnathidae, Seenadeln

Merkmale: Der Körper der Großen Seenadel ist extrem langgestreckt und schlank. Am Ende der pipettenförmigen Schnauze befindet sich ein kleines, oberständiges Maul. Seenadeln bilden ein Hautskelett aus, das aus 17–21 knöchernen Rumpf- und 43–46 Schwanzringen besteht. Flossen: D 34–45, A 3, P 11–15. Färbung: Rücken und Flanken braun oder dunkelgrün, oft mit dunklen Querbändern, Bauch hellbraun. Länge: bis 45 cm (Männchen werden größer als die Weibchen).

Verbreitung: Nordostatlantik von Südnorwegen und den Britischen Inseln bis zur Biskaya.

Biologie: Die relativ häufige Große Seenadel besiedelt sandige oder schlammige Küstenregionen in Tiefen bis 20 m, selten bis 90 m. Sie hält sich bevorzugt in Seegras- oder Tangwiesen auf, wo sie durch ihre Körperform und -färbung gut getarnt ist. Sie ernährt sich von wirbellosen Kleintieren und kleinen Fischen.

Fortpflanzung: In der von Mai bis August reichenden Laichzeit übertragen die Weibchen nach lebhaften Balzspielen portionsweise 200–400 gelbe Eier (2–3 mm) mit einer verlängerten Genitalpapille in eine am Schwanz befindliche, aus zwei Hautlappen gebildete Bruttasche des Männchens, wo sie befruchtet werden. Aus dieser schlüpfen nach ca. fünf Wochen die 24–35 mm langen Larven und gehen zunächst zu einer bodenorientierten Lebensweise über.

Grasnadel

Syngnathus thyphle LINNAEUS, 1758 Syngnathidae, Seenadeln

Merkmale: Die Grasnadel hat einen extrem langgestreckten, schlanken Körper mit pipettenförmiger Schnauze. Ihr kleines, seitlich abgeflachtes Maul steht oberständig. Ihr Hautskelett besteht aus 19–21 knöchernen Rumpf- und 43–46 Schwanzringen. Flossen: D 28–42, A 2–4, P 13–17. Färbung: Rücken und Flanken grün oder braun. Länge: bis 30 cm.
Verbreitung: Nordostatlantik von Nordskandinavien bis Marokko, Nordsee, Ostsee, Mittelmeer und Schwarzes Meer.
Biologie: Die relativ häufige Grasnadel lebt bevorzugt in Seegras- oder Tangwiesen an seichten Küsten in Tiefen von 4–20 m. Dort halten sie sich meist gut getarnt in senkrechter Stellung zwischen den Pflanzen auf. Die Nahrung besteht aus wirbellosen Kleintieren, Fischlaich und -brut.
Fortpflanzung: In der von März bis Oktober (in Nord- und Ostsee Juni bis August) reichenden Laichzeit übertragen die Weibchen portionsweise 100–250 Eier (1,7 mm) mit der verlängerten Genitalpapille in die an der Schwanzunterseite befindliche Bruttasche des Männchens. In dieser werden sie befruchtet und von der umgebenden Schleimhaut mit Nährstoffen versorgt. Die 25 mm langen Jungfische schlüpfen nach 4 Wochen und werden im folgenden Jahr geschlechtsreif. Grasnadeln werden bis drei Jahre alt.

Große Schlangennadel

Entelurus aequoraeus (LINNAEUS, 1758) Syngnathidae, Seenadeln

Merkmale: Die Große Schlangennadel hat einen langgestreckten, schlanken, im Querschnitt fast runden Körper, mit einer langen röhrenförmig ausgezogenen Schnauze und einem dünnen Wickelschwanz. An dessen Spitze befindet sich eine kleine Schwanzflosse. Ihre Haut trägt keine Schuppen, sondern ringförmige, knöcherne Skelettplatten (28–31 vor und 60–70 hinter der Afteröffnung). Die paarigen Flossen und die Afterflosse fehlen. Flossen: D 37–47, C 4–9. Färbung: Körper olivfarben bis grau, mit eng beieinander liegenden, silbrigen, dunkelgesäumten Querlinien. Von der Schnauzenspitze über die Augen bis zum Kiemendeckelrand reicht ein rotes Band. Länge: Männchen 30–40 cm, Weibchen bis 60 cm.

Verbreitung: Nordostatlantik von Nordnorwegen und Island bis Portugal, Nordsee, westliche Ostsee und Azoren.

Biologie: Die Große Seenadel besiedelt Küstengewässer mit Algen oder Tangbeständen in Tiefen von 5–100 m. Sie hat eine überwiegend bodenorientierte Lebensweise, hält sich aber auch in der Nähe von im freien Wasser treibenden Tang auf. Sie frißt überwiegend Kleinkrebse und Fischbrut.

Fortpflanzung: In der von Juni bis Juli reichenden Laichzeit heften die Weibchen innerhalb eines interessanten Balzspiels jeweils 400–1.000 Eier (1,2 mm) mit Hilfe einer Genitalpapille an die Unterseite der Männchen. Die mit einer Länge von 11–12 mm schlüpfenden Jungfische leben vorübergehend pelagisch und haben Brustflossen, die sie im Verlauf ihrer Entwicklung rückbilden.

Gefleckte Schlangennadel

Nerophis maculatus (RAFINESQUE, 1810) Syngnathidae, Seenadeln

Merkmale: Die gefleckte Schlangennadel hat einen langen, dünnen, im Querschnitt fast drehrunden Körper, der durch ringförmige Hautknochen gestützt wird (20–23 vor und 65–74 hinter der Afteröffnung). Die Schnauze ist im Vergleich zur Kleinen Schlangennadel relativ kurz. Der Schwanz ist zu einem Greiforgan umgebildet und trägt keine Flosse. Erwachsene Exemplare haben nur eine Rückenflosse, die anderen Flossen fehlen: D 24–29. Färbung: Rücken und Flanken braun bis rötlich. Die Männchen haben unregelmäßige Reihen heller Flecke, die Weibchen tragen auf der Oberseite dunkelgesäumte Punkte und auf der Unterseite dunkle Querlinien (siehe Abbildung). Länge: bis 30 cm.
Verbreitung: Mittelmeer, Südküste Portugals und Azoren.
Biologie: Die Gefleckte Schlangennadel besiedelt küstennahe Gewässer bis in 30 m Tiefe. Sie hat eine bodenorientierte Lebensweise und ernährt sich hauptsächlich von Kleinkrebsen.
Fortpflanzung: Ihre Laichzeit reicht von Februar bis Mai. Die Weibchen befestigen mit Hilfe ihrer Genitalpapille jeweils bis über 180 Eier (1,1–1,6 mm) in 3–4 Reihen an der Bauchseite der Männchen, welche diese bis zum Schlüpfen der 12 mm langen Larven umhertragen.

Kleine Schlangennadel

Nerophis ophidion (LINNAEUS, 1758) Syngnathidae, Seenadeln

Mermale: Der extrem langgestreckte, schlanke und drehrunde Körper der Kleinen Schlangennadel endet in einem spitzen Wickelschwanz (ohne Schwanzflosse). Die After-, Brust- und Bauchflossen fehlen. Die Schnauze ist nicht so stark verlängert wie bei anderen Seenadeln und leicht nach oben abgewinkelt (Name). Flossen: D 32–44. Das knöcherne Hautskelett besteht aus 28–32 Rumpf- und 68–77 Schwanzringen. Färbung: Männchen braun bis grün, Weibchen grün mit blauer Zeichnung. Länge: Männchen bis 20 cm, Weibchen bis 30 cm.

Verbreitung: Nordostatlantik von Skandinavien bis Marokko, Nord- und Ostsee, Mittelmeer und Schwarzes Meer.

Biologie: Die relativ häufige Kleine Schlangennadel besiedelt ufernahe Bereiche mit Seegras- oder Tangwiesen in 2–15 m Tiefe. Sie kommt auch im Brackwasser vor. Ihre Nahrung besteht überwiegend aus Kleinkrebsen.

Fortpflanzung: In der von Mai bis August reichenden Laichzeit legen die Weibchen 50–200 gelbe Eier (1 mm), die bis zum Schlüpfen der 9 mm langen Larven am Bauch des Männchens haften bleiben. Die zunächst mit Brustflossen ausgestatteten Jungfische leben pelagisch und gehen mit einer Länge von 12 mm zur bodenorientierten Lebensweise über. Sie werden nach einem Jahr geschlechtsreif und bis drei Jahre alt.

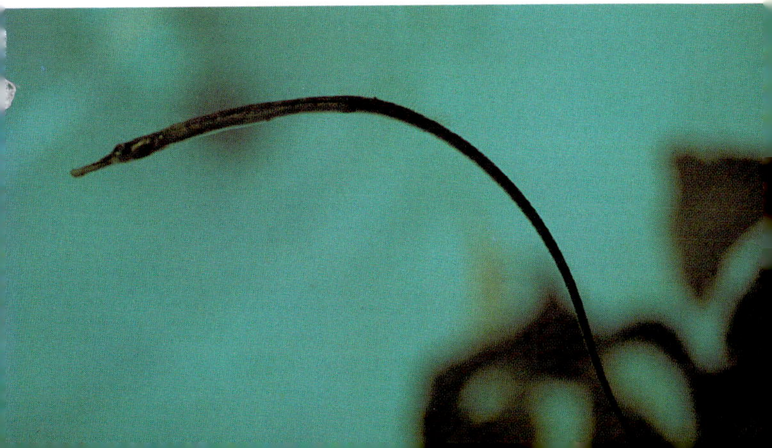

Kurzschnauziges Seepferdchen

Hippocampus hippocampus (LINNAEUS, 1758) Syngnathidae, Seenadeln

Merkmale: Seepferdchen haben einen eigentümlichen, von der üblichen Fischgestalt abweichenden, langgestreckten Körper. Ihr Kopf ist abgewinkelt, der flossenlose Schwanz zu einem spiralig aufwindbaren Greiforgan umgewandelt, die Schnauze röhrenartig ausgezogen, das Maul klein und oberständig. Sie schwimmen aufrecht im Wasser. Beim Kurzschnäuzigen Seepferdchen ist die Schnauze kürzer als der Kopf und die Haut nicht fädig ausgezogen. Flossen: D 16–18, A 4, P 13–15. Färbung: dunkelbraun bis schwarz. Länge: bis 15 cm.
Verbreitung: Nordostatlantik vom Wattenmeer der Nordsee bis Nordafrika, Mittelmeer und Schwarzes Meer.
Biologie: Das Kurzschnauzige Seepferdchen besiedelt seichte Küstenregionen mit Seegras- oder Tangwiesen. Nahrung sind Planktonorganismen.

Fortpflanzung: In der von April bis Oktober reichenden Laichzeit übertragen die Weibchen innerhalb eines komplexen Balzspiels die Eier in eine Bruttasche des Männchens, wo sie durch die Schleimhaut mit Nährstoffen versorgt werden. Die Bruttasche des Männchens ist bis auf eine kleine Öffnung für die schlüpfende Brut geschlossen.

Langschnauziges Seepferdchen

Hippocampus ramulosus LEACH, 1814 Syngnathidae, Seenadeln

Merkmale: Der Körper des Langschnauzigen Seepferdchens ist langgestreckt und mit einem aufwindbaren, flossenlosen Greifschwanz versehen. Der Kopf ist stark vom Körper abgewinkelt (pferdeartig), die Schnauze röhrenartig verlängert. Beim Langschnauzigen Seepferd ist die Schnauze mehr als doppelt so lang wie der Abstand der Hauthöcker über und vor den Augen. Die Haut ist mit fadenartigen Fortsätzen versehen. Flossen: D 18–21, A 3–5, P 15–18. Färbung: Variabel, grün bis braun, gelegentlich mit weißen Flecken. Länge: bis 16 cm.
Verbreitung: Nordostatlantik von den Britischen Inseln bis Marokko, Mittelmeer und Schwarzes Meer.
Biologie: Das Langschnauzige Seepferdchen lebt an seichten Küsten mit Seegras- oder Tangwiesen. Dort klammert es sich mit seinem Greifschwanz an Pflanzenteile. Es ernährt sich von Plankton und Fischbrut.
Fortpflanzung: Zwischen Mai und Juli übertragen die Weibchen bei komplexen Balzspielen die Eier mit der Genitalpapille in die Bruttasche des Männchens. Das An- und Abschwellen seiner Bruttasche (Balzpumpen) stimuliert das Weibchen für das Balzritual. Dabei umklammern sich die Tiere während der Paarung mit den Schwänzen und steigen mehrmals bis zur Wasseroberfläche auf. Die befruchteten Eier entwickeln sich 4–5 Wochen in der Bauchtasche des Männchens und werden von der umgebenden Schleimhaut mit Nährstoffen versorgt, bis die geschlüpften Jungfische aus der Öffnung gepreßt werden.

Schnepfenfisch

Macrorhamphosus scolopax (LINNAEUS, 1758) Macrorhamphosidae, Schnepfenfische

Merkmale: Der hohe, seitlich abgeflachte Körper des Schnepfenfischs trägt eine lang ausgezogene, röhrenförmige Schnauze und zwei weit hinten am Körper ansetzende Rückenflossen. Die vordere wird durch Stachelstrahlen getragen, von denen der zweite verlängert und am Hinterrand gesägt ist. Die Bauchkante und der Bereich zwischen Brust- und Rückenflosse ist mit Knochenplatten gepanzert. Flossen: D IV–VIII/10–14, A 18–20. Färbung: Die Jungfische sind silbrig, die Erwachsenen rosa bis rot gefärbt. Länge: bis 15 cm.

Verbreitung: Pazifik, Indischer Ozean, Atlantik, Nordsee und Mittelmeer.

Biologie: Der geschickt schwimmende Schnepfenfisch kommt an Sand- und Felsküsten in Tiefen von 25–600 m vor. Nachts schwimmt er meist in höhere Wasserschichten. Seine Nahrung besteht aus kleinen pelagischen und benthischen Wirbellosen, die er mit seinem pipettenartigen Maul einsaugt.

Fortpflanzung: Die Laichzeit liegt im Nordostatlantik in den Monaten Oktober bis März.

Sonstiges: Beim Schnepfenfisch gibt es zwei morphologisch unterscheidbare Formen (siehe Abbildungen rechts). Die langgestreckte (unten) unterscheidet sich von der hochrückigen Form (oben) durch die geringere Körperhöhe (kleiner als Schnauzenlänge) und durch den kürzeren zweiten Rückenflossenstrahl (reicht nicht bis zur Schwanzflosse). Letztere wurde früher als eigene Art beschrieben (*Macrorhamphosus gracilis,* LOWE, 1839). Der Schnepfenfisch ist eng mit den Seenadeln verwandt.

Eberfisch

Capros aper (LINNAEUS, 1758) Caproidae, Eberfische

Merkmale: Der Eberfisch hat einen hohen, seitlich abgeflachten Körper, der mit Kammschuppen bedeckt ist. Die oben konkav gebogene Schnauze trägt ein oberständiges Maul. Er hat zwei miteinander verbundene Rückenflossen, wobei die vordere durch Stachelstrahlen gestützt wird. Flossen: D1 IX, D2 23, A III–IV/23. Färbung: Rot bis braunrot, Rücken manchmal marmoriert. Länge: bis 16 cm.
Verbreitung: Nordostatlantik von den Britischen Inseln im Norden bis zum Senegal im Süden und im Mittelmeer. Gelegentlich auch in der Nordsee anzutreffen.
Biologie: Der Eberfisch bevorzugt felsigen Grund, kommt in Tiefen von 40 bis 600 m vor und hält sich meist in der Nähe von Korallen auf. Er ernährt sich von kleinen wirbellosen Organismen (Kleinkrebsen).

Fortpflanzung: Die Laichzeit liegt im Nordostatlantik in den Monaten von Juni bis August. Im Mittelmeer beginnt sie bereits im Frühjahr. Die Eier haben einen Durchmesser von 1 mm. Wahrscheinlich zieht er zum Laichen in größere Tiefen. In der Literatur wird beschrieben, daß gelegentlich von einer starken Aufwärtsströmung erfaßte Exemplare tot an den Strand gespült werden.

Heringskönig, Petersfisch

Zeus faber LINNAEUS, 1758 Zeidae, Heringskönige

Merkmale: Der Heringskönig hat einen hochrückigen, seitlich stark abgeflachten Körper, der mit Kammschuppen bedeckt ist. Er besitzt große Augen und ein weites, hervorstreckbares, schräg nach oben gerichtetes Maul. Die vordere der beiden Rückenflossen wird von Stachelstrahlen gestützt, deren Häute fadenartig verlängert sind. An den Ansätzen der Rücken- und Afterflossen befinden sich spitze Knochenhöcker. Flossen: D1 IX–X, D2 21–25, A III–IV/20–23. Färbung: Rücken und Flanken gelb bis grau und dunkel marmoriert, in der Mitte ein schwarzer, hellgerandeter Fleck. Länge: wird 30–40 cm, selten bis 70 cm lang.

Verbreitung: Ostatlantik, von Skandinavien bis Südafrika, in der Nordsee und im Mittelmeer.

Biologie: Der Heringskönig ist eine einzeln oder in kleinen Gruppen auftretende Art, die sowohl im Freiwasser als auch am Sandboden in Tiefen bis 200 m vorkommt. Der Heringskönig ist ein ausdauernder Schwimmer, der sich von kleineren Schwarmfischen (z. B. Heringe, Sardinen und Sandaale) und Krebsen ernährt.

Fortpflanzung: Seine Laichzeit erstreckt sich im Nordostatlantik von Juni bis August, im Mittelmeer von März bis Mai. Die pelagischen Eier (ca. 2 mm) werden in Tiefen bis 100 m abgegeben. Die schlüpfende Brut lebt zunächst pelagisch.

Sonstiges: Der Heringskönig wird regelmäßig als Beifang mit Heringen angelandet (Name). Dies führte zur Legende, daß er Heringsschwärme anführt. Er wird als Speisefisch geschätzt, hat aber keine fischereiwirtschaftliche Bedeutung.

Wolfsbarsch

Dicentrarchus labrax (LINNAEUS, 1758) Moronidae, Wolfsbarsche

Merkmale: Der Wolfsbarsch hat einen langgestreckten, spindelförmigen Körper mit zwei Rükkenflossen. Seine Schwanzflosse ist gegabelt. Die Afterflosse liegt unterhalb der 2. Rückenflosse. Sein oberständiges Maul reicht bis an die Augen. Am freien Rand des Kiemendeckels befindet sich jeweils ein Dorn. Flossen: D1 IX, D2 I/12–13, A III/8–11, P 17, VI/5. Färbung: Rücken dunkelgrün oder bläulich, Flanken silbrig, Bauch weiß, je ein großer schwarzer Fleck auf den Kiemendeckeln. Länge: bis 1 m.

Verbreitung: Ostatlantik von Norwegen im Norden bis zum Senegal im Süden, Kanarische Inseln, Mittelmeer und Schwarzes Meer.

Biologie: Der Wolfsbarsch besiedelt häufig in kleinen Trupps Schlick-, Sand und Felsküsten. Er dringt auch ins Brackwasser, gelegentlich sogar in Flüsse (z. B. die Elbe) vor. Sein Nahrungsspektrum reicht von Krebsen und Mollusken bis hin zu Fischen (z. B. Hering).

Fortpflanzung: Der Wolfsbarsch laicht im Nordostatlantik von Mai bis August, im Mittelmeer von März bis Juni. Die Ablage der pelagischen Eier erfolgt sowohl im Süß- als auch im Salzwasser. Die Larven schlüpfen nach 6 Tagen.

Sonstiges: Der Wolfsbarsch ist ein geschätzter Angel- und Speisefisch, ohne fischereiwirtschaftliche Bedeutung.

Spitzkopf-Zackenbarsch

Epinephelus alexandrinus (VALENCIENNES, 1828) Serranidae, Zackenbarsche

Merkmale: Der Spitzkopf-Zackenbarsch hat einen hochrückigen, seitlich abgeflachten Körper. Am Kopf sitzen große Augen und ein oberständiges, weites, bis unter die Augen reichendes Maul. Am freien Rand des Kiemendeckels befindet sich ein spitzer Dorn. Die Rückenflosse ist nicht eingekerbt. Flossen: D XI/16–18, A III/8–9. Färbung: Die Jungfische sind rotbraun gefärbt, bei erwachsenen Exemplaren sind Rücken und Flanken braun gefärbt; entlang des Körpers ziehen mehrere dunkle Linien. Länge: wird 50–80 cm, maximal bis 1,40 m lang.

Verbreitung: Ostatlantik bis zur Straße von Gibraltar im Norden und im Mittelmeer.

Biologie: Der Spitzkopf-Zackenbarsch lebt als revierbildender und standorttreuer Einzelgänger oder in kleinen Trupps an Felsen und Riffen in Tiefen von 10–300 m. Er hält sich meist in der Nähe eines Verstecks (Felsspalten oder Höhlen) auf. Seine Nahrung besteht aus Krebsen, Tintenfischen (Kraken) und Fischen.

Fortpflanzung: Über die Fortpflanzung des Braunen Zackenbarschs ist kaum etwas bekannt. Sie wechseln im Verlauf ihrer Entwicklung das Geschlecht und werden mit vier Jahren geschlechtsreif.

Sonstiges: Die Begegnung mit Zackenbarschen ist für Taucher ein besonderes Erlebnis. Durch rücksichtsloses Harpunieren sind die Bestände besonders im Mittelmeer stark zurückgegangen. Größeren Exemplaren begegnet man nur noch an wenig frequentierten Küsten.

Brauner Zackenbarsch

Epinephelus guaza (LINNAEUS, 1758) Serranidae, Zackenbarsche

Merkmale: Der Braune Zackenbarsch besitzt einen hochrückigen, seitlich abgeflachten Körper mit großem Kopf und weitem, oberständigem, hervorstreckbarem, bis unter die Augen reichendem Maul. Der freie Rand des Kiemendeckels ist gezackt (Name). Der Körper ist mit kleinen Kammschuppen bedeckt. Auf beiden Kiefern sitzen lange, spitze Zähne, die über ein Gelenk an der Basis nach hinten gelegt werden können. Die Rükkenflosse ist lang und in der Mitte eingekerbt. Flossen: D XI/ 15–16, A III/8–9, P 16–18. Färbung: Rücken und Flanken braun bis dunkelgrün mit gelber Marmorierung, Bauch gelb. Länge: bis 1,50 m lang und bis 12 kg schwer (meist unter 1 m).
Verbreitung: Atlantik, im Westen von den Bermuda Inseln bis Brasilien, im Osten von den Britischen Inseln (dort selten) bis Südafrika und im Mittelmeer.
Biologie: Der Braune Zackenbarsch ist ein revierbildender Einzelgänger, der an Felsen und Riffen in Tiefen von 8 bis 200 m vorkommt. Er hält sich standorttreu bevorzugt in der Nähe von Felsspalten oder Höhlen auf. Sein Nahrungsspektrum besteht überwiegend aus Mollusken (z. B. Kraken), Krebsen und Fischen.
Fortpflanzung: Die Laichzeit reicht im Nordostatlantik von März bis Juni, im Mittelmeer von Januar bis März. Die abgelegten Eier treiben pelagisch mit der Strömung. Der Braune Zackenbarsch gehört zu den Fischen, die im Verlauf ihrer Entwicklung das Geschlecht wechseln (protogyner Zwitter). Bei einer Länge von 40–80 cm wandeln sich die Weibchen in Männchen um. Sie können bis zu 50 Jahre alt werden.

Wrackbarsch

Polyprion americanus (SCHNEIDER, 1801) Serranidae, Zackenbarsche

Merkmale: Der gedrungene, hochrückige, seitlich abgeflachte Körper des Wrackbarschs trägt einen großen Kopf. Sein oberständiges, weites Maul reicht bis unter die großen Augen. Am freien Rand des Kiemendeckels befindet sich ein spitzer Dorn. Die Rückenflosse ist hinter den Stachelstrahlen eingekerbt. Flossen: D XI/11–12, A III/8–10. Färbung: Rücken und Flanken braun bis blaugrau. Jungfische mit unregelmäßig verteilten, dunklen Flecken. Länge: bis 2 m lang und bis 45 kg schwer.
Verbreitung: Ostatlantikküste von Norwegen bis Angola, Kanarische und Kapverdische Inseln und Mittelmeer. Weiterhin auch im Westatlantik.
Biologie: Der Wrackbarsch ist erwachsen ein Einzelgänger mit bodenorientierter Lebensweise. Er kommt auf felsigem und sandigem Grund in Tiefen bis 1.000 m vor. Jungfische werden meist oberhalb von 100 m Tiefe angetroffen. Gelegentlich wandert er auch in küstennahe Bereiche. Er soll sich auch unter größerem Treibgut aufhalten. Er frißt Krebse, Mollusken (z. B. Tintenfische) und Fische.
Fortpflanzung: Bisher sind nur im Mittelmeer (Januar bis April) Wrackbarsch-Larven nachgewiesen worden. Über seine Fortpflanzung ist kaum etwas bekannt.

Sägebarsch

Serranus cabrilla (LINNAEUS, 1758) Serranidae, Zackenbarsche

Merkmale: Der Sägebarsch hat einen länglichen, leicht hochrückigen Körper. Sein oberständiges, hervorstülpbares Maul reicht bis unter die Augen. Der freie Rand des Kiemendeckels mündet in einen Dorn, der Hinterrand des Vorkiemendeckels ist sägenartig bedornt (Name). Auf dem Kiemendeckel befinden sich weitere kleine Dornen. Der vordere Teil der Rückenflosse wird durch Stachelstrahlen gestützt. Flossen: D X/13–15, A III/7–8. Färbung: Rücken und Flanken sind rötlich, grau oder braun gefärbt. 7–9 dunkle Binden ziehen sich vom Rücken bis zur Körpermitte und werden von einem hellen Streifen entlang des Körpers unterbrochen. Auf dem Kiemendeckel sind mehrere dunkle und helle Steifen. Länge: wird bis 20 cm, maximal 40 cm lang.

Verbreitung: Ostatlantik vom Ärmelkanal bis Angola, Kanarische Inseln, Mittelmeer und Schwarzes Meer.

Biologie: Der Sägebarsch besiedelt als revierbildender Einzelgänger mit bodenorientierter Lebensweise sowohl Fels- als auch Sand- und Schlickküsten bis in 500 m Tiefe. Man findet ihn auch in Posidonia-Wiesen. Er frißt wirbellose Kleintiere und Fische.

Fortpflanzung: Die Laichzeit reicht im Mittelmeer von April bis Juli, im Ostatlantik von Juli bis August. Er ist ein Zwitter, der Spermien und Eier gleichzeitig produziert. In Aquarien wurde die Selbstbefruchtung der abgelegten Eier beobachtet.

Sonstiges: Durch rücksichtsloses Harpunieren werden größere Exemplare im Mittelmeer immer seltener.

Brauner Sägebarsch, Beutelbarsch

Serranus hepatus (LINNAEUS, 1758) Serranidae, Zackenbarsche

Merkmale: Der Körper des Beutelbarschs ist gedrungen und hochrückig. Sein Maul ist leicht oberständig und reicht bis an die großen Augen. Am freien Rand des Kiemendeckels befinden sich spitze Dornen. Der Hinterrand des Vorkiemendeckels ist gesägt (Name). Die Rückenflosse ist am Übergang von den Stachel- zu den Weichstrahlen gekerbt. Flossen: D X/11–13, A III/6–7, P I/5. Färbung: Rücken und Flanken rötlich oder braun, mit 3–5 dunklen Querbinden, die von der Rückenflosse bis zur Bauchseite reichen. Die Bauchflossen sind dunkel gefärbt. An der Kerbe der Rückenflosse befindet sich ein schwarzer Fleck. Länge: wird 10–12 cm, selten bis 15 cm lang.
Verbreitung: Ostatlantik von Portugal bis zum Senegal, Kanarische Inseln und Mittelmeer.
Biologie: Der Braune Sägebarsch ist ein revierbildender Einzelgänger, der an Fels-, Sand- und Schlickküsten oder Posidonia-Wiesen in Tiefen von 5–100 m vorkommt. Stellenweise ist er häufig. Seine Nahrung besteht aus wirbellosen Kleintieren (z. B. Garnelen) und Fischen.
Fortpflanzung: Die Laichzeit erstreckt sich vom Frühjahr bis zum Sommer. Der Braune Sägebarsch ist ein Zwitter, der gleichzeitig Spermien und Eier produziert. Die pelagischen Eier haben einen Durchmesser von 0,8 mm.

Schriftbarsch

Serranus scriba (LINNAEUS, 1758) Serranidae, Zackenbarsche

Merkmale: Langgestreckter, ovaler Körper mit großem Kopf. Sein oberständiges, hervorstülpbares Maul reicht bis an die Augen. Der Hinterrand des Vorkiemendeckels ist mit kleinen Dornen, der des Kiemendeckels mit großen Dornen versehen. Der vordere Teil der Rückenflosse wird von Stachelstrahlen getragen. Flossen: D X/14–15, A III/7–8, P I/5. Färbung: Rükken und Flanken rötlich bis braun, mit 4–7 z.T. geteilten dunklen Querbinden. Am Bauch befindet sich ein großer weißer oder blauer Fleck. Das Muster auf den Kiemendeckeln erinnert an Schriftzeichen (Name). Länge: bis 25 cm.
Verbreitung: Ostatlantik von der Biskaya bis Nordafrika, Kanarische Inseln, Mittelmeer und Schwarzes Meer.
Biologie: Schriftbarsche leben an Felsenriffen und Tang- oder Posidonia-Wiesen in Tiefen bis 150 m. Sie sind häufig vorkommende, revierbildende Einzelgänger, die sich meist in der Nähe von Verstecken aufhalten. In der Laichzeit trifft man sie auch paarweise an. Sie ernähren sich von wirbellosen Kleintieren und Fischen.
Fortpflanzung: Die Laichzeit erstreckt sich von Mai bis August. Der Schriftbarsch ist ein Zwitter, der gleichzeitig Spermien und Eizellen produziert. In Aquarien wurde die Selbstbefruchtung der an Steinen abgelegten Eier beobachtet. Die Eier sind klebrig (0,9 mm). Über die Entwicklung der Jungfische ist kaum etwas bekannt.
Sonstiges: Am Mittelmeer werden größere Exemplare durch die Harpunenjagd jedoch immer seltener.

König-Sägebarsch

Serranus atricauda GÜNTHER, 1874 Serranidae, Zackenbarsche

Merkmale: Der König-Sägebarsch hat einen länglichen Körper. Sein leicht oberständiges, hervorstülpbares Maul reicht bis an die Augen. Der Hinterrand des Vorderkiemendeckels ist mit sägeartigen kleinen Dornen (Name) versehen, der freie Rand vom Kiemendeckel mündet in einen Dorn. Der vordere Teil der Rückenflosse wird durch Stachelstrahlen gestützt. Flossen: D X/15–16, A III/8. Färbung: Rücken und Flanken rötlich bis braun, mit mehreren dunklen Längsbinden. Die unpaaren Flossen sind mit kleinen blauen Punkten versehen und z. T. dunkel gesäumt. Länge: bis 35 cm.
Verbreitung: Ostatlantik von der Biskaya bis Mauretanien, Kanarische Inseln und westliches Mittelmeer.
Biologie: Der König-Sägebarsch lebt an Fels- und Korallenriffen in Tiefen bis 90 m. Er ist ein revierbildender Einzelgänger, der sich meist in der Nähe eines Verstecks aufhält. Er frißt wirbellose Kleintiere und Fische. Über seine Fortpflanzung ist kaum etwas bekannt.
Sonstiges: Der König-Sägebarsch ist in der Regel seltener als die anderen Vertreter dieser Gattung. Durch die im Mittelmeer verbreitete Harpunenjagd trifft man nur selten größere Exemplare.

Fahnenbarsch

Anthias anthias (LINNAEUS, 1758) Serranidae, Zackenbarsche

Merkmale: Der Fahnenbarsch hat einen länglichen, seitlich abgeflachten und mit Kammschuppen bedeckten Körper. Sein leicht oberständiges Maul reicht bis unter die Augen. Der Vorderkiemendeckel ist am Hinterrand bezahnt. Auf dem Kiemendeckel befinden sich 2–3 Stacheln. Der 3. Stachelstrahl der Rückenflosse ist verlängert, die Schwanzflosse tief gegabelt und mit fadenartig ausgezogenen äußeren Strahlen versehen. Besonders bei den Männchen sind die Bauchflossen fahnenartig verlängert (Name). Flossen: D X/15, A III/7. Färbung: Rücken und Flanken rot, Bauch rosafarben: drei undeutliche gelbe Längsstreifen ziehen vom Kopf über die Flanken. Die Bauchflossen haben einen violetten Außenrand. Länge: Der Fahnenbarsch wird bis 20 cm, max. bis 25 cm lang.

Verbreitung: Ostatlantik von Portugal bis Angola, Kanarische Inseln und Mittelmeer.

Biologie: Der Fahnenbarsch lebt an Fels- und Korallenriffen in Tiefen von 30–200 m. Gelegentlich kommt er auch im flacheren Wasser in Höhlen oder Grotten vor. Er tritt häufig in Schwärmen auf, die sich nah an Felsen oder Höhlen aufhalten. Seine Nahrung besteht aus Kleinkrebsen und Fischen.

Fortpflanzung: Die Laichzeit erstreckt sich vom Frühjahr bis zum Sommer. Fahnenbarsche sind protogyne Zwitter, d. h. sie entwickeln sich erst zu Weibchen, die Eizellen produzieren und wandeln sich später in Männchen um, die an den längeren Bauchflossen erkennbar sind. Über die Entwicklung der Jungfische ist kaum etwas bekannt.

Meerbarbenkönig

Apogon imberis (LINNAEUS, 1758) Apogonidae, Kardinalfische

Merkmale: Der Körper des Meerbarbenkönigs ist gedrungen und hochrückig. Sein weites, endständiges Maul reicht bis unter die auffällig großen Augen. Der Hinterrand des Vorderkiemendeckels ist mit kleinen spitzen Dornen versehen. Die Bauchflossen liegen unter den Brustflossen (brustständig). Er hat zwei Rückenflossen, von denen die vordere von Stachelstrahlen gestützt wird. Flossen: D1 VI, D2 I/9–10, A II/8–9, P I/5. Färbung: Körper hellrot, manchmal mit dunklen Flecken auf der Schwanzwurzel. Auf den Augen zwei weiße Linien. Länge: bis 15 cm.

Verbreitung: Ostatlantik von Portugal bis Marokko und im Mittelmeer.

Biologie: Meerbarbenkönige leben einzeln oder in kleinen Trupps an Felsen oder Korallenriffen in Tiefen von 10–50 m, im Winter bis 200 m. Tagsüber halten sie sich meist in der Nähe von Höhlen oder Grotten auf; nachts trifft man sie auch weiter entfernt an. Sie ernähren sich von Kleinkrebsen, Fischlaich und -brut sowie kleinen Fischen.

Fortpflanzung: In der von Juni bis September reichenden Laichzeit ziehen die geschlechtsreifen Tiere in seichtes Wasser und paaren sich bei lebhaften Balzspielen. Die Weibchen legen bis 20.000 Eier (0,5 mm), die mit Haftfäden zu einem Ballen verkleben. Dieser wird vom Männchen bis zum Schlüpfen der Larven in die Mundhöhle aufgenommen (Maulbrüter), wo er vor Freßfeinden geschützt ist und durch das Atemwasser mit Sauerstoff versorgt wird. Während der Brutpflege können die Männchen nicht fressen. Die geschlüpfte Brut wird nicht im Maul geschützt.

Mönchsfisch

Chromis chromis (LINNAEUS, 1758) Pomacentridae, Riffbarsche

Merkmale: Mönchsfische haben einen hochrückigen, seitlich abgeflachten, mit großen Schuppen bedeckten Körper. Ihr Maul ist relativ klein und endständig. Sie haben eine lange Rückenflosse und eine tief gegabelte Schwanzflosse. Flossen: D IV/9–10, A II/9–12. Färbung: Jungtiere sind bis zu einer Länge von 2 cm leuchtend blau gefärbt (siehe Abbildung rechts unten), später dunkelbraun mit leuchtenden blauen Steifen. Erwachsenene haben dunkelbraune Flanken mit dunkelgerandeten Schuppen und einen hellen Bauch. Der Rand der Rückenflosse schimmert bläulich. Länge: bis 15 cm.

Verbreitung: Ostatlantik von Portugal bis Angola und im Mittelmeer.

Biologie: Der Mönchsfisch ist ein schwarmbildender Bewohner von Felsküsten in Tiefen bis 25 m. Die Schwärme halten sich standorttreu in der Nähe von Felsen oder Riffen auf. Seine Nahrung besteht aus Plankton, sowie Fischlaich und -brut.

Fortpflanzung: In der Laichzeit von Juni bis Juli werden die Männchen zu revierbildenden Einzelgängern. In 2–15 m Tiefe putzen sie an Felsen oder auf Geröll geeignete Laichplätze mit dem Maul und locken geschlechtsreife Weibchen, die sich in lockeren Schwärmen in der Nähe aufhalten, mit einem charakteristischen Balzritual an. Die Weibchen werden angeschwommen und durch sprungartige Schwimmbewegungen zum Nest gelockt. Dabei spreizen und fächeln die Männchen erregt mit der Schwanzflosse. Die Eier bleiben mit Haftfäden am Substrat kleben und bilden ein handflächengroßes Gelege, das vom Männchen besamt und bis zum Schlüpfen der Brut vor Freßfeinden bewacht wird. Die Weibchen halten sich 3–4 Tage in der Nähe des Laichs auf, die Männchen ca. eine Woche. Die Jungfische lassen sich im Spätsommer oft in Schwärmen in seichtem Wasser an Geröllhalden oder in der Nähe von Felsspalten, Höhlen oder Grotten beobachten.

Sonstiges: Der Mönchsfisch ist eine der häufigsten Fischarten an den Felsküsten des Mittelmeers. Die individuenreichen Schwärme sind oft mit anderen Schwarmfischen vergesellschaftet.

Stöcker, Bastardmakrele

Trachurus trachurus (LINNAEUS, 1758) Carangidae, Stachelmakrelen

Merkmale: Der Stöcker hat einen länglichen, seitlich abgeflachten Körper. Seine Augen sind relativ groß und mit durchsichtigen Fettlidern versehen. Er hat zwei Rücken- und zwei Afterflossen. Das leicht oberständige, weite Maul reicht bis an die Augen. Die Seitenlinie ist s-förmig hinter der 1. Rückenflossen gebogen und mit 69–79 gekielten Knochenschuppen versehen. Die Körperschuppen sind relativ klein. Die Afterflosse ist relativ lang. Flossen: D1 VIII, D2 I/28–34, A1 II, A2 I/23–33, P 20–21, V/5. Färbung: Rücken blau bis grünlich, Flanken silbrig glänzend und Bauch weiß. Auf dem oberen Rand des Kiemendeckels ist ein schwarzer Fleck. Länge: 30–40 cm.

Verbreitung: Atlantik, im Westen von Brasilien bis Argentinien, im Osten von Island bis zu den Kapverdischen Inseln, in der Nordsee und westlichen Ostsee, im Mittelmeer und im Schwarzen Meer.

Biologie: Der Stöcker ist ein Schwarmfisch, der überwiegend über sandigem Grund in Tiefen von 10–100 m vorkommt. Im Winter zieht er in tieferes Wasser. Er hat ein breites Nahrungsspektrum, das Plankton, Tintenfische und kleine Schwarmfische beinhaltet.

Fortpflanzung: In der Laichzeit von November bis März bzw. Mai bis Juni (Nordsee) werden pro Rogener bis über 100.000 pelagische Eier (1 mm) abgegeben. Die Jungfische wurden mehrfach unter den Medusen von Quallen beobachtet.

Sonstiges: Der Stöcker wird als Speisefisch gefangen, hat aber nur geringe wirtschaftliche Bedeutung.

Mittelmeer-Bastardmakrele

Trachurus mediterraneus (STEINDACHNER, 1868) Carangidae, Stachelmakrelen

Merkmale: Die Mittelmeer-Bastardmakrele ist dem Stöcker sehr ähnlich. Sie unterscheiden sich durch die Anzahl der gekielten Knochenschuppen entlang der s-förmig gebogenen Seitenlinie mit 78–92 Schuppen. Ihr Körper ist länglich, seitlich abgeflacht und mit je zwei Rücken- und Afterflossen versehen. Das leicht oberständige, weite Maul reicht bis an die Augen. Flossen: D1 VIII, D2 I/29–35, A1 II, A2 1/26–39. Färbung: Rücken blaugrau, Flanken silbrig glänzend und Bauch weiß. Länge: bis 50 cm.

Verbreitung: Ostatlantik von der Biskaya bis Marokko im Mittelmeer und im Schwarzen Meer.

Biologie: Die Mittelmeer-Bastardmakrele lebt wie der Stöcker bevorzugt pelagisch über sandigem Grund in Tiefen bis 500 m. Sie wandert meist in großen Schwärmen. Ihre Nahrung besteht aus Kleinkrebsen, Tintenfischen und Fischen.

Fortpflanzung: Über die Fortpflanzung dieser Art ist wenig bekannt.

Sonstiges: Die Mittelmeer-Bastardmakrele wird als Speisefisch gefangen, hat jedoch keine große fischereiwirtschaftliche Bedeutung.

Rauchflossenmakrele

Caranx crysos (MITCHILL, 1815) Carangidae, Stachelmakrelen

Merkmale: Die Rauchflossenmakrele hat einen länglich-ovalen, seitlich abgeflachten Körper mit weitem, bis unter die Augen reichendem Maul, langen, sichelförmig ausgezogenen Brustflossen und brustständigen Bauchflossen. Die vorderen Bereiche der hinteren Rücken- und Afterflosse sind sichelförmig verlängert. Die Spitzen der Brustflossen reichen angelegt bis zu den verlängerten Bereichen der Rücken- und Afterflosse. Die Schwanzflosse ist tief gegabelt. Flossen: D1 VIII, D2 I/22–25, A1 II, A2 I/19–21. Vom hinteren Bereich der Seitenlinie bis zur Schwanzwurzel erstreckt sich eine Reihe plättchenartiger Knochenschuppen. Färbung: Oberseite blaugrün bis olivfarben, Unterseite silbriggrau bis goldfarben, die Spitzen der Rücken-, After- und Schwanzflosse meist dunkel. Schwarzer Fleck oben am Kiemendeckel. Länge: bis 60 cm.

Verbreitung: Ostatlantik von Senegal bis Angola, Azoren und Mittelmeer. Weiterhin im Westatlantik von Nova Scotia bis Brasilien.

Biologie: Die Rauchflossenmakrele besiedelt die Freiwasserregion des offenen Meeres in Tiefen bis 100 m. Sie ist ein Schwarmfisch, der sich überwiegend von Fischen ernährt. Fortpflanzung: Die Rauchflossenmakrele laicht in den Sommermonaten im freien Wasser. Die Eier und die geschlüpften Jungfische treiben pelagisch im Meer.

Blaue Stachelmakrele

Caranx lugubris (POEY, 1860) Carangidae, Stachelmakrelen

Merkmale: Die Blaue Stachelmakrele hat einen hochrückigen und seitlich abgeflachten Körper mit je zwei Rücken- und Afterflossen. Ihr endständiges Maul reicht bis an die Augen. Die vorderen Strahlen der 2. Rücken- und Afterflosse sind verlängert. Die Schwanzflosse ist tief gegabelt, die Seitenlinie s-förmig gebogen und am hinteren Bereich mit 26–32 gekielten Knochenschuppen bedeckt. Flossen: D1 VIII, D2 I/20–23, A1 II, A2 I/17–20. Färbung: Rücken und Flanken graubraun bis schwarz, Bauch weiß. Länge: bis 80 cm.
Verbreitung: Weltweit in tropischen Küstenbereichen. Im Ostatlantik bei den Azoren und den Kanarischen Inseln.
Biologie: Die Blaue Stachelmakrele wurde bisher in flachen Küstenregionen in Tiefen von 25–65 m gefangen. Erwachsene Exemplare ernähren sich hauptsächlich von Fischen. Über ihre Fortpflanzung ist kaum etwas bekannt.

Stachelmakrele

Lichia amia (LINNAEUS, 1758) Carangidae, Stachelmakrelen

Merkmale: Länglicher, seitlich abgeflachter Körper mit leicht oberständigem, bis hinter die Augen reichendem Maul. Die Seitenlinie ist unregelmäßig sinusförmig geschwungen und trägt keine Knochenschuppen. Sie ist über den Brustflossen konvex und dahinter konkav gebogen. Die vorderen 7 Stachelstrahlen der Rückenflosse sind nur an der Basis durch eine Flossenhaut miteinander verbunden und meist an den Körper angelegt. Die Bauchflossen liegen brustständig. Die Bereiche der Rücken- und Afterflosse mit Gliederstrahlen sind fast gleich lang. Flossen: D VII+I/19–21, A1 II, A2 II/17–21. Färbung: Oberseite braun, Flanken silbrig, Flossen hellbrau. Die Spitzen der Rücken und Afterflosse sind dunkel gefärbt. Juvenile Exemplare (bis 15 cm) haben dunkle Bänder auf den Flanken. Länge: bis über 1,50 m, meist bis 1,00 m.

Verbreitung: Ostatlantik von der Biskaya bis Südafrika, Kanarische Inseln, Madeira und Mittelmeer. Weiterhin im Indischen Ozean.

Biologie: Die Stachelmakrele kommt sowohl im offenen Meer als auch in küstennahen Gewässern in Tiefen bis 50 m vor. Sie ernährt sich von Fischen, denen sie meist nahe der Wasseroberfläche nachstellt.

Fortpflanzung: Die Laichzeit liegt in den Sommermonaten. Die pelagischen Eier werden im freien Wasser abgelegt.

Seriola, Bernsteinmakrele

Seriola dumerilli (Risso, 1810) Carangidae, Stachelmakrelen

Merkmale: Länglicher, schlanker und seitlich abgeflachter Körper. Das leicht oberständige, runde Maul reicht bis an die relativ kleinen Augen. Zwei Rückenflossen, wobei die hintere relativ lang ist. Die vorderen Strahlen der 2. Rückenflosse und der Afterflosse sind verlängert. Flosse: D1 VI–VIII, D2 34–39, A II/18–20. Färbung: Rücken und Flanken braun bis grün (bernsteinfarben) mit Messingglanz, Bauch weiß. Länge: bis 1,10 m, max. 1,90 m lang und bis 80 kg schwer.
Verbreitung: Im Ostatlantik von der Biskaya bis Marokko, im gesamten Mittelmeer und im Westatlantik.
Biologie: Die Seriola lebt als Schwarmfisch im freien Wasser und an der Küste in Tiefen von 20–70 m, selten auch über 300 m. Sie frißt hauptsächlich kleine Fische, die im Schwarm gejagt werden.
Fortpflanzung: In der Literatur wird von an der Wasseroberfläche dicht gedrängten Schwärmen laichender Tiere berichtet. Pro Rogener werden wahrscheinlich bis 3 Millionen Eier (1 mm) abgegeben. Die Jungfische halten sich zeitweise unter den Medusen von Quallen auf.
Sonstiges: Die Seriola ist als Speisefisch fischereiwirtschaftlich unbedeutend.

Meerrabe

Sciaena umbra LINNAEUS, 1758 Sciaenidae, Umberfische

Merkmale: Der Meerrabe hat einen gedrungenen, hochrückigen und seitlich abgeflachten Körper mit zwei, nicht vollständig getrennten Rückenflossen. Sein leicht unterständiges, weites Maul reicht bis unter die großen Augen. Der Körper wird von Kammschuppen bedeckt. Flossen: D1 X–XI, D2 I/23–26, AII/7–8. Färbung: Rücken und Flanken braun mit Goldglanz, Bauch silbrig glänzend. Die Flossen sind dunkelgrau gefärbt, die Stachelstrahlen der Bauch- und Afterflosse weiß. Länge: bis 50 cm.

Verbreitung: Ostatlantik vom Ärmelkanal bis zum Senegal, Kanarische Inseln, Mittelmeer und Schwarzes Meer.

Biologie: Meerraben leben an seichten Küsten mit Felsgrund oder an *Posidonia*- und Tangwiesen in Tiefen von 5–180 m Tiefe. Sie sind dämmerungs- und nachtaktiv. Tagsüber halten sie sich in kleinen Trupps in oder nahe an Felsspalten oder Höhlen auf. Ihre Nahrung besteht aus Mollusken, Krebsen und kleinen Fischen. Über die Fortpflanzung der Seeraben ist kaum etwas bekannt.

Sonstiges: Verschiedene Vertreter aus der Familie der Umberfische können mit Hilfe ihrer Schwimmblase Laute erzeugen, die vermutlich als Signale bei der Fortpflanzung eine Rolle spielen.

Bartumber, Schattenfisch

Umbrina cirrosa (LINNAEUS, 1758) Sciaenidae, Umberfische

Merkmale: Der Körper des Bartumbers ist länglich, hochrückig seitlich abgeflacht, mit Kamm- und Cycloidschuppen bedeckt. An seinem großen Kopf befindet sich ein leicht unterständiges, bis unter die Augen reichendes Maul und am Unterkiefer eine kurze, fleischige Bartel. Die Schwimmblase besteht aus einer Kammer und ist ohne Verbindung zum Darm. Er hat zwei Rückenflossen. Flossen: D1 IX–X, D2 I/23–25, A II/7–8. Färbung: charakteristische Zeichnung, Rücken und Flanken grau bis silbrig, mit schrägen, gelben, braungesäumten Streifen, Bauch silbrig glänzend. Der Kiemendeckel ist am freien Rand schwarz. Länge: bis 70 cm.

Verbreitung: Ostatlantik von der Biskaya bis zum Senegal, Kanarische Inseln, Mittelmeer und Schwarzes Meer. Er ist über den Suez-Kanal auch ins Rote Meer eingewandert.

Biologie: Der Bartumber lebt stationär und bodenorientiert an Fels- und Sandküsten in Tiefen von 50–300 m. Die Jungfische leben näher an der Küste und wandern gelegentlich bis in Brackwasserbereiche und in Flußmündungen. Sie fressen überwiegend wirbellose Kleintiere.

Fortpflanzung: Die Laichzeit erstreckt sich im Mittelmeer vom Frühjahr bis zum Sommer. Über das Fortpflanzungsverhalten ist kaum etwas bekannt.

Streifenmeerbarbe

Mullus surmuletus LINNAEUS, 1758 Mullidae, Meerbarben

Merkmale: Die Streifenmeerbarbe ist länglich und seitlich abgeflacht. Ihre Stirn und Rükkenlinie sind konvex gewölbt, die Bauchlinie ist gerade. Am Unterkiefer befinden sich zwei vorstreckbare Barteln. Sie hat zwei Rückenflossen. Flossen: D1 VII–VIII, D2 I/8, A II/5–6, P 17–18. Färbung: variabel, Körper ist gelb, braun oder rötlich gefärbt, von der Stirn über die Augen bis zur Schwanzflossenwurzel zieht sich eine dunkelrote oder braune Linie. Die Rükkenflossen haben dunkle Streifen. Länge: bis 30 cm.

Verbreitung: Im Ostatlantik von den Britischen Inseln bis Marokko, Kanarische Inseln und Mittelmeer. In der Nordsee und der westlichen Ostsee selten.

Biologie: Die einzeln oder in kleinen Trupps auftretenden Streifenmeerbarben leben bodenorientiert an seichten Küsten mit Sand- oder Schlickgrund in Tiefen von 5–100 m. Man kann sie oft dabei beobachten, wie sie mit dem Kopf im weichen Sediment wühlen und dabei mit den Barteln nach benthischen wirbellosen Kleintieren suchen, von denen sie sich ernähren. Die nach Nahrung suchenden Tiere werden oft von anderen Fischen begleitet, welche die durch das Wühlen aufgescheuchten oder freigelegten Organismen fressen (Kommensalen).

Fortpflanzung: In der Laichzeit von Juni bis September werden die pelagischen Eier (ca. 1 mm) ufernah in 25–40 m Tiefe über Sandgrund abgelegt. Die nach drei bis vier Tagen schlüpfenden Larven leben planktisch, gehen mit einer Länge von 3 cm zur bodenorientierten Lebensweise über und werden nach zwei Jahren geschlechtsreif.

Rote Meerbarbe, Rotbarbe

Mullus barbatulus LINNAEUS, 1758 Mullidae, Meerbarben

Merkmale: Die Rote Meerbarbe hat einen länglichen, seitlich abgeflachten Körper mit zwei Rückenflossen, gewölbtem Rükken und gerader Bauchlinie. Ihr Stirnprofil ist steiler als bei der Streifenmeerbarbe. Am Unterkiefer sitzen zwei vorstreckbare Barteln. Flossen: D1 XII–XIII, D2 I/7–8, A II/5–7. Färbung: variabel; Rücken rot mit grünem Schimmer, Flanken und Bauch rot bis rosa, dunkel marmoriert. Im Unterschied zur Streifenmeerbarbe fehlen ihr ein vollständiger, den Körper entlangziehender, roter Streifen und die dunklen Streifen an den Flossen. Länge: bis 30 cm.

Verbreitung: Im Ostatlantik von den Britischen Inseln bis zum Senegal, Kanarische Inseln, Azoren und Mittelmeer. In der Nordsee selten.

Biologie: Die Rote Meerbarbe lebt bodenorientiert auf Sand- oder Schlickgrund. Im Winter hält sie sich in Tiefen bis 300 m auf, im Sommer zieht sie in seichtere Gewässer. Einzeln oder in kleinen Trupps wühlen sie mit dem Kopf im weichen Sediment und suchen mit den beweglichen Barteln nach Nahrung (wirbellose Kleintiere).

Fortpflanzung: Die Laichzeit reicht von April bis August. Die pelagischen Eier werden in 10–60 m über Sand- oder Schlickgrund abgegeben. Die geschlüpften Larven leben pelagisch und gehen mit einer Länge von 3 cm zur bodenorientierten Lebensweise über.

Sonstiges: Meerbarben sind geschätzte Speisefische mit geringer wirtschaftlicher Bedeutung.

Schnauzenbrassen

Spicara smaris (LINNAEUS, 1758) Centracanthidae, Schnauzenbrassen

Merkmale: Langgestreckter, im Vergleich zum Gefleckten Schnauzenbrassen *(Spicara maena)* niedrigerer, seitlich abgeflachter und mit Kammschuppen bedeckter Körper. Das spitze, endständige Maul hat mit kleinen Zähnen versehenen Kiefer, die weit vorstreckbar sind. Die Rückenflosse ist lang, die Schwanzflosse tief eingeschnitten. Flossen: D XI–XII/10–12, A III/8–10. Färbung: variabel, Rücken und Flanken braun oder grau, Bauch silbrig, besonders bei den Männchen reihenartig angeordnete, blaue Flecken auf dem Körper und den Flossen, auf der Flankenmitte ein schwarzer Fleck (kleiner als bei *Spicara maena*).
Länge: Weibchen bis 15 cm, Männchen bis 20 cm.
Verbreitung: Ostatlantik von der Biskaya bis Marokko, Kanarische Inseln, Mittelmeer und Schwarzes Meer.

Biologie: Schnauzenbrassen sind relativ häufige, küstenbewohnende Schwarmfische, die sich meist nahe von Küsten mit Sand- oder Schlickgrund und an Tang- oder Posidonia-Wiesen in Tiefen von 3–100 m aufhalten. Über ihre Ernährung und Fortpflanzung ist nur wenig bekannt. Schnauzenbrassen sind protandrische Zwitter, d. h. sie entwikkeln sich erst zu Weibchen und wandeln sich, meist nach zwei Jahren, in Männchen um.
Sonstiges: Schnauzenbrassen sind am Mittelmeer geschätzte Speisefische.

Gefleckter Schnauzenbrassen

Spicara maena (LINNAEUS, 1758) Centracanthidae, Schnauzenbrassen

Merkmale: Länglicher, im Vergleich zum Schnauzenbrassen *(Spicara smaris)* hochrückiger, seitlich abgeflachter, Kammschuppen tragender Körper. Das Kopfprofil ist konkav. Die vorstreckbaren, kleine Zähne tragenden Kiefer bilden ein spitzes, endständiges Maul. Lange Brust- und Rückenflosse, eingeschnittene Schwanzflosse. Flossen: D X/12, A III/9–10. Färbung: Rükken und Flanken blaugrau, der Bauch silbrig gefärbt. Auf Flanken und Flossen befinden sich unregelmäßige oder in Reihen angeordnete blaue Flecken, in der Flankenmitte ist ein schwarzer, rechteckiger Fleck (größer als bei *Spicara smaris*). Länge: Weibchen bis 21 cm, Männchen bis 25 cm.

Verbreitung: Ostatlantik von Portugal bis Marokko, Kanarische Inseln, Mittelmeer und Schwarzes Meer.

Biologie: Der Gefleckte Schnauzenbrassen ist ein häufiger, große Schwärme bildender Küstenbewohner, der sich meist über Sand- oder Schlickgrund bzw. in der Nähe von Tang- oder Posidonia-Wiesen in Tiefen von 3–100 m aufhält. Er ernährt sich wahrscheinlich von Plankton und wirbellosen Bodentieren.

Fortpflanzung: Gefleckte Schnauzenbrassen sind Zwitter, die erst als Weibchen geschlechtsreif werden und sich nach zwei Jahren zu Männchen entwickeln.

Sonstiges: Gefleckte Schnauzenbrassen sind am Mittelmeer geschätzte Speisefische, die häufig auf Fischmärkten angeboten werden.

Goldbrassen

Sparus aurata LINNAEUS, 1758 Sparidae, Meerbrassen

Merkmale: Der Goldbrassen hat einen ovalen, seitlich abgeflachten Körper mit steil gewölbtem Stirnprofil, endständigem Maul, Kammschuppen und langer Rückenflosse. Sein Maul ist mit spitzen Fangzähnen und Mahlzähnen ausgestattet. Flossen: D XI/13, A III/11. 73–85 Schuppen entlang der Seitenlinie. Färbung: Sein Rücken ist grau bis oliv, die Flanken silbrig und der Bauch weiß gefärbt. Zwischen den Augen trägt er ein goldenes, meist dunkel gerandetes Band (Name). Am oberen Rand der Kiemendeckel, oberhalb der Brustflossen, hat er jeweils einen großen schwarzen Fleck, der bis auf die Flanken reicht; darunter befindet sich oft auch ein rötlich gefärbter Fleck. Entlang der Mittellinie der Rükkenflosse erstreckt sich ein dunkles Band. Die Schwanzflossenspitzen sind dunkel gefärbt. Länge: bis 60 cm.
Verbreitung: Nordostatlantik vom Ärmelkanal bis Marokko, Mittelmeer, Kanarische und Kapverdische Inseln.
Biologie: Der Goldbrassen lebt sowohl über sandigem oder schlammigem Grund als auch in der Nähe von Felsen oder Posidoniawiesen. Er ist im Hinblick auf die Salzkonzentration des Wassers sehr anpassungsfähig und dringt regelmäßig in Brackwasserbereiche ein. Während sich die jüngeren Exemplare meist in Schwärmen in Tiefen bis 30 m aufhalten, werden ältere zunehmend zu Einzelgängern, die bis in150 m Tiefe jagen. Ihre Nahrung besteht überwiegend aus Krebsen und Mollusken (z. B. Miesmuscheln), gelegentlich nimmt er auch vegetarische Kost zu sich.
Fortpflanzung: Der Goldbrassen laicht von Mai bis Juli. Er ist ein proteandrischer Zwitter, der zunächst nach 1–2 Jahren und mit einer Länge von 20–30 cm als Männchen fortpflanzungsfähig wird und sich im 2.–3. Lebensjahr in ein Weibchen umwandelt.
Sonstiges: Der Goldbrassen ist ein geschätzter Speisefisch, der am Mittelmeer wirtschaftliche Bedeutung hat. In einigen Regionen (z. B. in Italien) wird er in Aquakulturen bzw. abgesperrten Lagunen vermehrt.

Ringelbrassen

Diplodus annularis (LINNAEUS, 1758) Sparidae, Meerbrassen

Merkmale: Ovaler, hochrückiger, seitlich abgeflachter Körper mit endständigem Maul, großen Augen und Kammschuppen. Der vordere Teil der langen Rückenflosse wird von Stachelstrahlen gestützt. Flossen: D XI/11–13, A III/11–12.
48–56 Schuppen entlang der Seitenlinie. Färbung: Körper silbergrau ohne dunkle Querstreifen, am Schwanzstiel, hinter der Rückenflosse, ein schwarzer Ring (Name), Bauchflossen gelblich. Länge: bis 20 cm.
Verbreitung: Ostatlantik von der Biskaya bis Gibraltar, Kanarische Inseln, Mittelmeer und Schwarzes Meer.
Biologie: Ringelbrassen sind Schwarmfische, die an ufernahen Bereichen mit Sand- oder Schlickgrund in Tiefen bis 90 m (Atlantik) bzw. 50 m (Mittelmeer) vorkommen. Häufig trifft man sie an Posidonia-Wiesen. Sie ernähren sich von Nesseltieren, Würmern, Mollusken, Krebsen und Stachelhäutern.
Fortpflanzung: Im Verbreitungsgebiet unterschiedliche Laichzeiten, im Atlantik und im westlichen Mittelmeer April bis Juni, im östlichen Mittelmeer Februar bis April. Bei den Ringelbrassen gibt es sowohl getrenntgeschlechtliche als auch zwittrige Formen, wobei letztere erst eine männliche Phase durchlaufen und später zu Weibchen werden (Protandrie). Die Geschlechtsreife tritt nach einem Jahr ein.
Sonstiges: Ringelbrassen sind relativ häufig und werden am Mittelmeer als Speisefische gefangen und vermarktet.

Zweibindenbrassen

Diplodus vulgaris (GEOFFROY, SAINT-HILAIRE, 1817) Sparidae, Meerbrassen

Merkmale: Ovaler, hochrückiger, seitlich abgeflachter Körper mit großen Augen, Kammschuppen und kleinem, endständigem Maul. Die Rückenflosse wird im vorderen Bereich von Stachelstrahlen gestützt, die Brustflossen sind lang und spitz ausgezogen. Flossen: D XI–XII/13–16, A III/12–15. 51–61, P I/5. 51–61 Schuppen entlang der Seitenlinie. Färbung: Körper silbriggrau mit gelben Längslinien (je eine Schuppenreihe), vor und hinter der Rückenflosse je eine breite, schwarze Querbinde (Name), Bauchflossen dunkel. Länge: bis 30 cm.

Verbreitung: Ostatlantik von der Bretagne bis Nordafrika, Mittelmeer, Kanarische und Kapverdische Inseln.

Biologie: Zweibindenbrassen sind besonders im Mittelmeer relativ häufig. Sie leben schwarmbildend an Sand- und Felsküsten mit Tang- oder Posidonia-Wiesen in Tiefen bis 90 m (Atlantik) bzw. 70 m (Mittelmeer). Ihre Nahrung besteht aus einem breiten Spektrum wirbelloser Kleintiere.

Fortpflanzung: Die Laichzeit ist innerhalb des Verbreitungsgebietes variabel, im westlichen Mittelmeer Oktober bis Januar, im östlichen Mittelmeer Dezember bis Januar. Sowohl die Eier als auch die geschlüpfte Brut treiben pelagisch im Meer. Zweibindenbrassen sind protandrische Zwitter, d. h. sie werden erst als Männchen geschlechtsreif und wandeln sich später in Weibchen um.

Sonstiges: Zweibindenbrassen sind am Mittelmeer geschätzte Speisefische und lokal fischereiwirtschaftlich bedeutend.

Spitzbrassen

Diplodus puntazzo (Cetti, 1777) Sparidae, Meerbrassen

Merkmale: Hochovaler, seitlich abgeflachter Körper mit spitzem, endständigem Maul. Im Unterschied zum ähnlichen Großen Geißbrassen ist sein Augendurchmesser kleiner und sein Kopfprofil gerade oder konkav. Seine lange Rückenflosse wird im vorderen Bereich durch Stachelstrahlen gestützt. Flossen: D X–XI/12–14, A III/11–13, P I/5. 53–64 Schuppen entlang der Seitenlinie. Färbung: Rücken und Flanken silbrig bis grau mit 7–11 dunklen Querstreifen, die alternierend schwächer und stärker ausgeprägt sind. Am Schwanzstiel befindet sich ein großer schwarzer Fleck. Der Hinterrand der Rücken- und Afterflosse ist dunkel gesäumt. Länge: bis 45 cm.
Verbreitung: Nordostatlantik von der Biskaya bis Gibraltar, Kanarische und Kapverdische Inseln (fehlt bei Madeira), Mittelmeer und Schwarzes Meer.

Biologie: Der Spitzbrassen lebt bevorzugt an Küstengewässern mit algenüberwachsenem, felsigem Grund und an Seegraswiesen in Tiefen bis 150 m. Am häufigsten ist er in Tiefen von 10–60 m anzutreffen. Im Gegensatz zu anderen Meerbrassen bilden erwachsene Exemplare keine Schwärme, sondern ziehen als Einzelgänger umher. Er frißt sowohl Algen als auch wirbellose Bodentiere (omnivor).
Fortpflanzung: Die Laichzeit erstreckt sich von September bis Oktober. Die Eier und die geschlüpfte Brut treiben pelagisch mit der Strömung.

Großer Geißbrassen

Diplodus sargus (LINNAEUS, 1758) Sparidae, Meerbrassen

Merkmale: Ovaler, hochrückiger, seitlich abgeflachter Körper mit steilem Kopfprofil, spitzer Schnauze, endständigem Maul und Kammschuppen. Verwechselungsgefahr mit dem ähnlichen Spitzbrassen. Die Rückenflosse ist lang und wird in der vorderen Hälfte von Stachelstrahlen gestützt. Flossen: Ḋ XI–XIII/12–14, A III/12–14, V I/5. Färbung: Körper silbergrau bis gelbgrau, vom Rücken bis zur Körpermitte ziehen neun, z. T. undeutliche dunkle Binden. Der letzte ist halbringförmig und liegt hinter der Rückenflosse. Der hintere Teil der Rückenflosse, die After- und die Schwanzflosse sind dunkel gesäumt, die äußeren Strahlen der Schwanzflosse weiß. Länge: wird bis 25 cm, maximal 45 cm lang.
Verbreitung: Ostatlantik von der Biskaya bis Nordafrika, Kanarische und Kapverdische Inseln, Mittelmeer und Schwarzes Meer. Innerhalb des Verbreitungsgebietes gibt es mehrere Unterarten.
Biologie: Geißbrassen sind standorttreue Schwarmfische und leben hauptsächlich in der Nahe von Felsen oder Posidonia-Wiesen in Tiefen bis 50 m. Innerhalb ihres Verbreitungsgebietes gehören sie zu den häufigeren Fischarten. Ihre Nahrung besteht aus einem breiten Spektrum verschiedener wirbelloser Kleintiere. Jungtiere fressen auch Algen.
Fortpflanzung: Im westlichen Mittelmeer laichen sie von März bis Juni, im östlichen von Januar bis März. Die Eier (1 mm) und die Brut treiben pelagisch im Meer.
Sonstiges: Geißbrassen sind geschätzte Speisefische, die lokal von wirtschaftlicher Bedeutung sind.

Zebrabrassen

Diplodus cervinus (Lowe, 1841) Sparidae, Meerbrassen

Merkmale: Der Zebrabrassen hat einen hochrückigen, seitlich abgeflachten Körper mit spitzer Schnauze und Kammschuppen. Das endständige Maul hat relativ dicke Lippen. Der vordere Bereich der langen Rückenflosse wird von Stachelstrahlen getragen. Die Brustflossen sind lang und spitz ausgezogen. Flossen: D XI–XII/11–14, A III/10–12. 51–62 Schuppen entlang der Seitenlinie. Färbung: Rücken und Flanken silber- oder golden glänzend mit fünf dunklen, breiten Querbinden, Bauch weiß. Weitere dunkle Bereiche befinden sich über den Augen und der Schnauze. Weiterhin sind Bauch-, After- und Rückenflosse am Rand dunkel gefärbt. Länge: wird bis 35 cm, max. 55 cm lang.

Verbreitung: Ostatlantik von der Biskaya bis Nordafrika, Kanarische und Kapverdische Inseln, westliches und südliches Mittelmeer. Fehlt in der Adria und im Schwarzen Meer.

Biologie: Der Zebrabrassen ist ein geselliger Bewohner von Fels-, Sand- und Schlickküsten, der innerhalb seines Verbreitungsgebietes wandert. Im Atlantik kommt er in Tiefen von 30–80 m, im Mittelmeer bis 300 m vor. Er frißt sowohl Algen als auch wirbellose Kleintiere.

Fortpflanzung: Die Laichzeit erstreckt sich von Januar bis April. Wahrscheinlich bildet er auch zwittrige Formen.

Sonstiges: Der Zebrabrassen ist weniger häufig als die anderen Meerbrassen und hat keine fischereiwirtschaftliche Bedeutung.

Rotbrassen

Pagellus erythrinus (LINNAEUS, 1758) Sparidae, Meerbrassen

Merkmale: Der Rotbrassen hat einen länglichen, seitlich abgeflachten Körper mit geradem Kopfprofil, großen Augen, endständigem, bis an die Augen reichendem Maul und Kammschuppen. Die lange Rückenflosse wird im vorderen Bereich von Stachelstrahlen getragen. Flossen: D XII/10–11, A III/8–9. Färbung: Körper hellrosa mit blauem Schimmer, auf der Oberseite kleine blaue Punkte. Länge: bis 30 cm, max. 50 cm lang.

Verbreitung: Ostatlantik von den Britischen Inseln bis Nordafrika, Kanarische und Kapverdische Inseln, Mittelmeer und südliches Schwarzes Meer. In der Nordsee selten.

Biologie: Der gesellige Rotbrassen lebt bevorzugt über Sandgrund, kommt aber auch an Schlick- und Felsküsten vor. Am häufigsten ist er in Tiefen von 20–100 m anzutreffen. Im Winter zieht er in tieferes Wasser. Er wandert größere Strecken innerhalb seines Verbreitungsgebietes. Die Jungfische halten sich in küstennahen Bereichen auf. Die Nahrung besteht aus wirbellosen Kleintieren und kleinen Fischen.

Fortpflanzung: Die Laichzeit kann im Sommer oder Herbst liegen. Nördlich der Britischen Inseln und im Schwarzen Meer bildet er keine reproduktiven Bestände. Der Rotbrassen ist ein protogyner Zwitter, d. h. er wird erst als Weibchen geschlechtsreif und wandelt sich später in ein Männchen um. Der Laich umfaßt pro Tier 30.000–150.000 Eier. Die Geschlechtsreife tritt nach 1–2 Jahren ein.

Sonstiges: Der Rotbrassen ist am Mittelmeer ein geschätzter Speisefisch, der häufig auf Fischmärkten angeboten wird und lokal wirtschaftliche Bedeutung hat.

Marmorbrassen

Lithognathus mormyrus (LINNAEUS, 1758) Sparidae, Meerbrassen

Merkmale: Länglicher, seitlich abgeflachter Körper mit abgerundetem Kopfprofil, endständigem Maul und Kammschuppen. Die relativ kleinen Augen liegen hoch. Die lange Rückenflosse wird in der vorderen Hälfte von Stachelstrahlen getragen. Flossen: D XI–XII/11–12, A III/10–11, P I/5. 59–65 Schuppen entlang der Seitenlinie. Färbung: Körper silbergrau mit Metallglanz und 14–15 Querbinden, die alternierend schwächer oder stärker gefärbt bzw. länger oder kürzer sind. Rücken- und Schwanzflosse dunkel. Länge: bis 30 cm, max. 50 cm lang.
Verbreitung: Ostatlantik von der Biskaya bis Südafrika, Kanarische und Kapverdische Inseln, Mittelmeer. Weiterhin im Indischen Ozean und im Roten Meer.
Biologie: Der Marmorbrassen ist ein häufiger Schwarmfisch, der hauptsächlich an seichten Küsten mit Sandgrund und an Posidonia-Wiesen vorkommt. Er lebt bevorzugt in Tiefen von 10–20 m und zieht gelegentlich in Tiefen bis 80 m (Mittelmeer) bzw. 150 m (Atlantik). Er wandert oft in großen Schwärmen umher. Im Mittelmeer dringt er auch in Lagunen ein. Die Nahrung besteht überwiegend aus benthischen, wirbellosen Kleintieren.
Fortpflanzung: Die Laichzeit liegt im Frühjahr oder Sommer. Der Marmorbrassen ist ein protandrischer Zwitter, d. h. die männlichen Geschlechstprodukte reifen vor den weiblichen. Er wird nach zwei Jahren und mit einer Länge von ca. 14 cm geschlechtsreif.
Sonstiges: Der Marmorbrassen hat als Speisefisch nur geringe wirtschaftliche Bedeutung.

Zahnbrassen

Dentex dentex (LINNAEUS, 1758) Sparidae, Meerbrassen

Merkmale: Länglicher, seitlich abgeflachter, hochrückiger Körper mit endständigem Maul und Kammschuppen. Die kleinen Augen befinden sich hoch am Kopf. Auf beiden, nur wenig vorstreckbaren Kiefern sitzen vorne 4–6 lange Fangzähne (Name). Die lange Rückenflosse hat in der vorderen Hälfte Stachelstrahlen. Flossen: D XI–XIII/ 11–12, A III/7–9, P I/5. 62–68 Schuppen entlang der Seitenlinie. Färbung: Jungfische sind grau und auf dem Rücken dunkel gepunktet, bei Erwachsenen sind Rücken und Flanken graublau gefärbt; auf den Flanken befinden sich 4–5 breite, verwaschene dunkle Binden und zahlreiche kleine, blaue Punkte. Bis 1m lang und bis 10 kg schwer.
Verbreitung: Ostatlantik von der Biskaya bis zum Senegal und Mittelmeer. An der Südküste der Britischen Inseln und im Schwarzen Meer selten.

Biologie: Zahnbrassen leben an Küsten mit Felsgrund oder an Posidonia-Wiesen. Am häufigsten sind sie in Tiefen von 15–30 m anzutreffen, kommen aber auch in Tiefen bis 200 m vor. Sie fressen überwiegend Tintenfische und Fische.
Fortpflanzung: Die Eier (ca. 1 mm) werden von März bis Mai abgegeben. Bei Zahnbrassen gibt es wahrscheinlich getrenntgeschlechtliche und zwittrige Formen.
Sonstiges: Zahnbrassen sind wohlschmeckende Speisefische, die am Mittelmeer häufig auf Fischmärkten angeboten werden.

Streifenbrassen

Spondyliosoma cantharus (LINNAEUS, 1758) Sparidae Meerbrassen

Merkmale: Ovaler, seitlich abgeflachter, hochrückiger Körper mit spitzer Schnauze, endständigem Maul und Kammschuppen. Das kleine Maul reicht nicht bis an die Augen. Lange, im vorderen Bereich mit Stachelstrahlen versehene Rükkenflosse. Flossen: D XI/11–13, A III/9–11, P I/5. 66–75 Schuppen entlang der Seitenlinie. Färbung: Rücken und Flanken gelbgrau gefärbt, mit metallischem Glanz, sowie zahlreichen, teilweise unterbrochenen, hellen Längslinien und 6–9 verwaschenen, dunklen Querbinden. Die Schwanzflosse ist dunkelgrau. Die Männchen sind in der Laichzeit fast schwarz gefärbt. Länge: wird bis 30 cm, maximal 60 cm lang.

Verbreitung: Ostatlantik von Südnorwegen bis Nordafrika, Kanarische und Kapverdische Inseln, Mittelmeer. Im Schwarzen Meer nur selten.

Biologie: Streifenbrassen bilden zeitweilig große umherwandernde Schwärme. Sie leben über Sand-, oder Felsgrund und an Posidonia-Wiesen in Tiefen von 15–50 m (häufig), selten bis 300 m. Die Nahrung besteht aus Kleinkrebsen, aber auch anderen wirbellosen Kleintieren und Algen.

Fortpflanzung: Die Laichzeit reicht von Februar bis Mai. Die Milchner schlagen mit der Schwanzflosse kleine Gruben in den Sand, in welche die Rogener ihre klebrigen Eier (1 mm) legen. Diese flachen sich ab und bilden eine einlagige Schicht. Das Gelege wird vom Männchen bewacht und befächelt (Brutpflege). Die Larven schlüpfen nach ca. 9 Tagen. Streifenbrassen sind protogyne Zwitter, d. h. sie werden erst als Weibchen geschlechtsreif und wandeln sich später in Männchen um.

Brandbrassen, Oblada

Oblada melanura (LINNAEUS, 1758) Sparidae, Meerbrassen

Merkmale: Der Brandbrassen hat einen länglich, ovalen, seitlich abgeflachten Körper mit Kammschuppen und endständigem, schräg nach oben gerichtetem Maul. Die lange, ungeteilte Rückenflosse wird im vorderen Bereich von Stachelstrahlen getragen. Flossen: D XI/13–14, A III/12–14, P I/5. 64–67 Schuppen entlang der Seitenlinie. Färbung: Körper graublau bis silbrig mit dunklen Längslinien; auf dem Schwanzstiel eine weißgesäumte, schwarze Binde. Länge: bis 30 cm.

Verbreitung: Ostatlantik von der Biskaya bis Angola, Kanarische und Kapverdische Inseln, Mittelmeer. Im Schwarzen Meer nur selten.

Biologie: Der Brandbrassen ist ein häufiger und geselliger Bewohner von seichten Küsten mit Felsgrund oder Posidonia-Wiesen in Tiefen bis zu 5–30 m. Gelegentlich wandert er in Schwärmen die Küste entlang. Er hat ein breites Nahrungsspektrum, das sich aus wirbellosen Kleintieren zusammensetzt.

Fortpflanzung: Die Laichzeit erstreckt sich von April bis Juni. Es gibt sowohl getrenntgeschlechtliche als auch zwittrige Formen. Letztere werden erst als Weibchen geschlechtsreif und wandeln sich später in Männchen um. Die Eier und die geschlüpfte Brut treiben pelagisch im Meer. Die Jungfische wandern an die Küsten und halten sich meist in der Brandungszone auf, wo Schnorchler sie häufig beobachten können.

Gelbstriemen, Ulvenfresser

Sarpa salpa (LINNAEUS, 1758) Sparidae, Meerbrassen

Merkmale: Der Gelbstriemen hat einen länglich-ovalen, seitlich abgeflachten Körper mit großen Augen, endständigem Maul und Kammschuppen. Die vordere Hälfte der langen Rükkenflosse wird von Stachelstrahlen gestützt. Flossen: D XI–XIII/13–15, A III/14–15, P I/5. 68–78 Schuppen entlang der Seitenlinie. Färbung: Rücken und Flanken silbriggrau mit 10–12 gelben oder goldfarbenen Längslinien (Name), über dem Brustflossenansatz ein schwarzer Fleck, Iris goldfarben. Länge: wird bis 30 cm, max. 50 cm lang.
Verbreitung: Ostatlantik von der Biskaya bis Südafrika, Mittelmeer und Schwarzes Meer.
Biologie: Der Gelbstriemen gehört zu den häufigsten Fischarten im seichten Litoral des Mittelmeers. Sie leben in Schwärmen an algenbewachsenen Felsen oder an Posidonia-Wiesen in Tiefen bis 100 m. Sie ziehen aber auch in Brackwasserbereiche und Flußmündungen. Jungfische fressen hauptsächlich planktische Kleinkrebse. Erwachsene Tiere ernähren sich überwiegend pflanzlich. Man kann oft beobachten, wie sie in dichten Schwärmen Algen (z. B. Meersalat) von den Felsen weiden.
Fortpflanzung: Gelbstriemen sind protandrische Zwitter, die erst als Männchen geschlechtsreif werden und sich im Verlauf ihrer Entwicklung in Weibchen umwandeln. Im Mittelmeer laichen sie von März bis April und von September bis Oktober. Die abgelegten Eier und die geschlüpften Larven treiben pelagisch im Meer.
Sonstiges: Gelbstriemen werden am Mittelmeer oft auf Fischmärkten als Speisefische angeboten.

Goldstriemen

Boops boops (LINNAEUS, 1758) Sparidae, Meerbrassen

Merkmale: Der Goldstriemen hat einen langgestreckten, schlanken Körper mit großen Augen, endständigem Maul und Kammschuppen. Seine lange, ungeteilte Rückenflosse wird im vorderen Bereich von Stachelstrahlen getragen. Flossen: D XIII–XV/15–16, A III/15–16, P I/5. 70–78 Schuppen entlang der Seitenlinie. Färbung: Rücken und Flanken graublau mit dunkler Seitenlinie und mehreren goldfarbenen Längslinien, Bauch weiß. Länge: bis 30 cm.

Verbreitung: Ostatlantik von der Nordsee bis Angola, Kanarische Inseln und Mittelmeer.

Biologie: Goldstriemen sind Schwarmfische, welche küstennahe Gewässer in Tiefen bis 150 m besiedeln. Häufig trifft man sie an mit Algen überwachsenen Felsen oder an Posidonia-Wiesen.

Die Jungfische ernähren sich von planktischen Kleinkrebsen, erwachsene von Krebsen, aber auch von Schwämmen und Algen.

Fortpflanzung: Goldstriemen sind protogyne Zwitter, d. h., sie werden erst als Weibchen geschlechtsreif und wandeln sich später in Männchen. Der Laich eines Weibchens kann bis über 300.000 Eier umfassen. Im Mittelmeer reicht die Laichzeit von März bis April. Die abgelegten Eier (ca. 0,9 mm) und die mit einer Länge von ca. 3 mm schlüpfende Brut treiben pelagisch im Meer. Die Geschlechtsreife tritt bei einer Länge von 16 cm ein. Die Jungfische halten sich häufig unter den Medusen großer Quallen (Scyphozoen) auf.

Sonstiges: Als Speisefische haben Goldstriemen nur eine geringe fischereiwirtschaftliche Bedeutung.

Streifenlippfisch, Kuckucks-Lippfisch

Labrus bimaculatus LINNAEUS, 1758 Labridae, Lippfische

Merkmale: Der Streifenlippfisch hat einen langgestreckten Körper und einen langen, spitzen Kopf. Am endständigen Maul befinden sich dicke, fleischige Lippen (Name). Die lange Rükkenflosse wird im vorderen Bereich von Stachelstrahlen getragen. Flossen: D XVI–XVIII/11–14, A III/10–12, P 16. 45–48 Schuppen entlang der Seitenlinie. Färbung: Geschlechtsreife Männchen und Weibchen sind unterschiedlich gefärbt (Geschlechtsdimorphismus). Die Männchen sind braun oder gelb gefärbt und haben blaue Längslinien auf den Flanken, am Kopf und auf den Flossen (Abbildung rechts, oben). In der Laichzeit haben sie einen weißen Fleck auf der Stirn (Abbildung rechts, Mitte). Die Weibchen sind rot oder orange gefärbt. Auf dem Rükken, unter dem hinteren Bereich der Rückenflosse, befinden sich bei ihnen 3 schwarze und 4 weiße Flecken, die in einer Reihe angeordnet sind (Abbildung rechts, unten). Länge: Weibchen bis 30 cm, Männchen bis 40 cm.
Verbreitung: Nordostatlantik von Skandinavien und Schottland bis Senegal und Mittelmeer.
Biologie: Streifenlippfische leben einzeln oder paarweise an algenbewachsenen Felsen oder *Posidonia*-Wiesen in Tiefen von 2–200 m. Sie sind tagaktiv und verstecken sich nachts in Felsspalten oder Höhlen. Ihre Nahrung besteht überwiegend aus Krebsen, sie fressen aber auch Würmer, Mollusken und kleine Fische.
Fortpflanzung: Die Laichzeit erstreckt sich im Nordostatlantik von Mai bis Juli und im Mittelmeer von März bis Juni. Streifenlippfische sind protogyne Zwitter, bei denen erst die weiblichen und später die männlichen Geschlechtsprodukte reifen. Die Männchen grenzen in der Laichzeit Reviere ab und bauen in flachen Mulden ein Nest aus Algen, das sie aggressiv bewachen. Die geschlüpften Jungfische leben pelagisch und ziehen mit einer Größe von 5 cm an die Küsten. Mit zwei Jahren werden sie geschlechtsreif. Sie können bis 17 Jahre alt werden.

Gefleckter Lippfisch

Labrus bergylta ASCANIUS, 1767 Labridae, Lippfische

Merkmale: Der Körper des Gefleckten Lippfischs ist langgestreckt, hochrückig und seitlich abgeflacht. Am seinem spitzen Kopf befindet sich ein endständiges Maul mit dicken, bei älteren Exemplaren wulstigen Lippen (Name). Die Körperhöhe ist größer als die Kopflänge. Seine lange Rückenflosse besteht im vorderen Bereich aus Stachelstrahlen, im hinteren Bereich aus Weichstrahlen. Flossen: D XIX–XXI/10–11, A III/8–10, P 14–15. 41–47 Schuppen entlang der Seitenlinie. Färbung: Zwischen den Geschlechtern gibt es keine deutlichen Unterschiede. Die Färbung ist je nach Gewässer und Alter extrem unterschiedlich ausgeprägt. Ihr Körper ist braun, rot oder grün gefärbt. Auf den Schuppen und den Flossen befinden sich helle Flecken. Bei einigen Formen ziehen sich unregelmäßige dunkle Bänder und Flecken über die Flanken und dunkle Linien über den Kopf. Jungfische sind meist smaragdgrün gefärbt. Länge: bis 60 cm.

Verbreitung: Nordostatlantik von Norwegen und Schottland bis Marokko, Kanarische Inseln und westliches Mittelmeer.

Biologie: Gefleckte Lippfische besiedeln einzeln oder paarweise seichte Küsten mit algenbewachsenen Felsen oder *Posidonia*-Wiesen in Tiefen von 2–20 m. Man findet sie auch in Gezeitentümpeln. Nachts verstecken sie sich in Felsspalten oder Höhlen. Sie fressen überwiegend Krebse und Mollusken.

Fortpflanzung: Die Laichzeit erstreckt sich von April bis August. Die Männchen werden dann revierbildend und bauen in flachen Mulden ein Nest aus pflanzlichem Material. Die Larven schlüpfen mit einer Länge von 4 mm aus den gelben Eiern (1,1 mm) und leben zunächst pelagisch. Im Herbst ziehen sie an die Küsten, wo sie sich meist in der Gezeitenzone aufhalten. Sie werden nach 2 Jahren geschlechtsreif und bis 18 Jahre alt.

Grüner Lippfisch

Labrus viridis LINNAEUS, 1758 Labridae, Lippfische

Merkmale: Der Grüne Lippfisch hat einen langgestreckten Körper, dessen Höhe kleiner als die Kopflänge ist. Am spitzen Kopf befindet sich ein endständiges, mit dicken Lippen versehenes, weites Maul. Der vordere Bereich der langen Rückenflosse besteht aus Stachelstrahlen und ist niedriger als der hintere. Flossen: D XVII–XIX/10–14, A III/9–13. 41–49 Schuppen entlang der Seitenlinie.

Färbung: Variabel, Körper einfarbig grün oder mit smaragdgrünen Punkten, die eine netzartige Zeichnung ergeben. Bei geschlechtsreifen Männchen befindet sich oft ein weißer Längsstreifen entlang der Seitenlinie. Auf den Flanken finden sich bei einigen Formen schwarze Flecken. Länge: bis 50 cm.

Verbreitung: Ostatlantik von Portugal bis Marokko, Mittelmeer und südliches Schwarzes Meer.

Biologie: Der Grüne Lippfisch bewohnt einzeln oder paarweise seichte Küsten mit algenbewachsenen Felsen oder *Posidonia*-Wiesen in Tiefen von 2–50 m. Er frißt überwiegend Krebse und Mollusken.

Fortpflanzung: Die Laichzeit liegt im westlichen Mittelmeer in den Monaten von Februar bis Juni. Die klebrigen Eier werden an Tang- oder *Posidonia*-Wiesen abgelegt und vom Männchen bewacht. Der Grüne Lippfisch ist ein protogyner Zwitter, bei dem die weiblichen Geschlechtsprodukte vor den männlichen reifen. Grüne Lippfische können nach 2 Jahren geschlechtsreif und bis 18 Jahre alt werden.

Brauner Lippfisch

Labrus merula LINNAEUS, 1758 Labridae, Lippfische

Merkmale: Der Braune Lippfisch hat einen länglichen, seitlich abgeflachten Körper, dessen Höhe die Kopflänge übertrifft. Sein mit dicken Lippen versehenes Maul sitzt endständig. Der hintere, von Weichstrahlen gestützte Bereich der Rückenflosse ist höher als der vordere. Flossen: D XVII–XIX/11–14, A II/8–12. 40–48 Schuppen entlang der Seitenlinie. Färbung: Rücken und Flanken braun oder olivfarben, Rücken-, Schwanz- und Afterflosse blau gesäumt. Länge: bis 45 cm.
Verbreitung: Ostatlantik von Portugal bis Marokko und Mittelmeer.
Biologie: Braune Lippfische besiedeln bevorzugt küstennahe Gewässer mit algenbewachsenen Felsen oder *Posidonia*-Wiesen in Tiefen von bis zu 50 m. Die Jungfische ziehen in kleinen Schulen umher, ältere Exemplare leben einzeln oder paarweise. Ihre Nahrung besteht aus Würmern, Mollusken, Krebsen und Stachelhäutern z. B. Seeigeln und Seegurken.
Fortpflanzung: Im Mittelmeer reicht die Laichzeit von Februar bis Mai. Die klebrigen Eier werden an Algen oder Seegras abgelegt und vom Männchen bewacht. Der Braune Lippfisch wird nach zwei Jahren geschlechtsreif und bis zu 17 Jahre alt.

Pfauenlippfisch

Symphodus tinca (LINNAEUS, 1758) Labridae, Lippfische

Merkmale: Der Pfauenlippfisch hat einen länglich-ovalen, seitlich abgeflachten Körper mit langer Schnauze und endständigem Maul. Seine dicken Lippen sind wulstartig vergrößert. Seine lange, ungeteilte Rückenflosse wird im vorderen Bereich von Stachelstrahlen gestützt. Flossen: D XIV–XVI/10–11, A III/8–11. 33–38 Schuppen entlang der Seitenlinie. Färbung: Männchen und Weibchen sind unterschiedlich gefärbt (Sexualdimorphismus). Bei Weibchen und in Revierkämpfen unterlegenen Männchen Rücken- und Flanken braun oder olivfarben mit zwei dunklen Längsbinden. Jeweils ein dunkler Fleck am Brustflossenansatz und im unteren Bereich des Schwanzstiels und eine dunkle Binde zwischen Augen und Maul (siehe Abbildung rechts unten). Die Männchen tragen in der Laichzeit ein farbenprächtiges „Hochzeitskleid“ (Saisondimorphismus). Ihr Körper ist dann leuchtend gelb gefärbt und mit violetten oder roten Punkten versehen, die oft zu Längsbinden verschmelzen. Die Flossen sind blau gepunktet und der Kopf türkisgrün gezeichnet (siehe Abbildung rechts oben). Länge: Die Weibchen werden bis zu 25 cm, Männchen hingegen bis 35 cm groß.

Verbreitung: Ostatlantik von Nordspanien bis Marokko, Mittelmeer und Schwarzes Meer.

Biologie: Pfauenlippfische besiedeln seichte Küsten in Tiefen von 1–50 m. Sie halten sich meist in der Nähe von algenbewachsenen Felsen oder *Posidonia*-Wiesen auf. Gelegentlich wandern sie auch in Lagunen ein. Ihr Nahrungsspektrum besteht überwiegend aus Krebsen, Mollusken und Stachelhäutern. Häufig kann man beobachten, wie sie mit dem Kopf im Sand stochern und den Sand auf der Suche nach Nahrung durchkauen. Weiterhin stehen sie oft mit dem Kopf nach oben oder unten im Wasser und fordern dadurch besonders Putzerlippfische (*Symphodus melanocerus)* auf, ihren Körper nach Parasiten abzusuchen. Pfauenlippfische sind überwiegend tagaktiv; nachts ziehen sie sich in Verstecke zurück, wo sie meist auf der Seite am Grund liegen.

Fortpflanzung: In der von April bis Juni reichenden Laichzeit grenzen die Männchen Reviere ab, in denen die Weibchen ihre klebrigen Eier (0,75 mm) auf geputzten Felsmulden zwischen Algen ablegen. Das Gelege wird vom Männchen aggressiv bewacht. Der Pfauenlippfisch ist ein protogyner Zwitter, d. h., er wird erst als Männchen geschlechtsreif und wandelt sich im weiteren Verlauf seiner Entwicklung in ein Weibchen um. Pfauenlippfische werden nach zwei Jahren geschlechtsreif und können ein Alter von 15 Jahren erreichen.

Langschnauzen-Lippfisch

Symphodus rostratus (BLOCH, 1797) Labridae, Lippfische

Merkmale: Der Langschnauzenlippfisch läßt sich durch die stark verlängerte, spitze Schnauze und das konkave Kopfprofil leicht von anderen Lippfischen unterscheiden. Sein Körper ist langgestreckt und seitlich abgeflacht. Die maximale Körperhöhe ist kürzer als die Kopflänge. Das kleine endständige Maul kann weit vorgestreckt werden. Der Hinterrand des Vorkiemendeckels ist mit kleinen Zähnen versehen. Die lange, ungeteilte Rückenflosse besteht im vorderen Bereich aus Stachelstrahlen. Flossen: D XIV–XVI/9–12, A III/9–11. 30–35 Schuppen entlang der Seitenlinie. Färbung: Je nach Gewässer, Alter und Stimmung sehr variabel. Rücken und Flanken grün oder braun und meist unregelmäßig gefleckt. Bauch weiß, Iris des Auges rot. Vom Maul bis zur Rückenflosse zieht sich meist eine weiße Linie. Oft mehrere dunkle Längslinien entlang der Flanken. Beide Geschlechter haben eine Genitalpapille, die sich innerhalb eines schwarzen Flecks am After befindet. Länge: bis 13 cm.

Verbreitung: Mittelmeer und Schwarzes Meer.

Biologie: Der Langschnauzen-Lippfisch besiedelt im Sommer seichte Küsten in Tiefen von 1–20 m. Er lebt gesellig an algenüberwachsenen Felsen oder Posidonia-Wiesen. Er ist überwiegend tagaktiv und ernährt sich hauptsächlich von Kleinkrebsen, die mit dem pipettenartigen Maul eingesaugt werden. Nachts ruht er oft senkrecht zwischen Seegrasblättern.

Fortpflanzung: In der von März bis Juli reichenden Laichzeit grenzen die Männchen Reviere ab und graben im Sand eine Mulde, die mit Algenstückchen gepolstert wird. Diese werden meist mit Sandkörnern beschwert. In dieses Nest locken sie ein oder mehrere Weibchen hintereinander, die dort ihre klebrigen Eier ablegen. Bei der Balz spreizen die in dieser Zeit intensiver gefärbten Männchen die Flossen und umkeisen die Weibchen. Letztere präsentieren ihren silbrig glänzenden, aufgetriebenen Bauch. Das Nest wird bis zum Schlüpfen der Brut vom Männchen bewacht und mit den Brustflossen befächelt. Die grün gefärbten Jungfische bilden mit einer Länge von 1 cm die typische Schnauzenform aus. Der Langschnauzen-Lippfisch kann bis vier Jahre alt werden.

Augenfleck-Lippfisch

Symphodus ocellatus FORSSKAL, 1775 Labridae, Lippfische

Merkmale: Der Augenfleck-Lippfisch hat einen länglich-ovalen, seitlich abgeflachten Körper. Sein kleines Maul ist endständig. Der Vorderkiemendeckel ist am hinteren Rand gezähnelt. Die lange Rückenflosse besteht im vorderen Bereich aus Stachelstrahlen. Flossen: D XIII–XV/8–11, A III/8–11. 30–34 Schuppen entlang der Seitenlinie. Färbung: In Abhängigkeit vom Gewässer, dem Alter und dem Geschlecht extrem variabel. Beide Geschlechter sind grün oder braun gefärbt und haben einen schwarzen Fleck auf der Schwanzwurzel. Die Männchen haben zusätzlich einen dunklen, gesäumten Augenfleck auf den Kiemendeckeln (Name) und blaue Linien am Kopf (siehe Abbildung rechts oben). Darüber hinaus gibt es eine seltene orange oder gelb gefärbte Form (siehe Abbildung rechts unten). Länge: bis 12 cm.
Verbreitung: Mittelmeer und Schwarzes Meer.
Biologie: Der Augenfleck-Lippfisch lebt nahe der Küste in Tiefen von 1–30 m. Er hält sich meist gesellig in der Nähe algenbewachsener Felsen oder Posidonia-Wiesen auf. Sein breites Nahrungsspektrum besteht aus Moostierchen, Nesseltieren, Röhrenwürmern, Mollusken und Kleinkrebsen.
Fortpflanzung: Die Laichzeit reicht von April bis Juli. Die Männchen werden in dieser Zeit revierbildend. Sie bauen bis sechs z. T. mehrere Meter voneinander entfernte Nester in Form von handtellergroßen Mulden in den Sand, die mit Algenteilen gepolstert werden. Man kann oft beobachten, wie sie geeignete Algenstücke über größere Entfernungen zum Nest transportieren. Die Weibchen halten sich in kleinen Gruppen in der Nähe der Reviere auf. Sie werden vom Männchen zum Nest gelockt, wo sie bis zu 200 klebrige Eier (0,5 mm) ablegen. Der Augenfleck-Lippfisch ist ein protogyner Zwitter, d. h., er wird erst als Weibchen geschlechtsreif und wandelt sich bei einer Länge von ca. 6 cm in ein Männchen um. Interessanterweise dulden große Männchen mehrere kleine in der Nähe des Nestes. Diese beteiligen sich an der Befruchtung der Eier, jedoch nicht an der Brutpflege. Die Geschlechtsreife tritt bei den Jungfischen bereits nach einem Jahr ein. Augenfleck-Lippfische können bis zu fünf Jahre alt werden.
Sonstiges: Der Augenfleck-Lippfisch ist ein fakultativer Putzerfisch, d. h., er frißt gelegentlich Parasiten von der Haut anderer Fischarten.

Achselfleck-Lippfisch, Mittelmeer-Lippfisch

Symphodus mediterraneus (LINNAEUS, 1758) Labridae, Lippfische

Merkmale: Länglich-ovaler, seitlich abgeflachter Körper mit spitzer Schnauze und vorstreckbarem, endständigem Maul. Der hintere, von Gliederstrahlen getragene Teil der langen Rükkenflosse ist höher als der vordere, von Stachelstrahlen gestützte. Flossen: DXV–XVII/8–11, A III/8–12. Entlang der Seitenlinie 30–35 Schuppen. Färbung: Männchen und Weibchen sind unterschiedlich gefärbt (Sexualdimorphismus). Beide mit großem, schwarzen Fleck auf der Schwanzwurzel und an der Brustflossenbasis (Name). Letzterer ist beim Männchen gelb gesäumt. Rücken und Flanken braun bis rötlich, Bauch hell. Männchen in der Laichzeit mit irisierenden blauen Flecken und Linien sowie schwarzer Genitalpapille. Länge: bis 18 cm.
Verbreitung: Ostatlantik von Portugal bis Marokko und Mittelmeer.

Biologie: Der Achselfleck-Lippfisch lebt einzeln oder paarweise an küstennahen Gewässern mit algenbewachsenen Felsen oder Seegraswiesen in Tiefen von 1–50 m. Die Nahrung besteht aus Moostierchen, Röhrenwürmern, Mollusken und Stachelhäutern.
Fortpflanzung: In der von April bis Juli reichenden Laichzeit grenzen die Männchen Reviere ab, in denen sie flache Nestmulden graben, mit Algenfäden polstern und diese mit Sand bespucken. Anschließend werden laichreife Weibchen zum Nest gelockt, wo sie die klebrigen Eier ablegen. Das Gelege wird vom Männchen bis zum Schlüpfen der Brut bewacht. Protogyner Zwitter, d. h., die nach zwei Jahren und mit einer Länge von 9 cm geschlechtsreifen Weibchen wandeln sich meist im darauffolgenden Jahr in Männchen um.

Goldmaid

Symphodus melops (LINNAEUS, 1758) Labridae, Lippfische

Merkmale: Die Goldmaid hat einen ovalen, hochrückigen Körper, der höher als der Kopf lang ist. Die Schnauze ist spitz, das mit dicken Lippen versehene Maul endständig. Der Rand des Vorderkiemendeckels ist gezackt. Geschlechtsreife Tiere haben eine Genitalpapille. Der von Gliederstrahlen getragene, hintere Bereich der Rückenflosse ist höher als der vordere Teil. Flossen: D XIV–XVII/8–10, A III/ 8–11, P 15. 31–37 Schuppen entlang der Seitenlinie. Färbung: Variabel, die Männchen sind braun, rötlich oder grün gefärbt, mit undeutlichen dunklen Flekken versehen und haben hellblaue Linien am Kopf. Die Weibchen sind dunkelbraun. Beide Geschlechter haben hinter dem Auge einen blauschwarzen, halbmondförmigen Fleck und am Schwanzstiel einen dunklen Fleck. Länge: wird bis 16 cm, max. 28 cm lang.

Verbreitung: Nordostatlantik von Norwegen über die Britischen Inseln bis Nordafrika, Nord- und Ostsee, westliches Mittelmeer und Adria.

Biologie: Die Goldmaid lebt an algenbewachsenen Felsenküsten oder Seegraswiesen in Tiefen von 1–30 m und kommt auch in Lagunen und Gezeitentümpeln vor. Man trifft sie einzeln oder in kleinen Trupps an. Sie fressen verschiedene wirbellose Kleintiere.

Fortpflanzung: Die Männchen werden in der von April bis Juli reichenden Laichzeit revierbildend und bauen aus Algen ein Nest in flachen Felsmulden. Die geschlüpften Jungfische leben zunächst planktisch und ziehen mit einer Länge von 2 cm an die Küsten, wo sie sich häufig in der Gezeitenzone aufhalten. Sie werden nach 2–3 Jahren geschlechtsreif und bis zu neun Jahre alt.

Fünffleckiger Lippfisch

Symphodus roissali (RISSO, 1810) Labridae, Lippfische

Merkmale: Ovaler, hochrückiger, seitlich abgeflachter Körper mit spitzer Schnauze und endständigem Maul. Der vordere Bereich der langen Rückenflosse wird von Stachelstrahlen getragen. Flossen: D XIV–XIV/8–10, A III/8–10. 30–35 Schuppen entlang der Seitenlinie. Färbung: Extrem variabel, Rücken und Flanken braun oder grau mit dunklen Flecken, die meist 3–5 unregelmäßige Querbinden bilden. Die Rückenflosse meist mit mehreren dunklen Flecken und ein dunkler Fleck an der Schwanzwurzel. Im Unterschied zur ähnlichen Goldmaid kein blauschwarzer halbmondförmiger Fleck hinter den Augen Länge: bis 15 cm.

Verbreitung: Ostatlantik von der Biskaya bis Gibraltar, Mittelmeer und Schwarzes Meer.

Biologie: Der Fünffleckige Lippfisch kommt an seichten Küsten mit algenbewachsenen Felsen oder *Posidonia*-Wiesen in Tiefen von 1–30 m vor. Er lebt bodenorientiert und hält sich meist in der Nähe von Verstecken auf. Er ernährt sich von einem breiten Spektrum wirbelloser Kleintiere. Fortpflanzug: In der von April bis Juni reichenden Laichzeit grenzen die Männchen Reviere ab, in denen sie Nester in Form von flachen Mulden bauen, die mit Algenfäden gepolstert werden. Die klebrigen Eier (0,8 mm) werden bis zum Schlüpfen der Brut vom Männchen bewacht und befächelt. Die Geschlechtsreife tritt nach einem Jahr ein. Diese Art ist wahrscheinlich wie andere Lippfische ein protogyner Zwitter und kann ein Höchstalter von acht Jahren erreichen.

Grauer Lippfisch

Symphodus cinereus (Bonaterre, 1788) Labridae, Lippfische

Merkmale: Länglich-ovaler Körper mit langem Kopf und endständigem Maul. Der Hinterrand des Vorderkiemendeckels ist gezähnelt. Der hintere, von Gliederstrahlen getragene Teil der langen Rückenflosse ist höher als der vordere. Flossen: D XII–XV/8–11, A III/7–10. 30–35 Schuppen entlang der Seitenlinie. Färbung: Variable Art, Körper grau oder braun gefärbt und mit einem schwarzen Fleck am unteren Ansatz der Schwanzflosse. In der Laichzeit haben die Männchen blaue Linien am Kiemendeckel und eine blaugesäumte Rücken- und Afterflosse. Den Weibchen fehlen diese Merkmale. Sie haben meist zwei braune Längslinien und bilden in der Laichzeit eine schwarze, bis 0,5 cm lange Genitalpapille aus. Länge: bis 16 cm.

Verbreitung: Ostatlantik von der Biskaya bis Gibraltar, Mittelmeer.

Biologie: Graue Lippfische besiedeln standorttreu das Litoral in Tiefen von 1–20 m. Man findet sie meist gesellig oder paarweise in der Nähe von algenbewachsenen Felsen oder Seegraswiesen. Sie fressen hauptsächlich kleine Krebse und Mollusken.

Fortpflanzung: Der Graue Lippfisch ist ein protogyner Zwitter. Er wird nach einem Jahr und bei einer Länge von 4 cm als Weibchen geschlechtsreif und wandelt sich meist im folgenden Jahr und bei einer Länge von 7 cm in ein Männchen um. Diese grenzen in der Laichzeit Reviere ab, in denen sie flache Mulden graben, diese mit Algen- oder Posidoniastückchen polstern und danach mit Sand bespucken. Das Männchen bewacht und befächelt den Laich bis zum Schlüpfen der Brut. Graue Lippfische können bis sieben Jahre alt werden.

Langstreifiger Lippfisch

Symphodus doderleini JORDAN, 1891 Labridae, Lippfische

Merkmale: Der Langstreifige Lippfisch hat einen langgestreckten, seitlich abgeflachten Körper mit langem Kopf und spitzer Schnauze. Das mit dicken Lippen versehen Maul steht endständig. Flossen: D XIII–XVI/ 9–11, A III/8–10. 33–36 Schuppen entlang der Seitenlinie. Färbung: Männchen und Weibchen sind unterschiedlich gefärbt (Sexualdimorphismus). Diese Art wird durch einen dunkelbraunen, meist hell gesäumten, von der Schnauze über die Augen bis zum Schwanz reichenden Streifen und durch einen dunklen Fleck an der Schwanzwurzel charakterisiert. Der Bauch ist rötlich gefärbt. Länge: bis 10 cm.

Verbreitung: Mittelmeer.

Biologie: Der Langstreifige Lippfisch ist eine weniger häufige Art, die nahe der Küste an algenbewachsenen Felsen oder Seegraswiesen in Tiefen von 2–40 m lebt. Man trifft sie meist einzeln oder paarweise an. Ihre Nahrung setzt sich aus Moostierchen, Röhrenwürmern, Mollusken und kleinen Krebsen zusammen.

Fortpflanzung: Über die Fortpflanzung dieser Art ist nur wenig bekannt. Die Laichzeit erstreckt sich von Mai bis Juli. Die Männchen grenzen Reviere ab und bauen mit Algenstückchen gepolsterte Nester im Sand.

Putzer-Lippfisch, Schwarzschwanz-Lippfisch

Symphodus melanocerus (RISSO, 1810) Labridae, Lippfische

Merkmale: Der Putzer-Lippfisch hat einen länglichen, schlanken, seitlich abgeflachten Körper mit kleinem endständigem Maul. Der Kopf ist länger als die maximale Körperhöhe. Flossen: D XV–XVII/6–10, A III/8–11. 30–38 Schuppen entlang der Seitenlinie. Färbung: Der Putzer-Lippfisch läßt sich durch die breite schwarze, meist blau gesäumte Schwanzflosse leicht von anderen Lippfischarten unterscheiden Sein Körper ist braun bis bläulich gefärbt. Die Männchen haben in der Laichzeit meist bläuliche Punkte auf den Flanken und blaue Streifen am Kopf. Länge: wird bis 12 cm, selten bis 14 cm lang.

Verbreitung: Mittelmeer.

Biologie: Der Putzer-Lippfisch ist ein häufig vorkommender Bewohner der Küste, der sich meist standorttreu in der Nähe von algenüberwachsenen Felsen oder Seegraswiesen in Tiefen von 1–30 m aufhält. Besonders die Jungfische betätigen sich als Putzerfische, die Parasiten oder Schleimhautreste von anderen Fischarten fressen. Es gibt Exemplare, die sich fast ausschließlich auf diese Weise ernähren und solche, die zusätzlich Moostierchen, Röhrenwürmer und kleine Krebse fressen. Der Putzer-Lippfisch hält sich häufig an festen Plätzen auf und wird von anderen Fischarten meist durch ein charakteristisches Verhalten zum Putzen aufgefordert.

Fortpflanzung: Die Laichzeit erstreckt sich im nördlichen Mittelmeer von April bis Juli. Die Männchen werden dann revierbildend, bauen aber keine Nester. Die klebrigen Eier werden auf Algen abgelegt.

Klippenbarsch

Ctenolabrus rupestris (LINNAEUS, 1758) Labridae, Lippfische

Merkmale: Der Klippenbarsch hat einen länglichen, schlanken Körper mit spitzer Schnauze und einem kleinen, endständigen Maul. Am Hinterrand seiner Vorderkiemendeckel befinden sich kleine spitze Dornen. Der hintere, von Gliederstrahlen getragene Teil der langen Rükkenflosse ist höher als der vordere, von Stachelstrahlen gestützte Bereich. Flossen: D XVI–XVII/8–10, A III/7–8, P15. 35–39 Schuppen entlang der Seitenlinie. Färbung: Rücken und Flanken braun oder rötlich mit dunklen Punktreihen, Bauch hell. Am oberen Ansatz der Schwanzflosse und an den vorderen Strahlen der Rückenflosse je ein schwarzer Fleck. Länge: wird bis 12 cm, max. 18 cm lang.

Verbreitung: Nordostatlantik von Norwegen über die Britischen Inseln bis Marokko, Nordsee, westliche Ostsee, Mittelmeer und Schwarzes Meer.

Biologie: Der Klippenbarsch lebt an algenbewachsenen Felsen, Tang- oder Seegraswiesen in Tiefen von 1–20 m, ältere Exemplare selten bis 50 m. Er frißt Moostierchen, Schnecken und kleine Krebse.

Fortpflanzung: Im nördlichen Verbreitungsgebiet reicht die Laichzeit von Juli bis August, in der Nordsee von April bis August und im Mittelmeer von Januar bis Juli. Die Männchen grenzen in dieser Zeit Reviere (bis 2 m^2) ab. Die glasklaren Eier (1mm) und die nach zwei Tagen schlüpfende Brut treiben pelagisch im Meer. Die Jungfische werden nach zwei Jahren und mit einer Länge von 8 cm geschlechtsreif. Klippenbarsche können bis acht Jahre alt werden.

Sattelfleck-Lippfisch

Acantholabrus palloni (Risso, 1810) Labridae, Lippfische

Merkmale: Der Sattelfleck-Lippfisch hat einen länglichen, seitlich abgeflachten Körper mit spitzem Kopf und einem relativ großen endständigen Maul. Seine Kopflänge ist kleiner als seine Körperhöhe. Auf dem Kopf befinden sich mehrere große Poren. Die Rückenflosse reicht vom Ansatz der Brustflossen bis zum Hinterrand der Afterflosse. Flossen: D XIX–XXI/7–10, A IV–VI/5–8. 39–45 Schuppen entlang der Seitenlinie. Färbung: Beide Geschlechter sind auf der Oberseite hellbraun bis rötlich und auf der Unterseite weißlich gefärbt. Am oberen Übergang von der Schwanzwurzel zur Schwanzflosse trägt diese Art einen charakteristischen, schwarzen Sattelfleck. Länge: bis 25 cm.

Verbreitung: Ostatlantik von Südnorwegen bis Westafrika, Azoren, Madeira, Kanarische Inseln und gesamtes Mittelmeer.

Biologie: Der Sattelfleck-Lippfisch ist eine relativ seltene Art. Er besiedelt als Einzelgänger das Litoral felsiger oder sandiger Küsten. Er kommt in Tiefen bis 60 m , im Mittelmeer bis 250 m vor. Seine Nahrung besteht aus kleinen Krebsen, Schnecken und Würmern.

Fortpflanzung: Über seine Fortpflanzung ist kaum etwas bekannt.

Meerpfau

Thalassoma pavo (LINNAEUS 1758) Labridae, Lippfische

Merkmale: Der Meerpfau hat einen länglichen, seitlich abgeflachten Körper mit abgerundetem Kopfprofil (ältere Männchen oft mit Stirnbuckel) und endständigem Maul. Besonders bei älteren Exemplaren sind die äußeren Strahlen der Schwanzflosse fadenartig ausgezogen. Flossen: D VIII/12–13, A III/10–12. 26–31 Schuppen entlang der Seitenlinie. Diese ist am Übergang zum Schwanzstiel geknickt. Färbung: Männchen und Weibchen sind unterschiedlich gefärbt (Sexualdimorphismus). Die Männchen sind grün gefärbt und mit dunklen Querlinien auf jeder Schuppenreihe versehen (siehe Abbildung rechts oben). Vom Vorderrand der Rückenflosse bis zu den Bauchflossen tragen sie meist ein rötliches Band. Am Kopf haben sie blaue Linien. Jungfische und Weibchen sind grün gefärbt und mit 5 blauen Längstreifen versehen. Unterhalb der Rückenflosse befindet sich ein schwarzer Fleck (siehe Abbildung rechts unten) Länge: bis 25 cm.

Verbreitung: Ostatlantik von Portugal bis Westafrika, Kanarische Inseln und Mittelmeer.

Biologie: Der Meerpfau besiedelt Felsküsten oder Seegraswiesen in Tiefen von 1–50 m, selten bis 150 m. Während Jungfische oft gesellig umherziehen, leben die Männchen einzeln und bilden Reviere. Der Meerpfau ist tagaktiv. Nachts und bei Gefahr gräbt er sich in den Sand ein. Seine Nahrung setzt sich aus einem breiten Spektrum wirbelloser Kleintiere (überwiegend Krebse und Mollusken) zusammen. Jungfische und Weibchen putzen gelegentlich andere Fischarten, wobei sie Parasiten von deren Haut fressen.

Fortpflanzung: Die Laichzeit reicht von Mai bis Juli. Die Eier enthalten einen Öltropfen für den Auftrieb und treiben pelagisch im Meer. Der Meerpfau ist ein protogyner Zwitter, der erst als Weibchen geschlechtsreif wird und sich im weiteren Verlauf seiner Entwicklung in ein Männchen umwandeln kann.

Meerjunker

Coris julis (LINNAEUS, 1758) Labridae, Lippfische

Merkmale: Der Meerjunker hat einen langgestreckten, schlanken Körper mit spitzer Schnauze und ein kleines, endständiges Maul mit dicken Lippen. Männchen mit drei verlängerten Stachelstrahlen an der langen Rückenflosse. Flossen: D VIII–X/11–12, A III/11–12. 73–80 Schuppen entlang der Seitenlinie. Färbung: Rücken braun, Bauch weiß. Männchen und Weibchen sind unterschiedlich gefärbt (Sexualdimorphismus). Flanken der Weibchen mit braunem Längsstreifen. Die Männchen haben einen schwarzen Fleck am Vorderrand der Rückenflosse und hinter den Brustflossen sowie ein orangefarbenes, zickzackförmiges, blau gesäumtes Band, das von der Schnauze bis zum Schwanz reicht. Länge: Weibchen bis 18 cm, Männchen bis 25 cm.

Verbreitung: Ostatlantik von der Biskaya bis Nordafrika, Kanarische Inseln, Mittelmeer und Schwarzes Meer. In der Nordsee nur selten.

Biologie: Meerjunker sind im westlichen Mittelmeer häufig und leben einzeln oder gesellig an Felsküsten oder Seegraswiesen in Tiefen von 1–120 m. Sie sind elegante, tagaktive Schwimmer. Nachts und bei Gefahr graben sie sich im Sand ein. Ihre Nahrung besteht aus einem breiten Spektrum wirbelloser Kleintiere. Gelegentlich betätigen sie sich als Putzerfische.

Fortpflanzung: Die Laichzeit erstreckt sich von April bis August. Die pelagischen Eier (0,6 mm) haben im inneren einen Öltropfen für den Auftrieb. Die nach zwei Tagen schlüpfende Brut treibt im Meer. Der Meerjunker ist ein protogyner Zwitter, der erst als Weibchen (nach einem Jahr) geschlechtsreif wird und sich später in ein Männchen umwandelt.

Schermesserfisch, Sandtaucher

Xyrichthys novacula (LINNAEUS, 1758) Labridae, Lippfische

Merkmale: Hoher, seitlich abgeflachter Körper mit steilem Kopfprofil und kleinen Augen. Kleines, tief sitzendes Maul mit vorstreckbaren Kiefern. Bauchflossen unterhalb der Brustflossen. Flossen: D IX–X/11–12, A III/11–13. 24–29 Schuppen entlang der Seitenlinie. Färbung: Die Männchen sind grünlich, die Weibchen rötlich gefärbt und mit feinen blauen Linien am Kopf versehen. Beide Geschlechter sind normalerweise blaß gefärbt. Bei Streß färben sie sich dunkler und bilden undeutliche rotbraune Längs- und Querbinden aus. Länge: bis 30 cm.

Verbreitung: Ost- (Portugal bis Westafrika) und Westatlantik (Nordcarolina bis Brasilien), Kanarische Inseln, Mittelmeer,

Biologie: Schermesserfische besiedeln bevorzugt Sand- und Schlammküsten in Tiefen von 5–50 m. Im Winter ziehen sie in tiefere Regionen. Man trifft sie regelmäßig an *Posidonia*-Wiesen. Sie sind relativ scheu und graben sich bei Gefahr ein. Ihre Nahrung besteht aus kleinen wirbellosen Bodentieren.

Fortpflanzung: In der von Juli bis September reichenden Laichzeit grenzen die Männchen Reviere ab, die sie aggressiv gegen Rivalen verteidigen. Bei den laichreifen Weibchen schimmern die roten Ovarien durch die Bauchdecke und bilden so ein optisches Signal für das balzende Männchen. Die Eier (0,6 mm) treiben pelagisch mit der Strömung. Die Larven schlüpfen mit einer Länge von 1,6 mm und bilden mit 3–6 cm die für diese Fischart charakteristische Körperform aus. Schermesserfische sind protogyne Zwitter; sie werden erst als Weibchen geschlechtsreif und wandeln sich bei einer bestimmten Größe in Männchen um. Sie können bis acht Jahre alt werden.

Nacktsandaal

Gymnammodytes semisquamatus (JOURDAIN, 1879) Ammodytiae, Sandaale

Merkmale: Nacktsandaale haben einen schlangenförmigen, langgestreckten, schlanken Körper mit langem Kopf und spitzer Schnauze. Ihr oberständiges Maul ist nicht bezahnt. Die Seitenlinie hat rechtwinklig verlaufenden Querkanäle. Am Vorderkörper haben sie keine Schuppen (Name). Der freie Rand der Rückenflosse ist wellenförmig ausgeprägt, da die Weichstrahlen unterschiedlich lang sind. Flossen: D 56–59, A 28–32. Färbung: Oberseite grün oder goldfarben, Unterseite silbrig, am Kopf ein dunkelblauer Fleck. Länge: bis 28 cm.
Verbreitung: Nordostatlantik von Norwegen bis Portugal, Nordsee.
Biologie: Der Nacktsandaal ist ein schwarmbildender Bewohner der Schelfregionen. Er kommt in Tiefen von 20–200 m vor und lebt bevorzugt über Geröll- oder Muschelhalden. Seine Nahrung besteht aus Zooplankton (Kleinkrebsen) und Fischlarven. Gräbt sich bei Gefahr im Sediment ein.
Fortpflanzung: Die Laichzeit reicht in der Nordsee von März bis August. Im südlichen Verbreitungsgebiet liegt sie im Winter. Die Eier werden über Sand- und Muschelhalden abgelegt. Nacktsandaale können über fünf Jahre alt werden.
Sonstiges: Im nördlichen Mittelmeer und im Schwarzen Meer gibt es eine nahverwandte Art, den Mittelmeer-Nacktsandaal *G. cicerelus* (RAFINESQUE, 1810). Dieser wird nur 17 cm lang, hat an der Seitenlinie kürzere untere Querkanäle und einen dunkelblauen Fleck auf dem Kopf. Flossen: D 53–59, A 27–32.

Kleiner Sandaal, Tobiasfisch

Ammodytes tobianus LINNAEUS, 1758 Ammodytidae, Sandaale

Merkmale: Langgestreckter, schlanker Körper mit langem Kopf, spitzer Schnauze, oberständigem Maul und zahnlosen Kiefern. Die Haut bildet auf den Flanken diagonale Falten. Die kleinen Schuppen sind tief in die Haut eingebettet. Flossen: D 49–58, A 25–32. Färbung: Rücken blaugrün, Flanken silbrig. Länge: bis 20 cm.

Verbreitung: Nordostatlantik von Nordnorwegen und Island bis Portugal, Nordsee und westliche Ostsee. Wahrscheinlich auch im Mittelmeer. Innerhalb des Verbreitungsgebietes gibt es mehrere Unterarten.

Biologie: Sandaale sind häufig vorkommende, schwarmbildende Bewohner küstennaher Gewässer mit Sandgrund, in den sie sich tagsüber oft eingraben. Sie sind überwiegend nachtaktiv und ernähren sich von Zooplankton und Fischlarven.

Fortpflanzung: Im Hinblick auf die Laichzeit lassen sich zwei Formen unterscheiden: Herbst- und Frühjahrslaicher. Die Rogener legen je nach Größe jeweils 4.000–22.000 klebrige, ovale orangefarbene Eier (0,7–1 mm) über Sand ab. Die Larven schlüpfen nach 2–3 Wochen mit einer Länge von 4–8 mm und leben pelagisch. Sandaale können bis 4 Jahre alt werden.

Sonstiges: Im gleichen Verbreitungsgebiet lebt auch der bis 40 cm lange Große Sandaal (*Hyperoplus lanceolatus*, LE SAUVAGE, 1824). Er unterscheidet sich vom Kleinen Sandaal durch einen schwarzen Fleck am Oberkiefer und die nur knapp bis zum Ansatz der Rückenflosse reichenden Brustflossen. Sandaale sind als Nahrung für größere Fischarten und als Speisefische wirtschaftlich bedeutend.

Ährenfisch, Streifenfisch

Atherina presbyter CUVIER, 1829 Atherinidae, Ährenfische

Merkmale: Ährenfische haben einen langgestreckten Körper mit leicht oberständigem, schräg nach oben gerichtetem Maul. Der Körper ist mehr als viermal so lang wie der Körper. Zwei Rückenflossen, wobei die hintere über der Afterflosse liegt. Flossen: D1 VII–VIII, D2 I/12–14, A I/14–16. 52–57 Schuppen entlang der Seitenlinie. Färbung: Körper durchscheinend, Rücken graublau, Flanken und Bauch silbrigweiß. Entlang der Flanken ein grauer Längsstreifen. Länge: bis 16 cm
Verbreitung: Ostatlantik vom Kattegat bis Marokko, Nordsee und westliches Mittelmeer.
Biologie: Ährenfische sind schwarmbildende Bewohner küstennaher Gewässer in Tiefen bis 20 m. Sie wandern gelegentlich in Lagunen oder Flußmündungen ein. Jungfische kommen auch in Gezeitentümpeln vor. Sie halten sich meist in der Nähe der Wasseroberfläche auf und ernähren sich von Zooplankton und Fischlarven.
Fortpflanzung: Die Laichzeit erstreckt sich von April bis Juli. Die Eier (1,8–2 mm) sind mit feinen Fäden versehen und haften an Algen oder Steinen. Die Larven schlüpfen mit einer Länge von 7 mm. Ährenfische können bis vier Jahre alt werden.

Kleiner Ährenfisch

Atherina boyeri (RISSO, 1810) Atherinidae, Ährenfische

Merkmale: Der Kleine Ährenfisch hat einen langgestreckten, schlanken Körper mit zwei Rückenflossen und stumpfer Schnauze. Das oberständige Maul ist schräg nach oben gerichtet. Der Körper ist weniger als viermal so lang wie der Kopf. Flossen: D1 VII–VIII, D2 I/11, AI/11–15. 44–48 Schuppen entlang der Seitenlinie. Färbung: Körper durchscheinend, Rücken blaugrau oder braun, Flanken und Bauch silbrigweiß. Ein grauer Längsstreifen und eine Punktreihe ziehen entlang der Flanken. Länge: bis 10 cm.
Verbreitung: Ostatlantik von Portugal bis Marokko, Mittelmeer und Schwarzes Meer. Einzelne Populationen auch in der Nordsee.
Biologie: Der Kleine Ährenfisch lebt an der Küste in Tiefen bis 10 m. Er bildet Schwärme, hält sich meist nahe der Wasseroberfläche auf und kommt auch in Gezeitentümpeln vor. Er ist hinsichtlich der Salzkonzentration des Wasser sehr anpassungsfähig (euryhalin) und wandert auch in Lagunen oder Flußmündungen ein. Seine Nahrung besteht aus Zooplankton, kleinen benthischen Organismen und Fischlarven.
Fortpflanzung: In der von April bis Juli reichenden Laichzeit geben die Rogener ihre klebrigen, mit Fäden versehen Eier (3,5 mm) an Algen ab. Der Kleine Ährenfisch wird nach einem Jahr geschlechtsreif und bis drei Jahre alt.

Dicklippige Meeräsche

Chelon labrosus (RISSO, 1826) Mugilidae, Meeräschen

Merkmale: Die Dicklippige Meeräsche läßt sich durch die wulstartig vergrößerte und mit kleinen Papillen versehene Oberlippe leicht von den anderen Meeräschen unterscheiden. Sie haben einen charakteristischen, langgestreckten, spindelförmigen Körper mit abgeflachtem Kopf und zwei Rückenflossen. Flossen: D1 IV, D2 I/8–9, A III/9–10. Färbung: Rücken dunkelgrau bis blau, Flanken silbriggrau mit 4–5 dunklen Längsstreifen. Länge: bis 60 cm.
Verbreitung: Nordostatlantik von Norwegen bis zum Senegal, Kanarische und Kapverdische Inseln, Nordsee und Mittelmeer.
Biologie: Meeräschen sind ausgesprochene Schwarmfische, welche die Küsten entlangwandern, auch in Lagunen eindringen oder in Gezeitentümpeln vorkommen. Den Winter über stellen sie die Nahrungsaufnahme ein und ruhen in tieferem Wasser. Sie weiden Aufwuchsalgen und kleine Organismen (z. B. kleine Schnecken) von unterschiedlichen Substraten.
Fortpflanzung: Die Laichzeit liegt im Mittelmeer im Winter und weiter nördlich im Frühjahr. Sie legen Eier, die mit Hilfe eines Öltropfens im Wasser treiben. Sie können über neun Jahre alt werden.
Sonstiges: Meeräschen sind geschätzte Speisefische, die am Mittelmeer und am Schwarzen Meer fischereiwirtschaftlich von Bedeutung sind und häufig auf Fischmärkten angeboten werden.

Dünnlippige Meeräsche

Liza ramada (RISSO, 1826) Mugilidae, Meeräschen

Merkmale: Langgestreckter, spindelförmiger Körper mit zwei Rückenflossen, abgerundetem Kopf und endständigem Maul. Die Oberlippe ist nicht so stark geschwollen wie bei der Dicklippigen Meeräsche und hat keine Papillen. Flossen: D1 IV, D2 I/7–8 A III/9. Färbung: Rükken graublau, Flanken und Bauch silbrig. Auf den Seiten feine dunkle Linien entlang der Schuppenreihen. Länge: bis 40 cm.
Verbreitung: Nordostatlantik von Norwegen bis zum Senegal, Kanarische und Kapverdische Inseln, Nordsee, westliche Ostsee, Mittelmeer und Schwarzes Meer.
Biologie: Die Dünnlippige Meeräsche bewohnt als Schwarmfisch küstennahe Gewässer, Lagunen und Flußmündungen. Im nördlichen Verbreitungsgebiet zieht sie im Winter in tiefere Wasserschichten. Hält sich bevorzugt nahe der Wasseroberfläche auf. Die Nahrung besteht aus Algen und kleinen Benthonorganismen.
Fortpflanzung: Die Laichzeit erstreckt sich im Mittelmeer von Oktober bis Dezember und in der Nordsee von März bis April.
Sonstiges: Die Dünnlippige Meeräsche hat lokal als Speisefisch wirtschaftliche Bedeutung.

Atlantischer Barrakuda, Pfeilhecht

Sphyraena viridis CUVIER, 1829 Sphyraenidae, Pfeilhechte

Merkmale: Barrakudas haben einen langgestreckten, torpedoförmigen Körper mit langem Kopf und zwei weit auseinander liegenden Rückenflossen. Ihr weites Maul reicht bis an die großen Augen. Der Unterkiefer ist länger als der Oberkiefer. Beide sind mit langen, spitzen Fangzähnen ausgestattet. Beim Atlantischen Barrakuda ist der Vorderkiemendeckel nicht beschuppt. Flossen: D1 V, D2 I/8–9, A I–II/8, P 12–13. Färbung: Rücken dunkelgrau, Flanken silbrig mit dunklen Querbinden, die vom Rücken bis knapp unter die Seitenlinie reichen. 137–140 Schuppen entlang der Seitenlinie. Länge: bis 3 m.
Verbreitung: Ostatlantik von den Kanarischen und Kapverdischen Inseln bis zum Senegal und im Mittelmeer.
Biologie: Die Jungfische jagen im Schwarm und halten sich oft in Küstennähe auf. Ältere Exemplare werden zunehmend Einzelgänger und halten sich eher im freien Wasser auf. Ihre Nahrung besteht überwiegend aus Fischen, seltener auch aus Tintenfischen. Über die Fortpflanzung des Atlantischen Barrakudas ist kaum etwas bekannt.
Sonstiges: Tropische Arten können dem Menschen gefährliche Wunden zufügen, wenn sie gereizt werden.

Mittelmeer-Barrakuda, Pfeilhecht

Sphyraena sphyraena (LINNAEUS, 1758) Sphyraenidae, Pfeilhechte

Merkmale: Langgestreckter, torpedoförmiger Körper, mit langem spitzen Kopf und zwei weit auseinander liegenden Rükkenflossen. Sein weites und mit großen Fangzähnen versehenes Maul reicht bis unter die großen Augen. Der Unterkiefer überragt den Oberkiefer. Im Unterschied zum Atlantischen Barrakuda ist der Vorderkiemendeckel beschuppt. Flossen: D1 V, D2 I/9, A I/9. 125–145 Schuppen entlang der Seitenlinie. Färbung: Rücken dunkelgrau bis graublau, Flanken und Bauch silbrig. Ältere Exemplare mit dunklen Querstreifen auf der Oberseite. Länge: bis 1 m.

Verbreitung: Ostatlantik von der Biskaya bis Westafrika (Angola), Schwarzes Meer und Mittelmeer. Weiterhin im Westatlantik von den Bermuda Inseln bis Brasilien.

Biologie: Der Mittelmeer-Barrakuda kommt sowohl in der offenen See als auch nahe der Küste in Tiefen bis 100 m vor. Besonders jüngere Exemplare jagen im Schwarm. Sie fressen überwiegend Fische, seltener auch Tintenfische.

Fortpflanzung: Im Mittelmeer laicht diese Art von Juli bis September. Die Eier treiben pelagisch mit der Strömung. Die Milchner werden nach zwei bis drei, die Rogener nach drei bis vier Jahren fortpflanzungsfähig.

Makrele

Scomber scombrus LINNAEUS, 1758 Scombridae, Makrelen

Merkmale: Die Makrele hat einen langgestreckten, torpedoförmigen Körper mit einem endständigen, bis unter die Augen reichendem Maul und zwei weit auseinander stehenden Rückenflossen. Die hintere steht über der Afterflosse. Zwischen diesen und der Schwanzflosse befinden sich jeweils 5 kleine Flösselchen. Flossen: D1 X–XV, D2 I/10–13, A II/8–13. Die Schwimmblase fehlt. Färbung: Oberseite blau oder grün mit dunklen welligen Querlinien, Unterseite silbrig weiß. Länge: bis 50 cm lang und bis 1,8 kg schwer.
Verbreitung: Im Ostatlantik von Nordnorwegen bis Marokko, Kanarische Inseln, Nordsee, Ostsee, Mittelmeer und Schwarzes Meer.
Biologie: Makrelen sind wandernde Schwarmfische, die als schnelle und ausdauernde Schwimmer meist nahe der Wasseroberfläche Zooplankton und kleine Fische jagen. Im Norden ziehen sie den Winter über in tieferes Wasser und stellen die Nahrungsaufnahme ein. Auf der Flucht vor Freßfeinden können sie schnell in andere Tiefen fliehen, da sie keine Schwimmblase besitzen.
Fortpflanzung: In der Nordsee laichen sie von April bis Mai, im Mittelmeer von April bis Juli. Je nach Größe legen die Rogener 200.000–450.000 pelagische Eier (0,9–1,4 mm) in küstennahen Gewässern nahe der Wasseroberfläche ab. Die Larven schlüpfen nach ca. sechs Tagen mit einer Länge von 4 mm. Die Geschlechtsreife tritt nach zwei bis drei Jahren ein. Makrelen können bis 20 Jahre alt werden.
Sonstiges: Makrelen sind hochwertige und bedeutende Speisefische. 1992 wurden von der deutschen Seefischerei 18.000 Tonnen angelandet und knapp 6.000 Tonnen importiert.

Roter Bandfisch

Cepola rubescens LINNAEUS, 1758 Cepolidae, Bandfische

Merkmale: Schlanker, bandartiger, zum Schwanz hin schmaler werdender Körper mit kleinem Kopf, großen Augen und großem, schräg nach oben gerichtetem Maul. Kleine Rundschuppen. After- und Rückenflosse sehr lang, letztere vom Kopf bis zum Schwanz reichend. Die Bauchflossen stehen vor den Brustflosssen (kehlständig). Die mittleren Schwanzflossenstrahlen sind fadenartig verlängert. Flossen: D 67–70, A 56–62. Färbung: Rücken rot bis rosa, Flanken und Bauch weiß oder gelb, Rückenflosse gelb mit rotem Fleck im vorderen Bereich, Brustflossen rosa. Länge: bis 40 cm, max. 70 cm.
Verbreitung: Nordostatlantik von den Britischen Inseln bis zum Senegal und im Mittelmeer. In der Nordsee selten.
Biologie: Der Rote Bandfisch ist ein überwiegend dämmerungs- und nachtaktiver Grundfisch, der sich tagsüber meist in Höhlen oder in den Grund gegrabenen Röhren versteckt. Man findet ihn einzeln oder in Kolonien auf Sand- oder Schlickböden und an Seegraswiesen in Tiefen von 15–200 m. Wahrscheinlich jagt er nachts auch im freien Wasser. Er ernährt sich überwiegend von planktischen Krebsen und Pfeilwürmern (Chaetognatha).
Fortpflanzung: Im Mittelmeer erstreckt sich die Laichzeit vom Frühjahr bis zum Herbst, im Ostatlantik liegt sie im Sommer. Die Eier und die geschlüpfte Brut treiben pelagisch mit der Strömung. Die Rogener werden nach einem, die Milchner nach zwei Jahren geschlechtsreif.
Sonstiges: Der Rote Bandfisch wird regelmäßig auf Fischmärkten angeboten, hat aber keine wirtschaftliche Bedeutung.

Gestreifter Leierfisch

Callionymus lyra LINNAEUS, 1758 Callionymidae, Leierfische

Merkmale: Der Gestreifte Leierfisch hat einen langgestreckten, schlanken, schuppenlosen Körper und einen breiten abgeflachten Kopf mit spitzer Schnauze. Seine Augen ragen über die Stirn. Auf den Vorderkiemendeckeln befindet sich jeweils ein vierspitziger Stachel. Zwei eng zusammenstehende Rückenflossen. Die ersten Strahlen der vorderen sind beim Männchen verlängert und reichen angelegt bis zur Schwanzflosse. Die Bauchflossen liegen vor den Brustflossen (kehlständig). Flossen: D1 IV, D2 9, A 9, P18–20. Färbung: Die Geschlechter unterscheiden sich durch die Färbung und durch die Flossenform (Sexualdimorphismus). Rücken und Flanken braun oder gelb, bei den Männchen mit blauen Streifen und Punkten, bei den Weibchen mit dunklen Punkten (siehe Abbildung rechts unten). Die Männchen haben auch blaue Linien auf den Flossen (meist drei Längslinien auf der Rückenflosse). Länge: Weibchen bis 20 cm, Männchen bis 30 cm.

Verbreitung: Nordostatlantik von Island und Norwegen bis Nordafrika, Kanarische Inseln, Nordsee, Kattegat, nördliches Mittelmeer und westliches Schwarzes Meer.

Biologie: Der Gestreifte Leierfisch lebt bodenorientiert auf Sand- oder Schlickgrund in 15 bis über 400 m Tiefe. Er hält sich meist in der Nähe von Verstecken auf. Geschlechtsreife Männchen grenzen Reviere ab. Die Nahrung besteht aus einem breiten Spektrum wirbelloser Bodentiere.

Fortpflanzung: Die Laichzeit erstreckt sich in der Nordsee von April bis August, im Mittelmeer von Februar bis August. Leierfische haben ein komplexes Fortpflanzungsverhalten. Bei der Balz spreizen die Männchen ihre fahnenartige Rückenflosse ab, reißen das Maul auf und präsentieren die Flanken (siehe Abbildung rechts, oben). Danach steigen sie mit den Bauchflossen auf das Weibchen. Das eng zusammen schwimmende Paar laicht in 20–40 m Tiefe. Die Eier (0,7–0,9 mm) und die geschlüpften Larven treiben pelagisch mit der Strömung. Die Jungfische gehen mit einer Länge von 10 cm zur bodenorientierten Lebensweise über. Gestreifte Leierfische werden nach zwei bis vier Jahren fortpflanzungsfähig und können ein Höchstalter von sieben Jahren erreichen.

Sonstiges: Leierfische werden oft als Beifang angelandet und als Industriefisch verwertet.

Gefleckter Leierfisch

Callionymus maculatus RAFINESQUE-SCHMALZ, 1810

Callionymidae, Leierfische

Merkmale: Langgestreckter, schlanker, schuppenloser Körper mit breitem abgeflachtem Kopf und leicht unterständigem Maul. Auf den Vorderkiemendeckeln befindet sich jeweils ein vierspitziger Stachel. Zwei Rückenflossen. Der verlängerte erste Strahl der vorderen reicht angelegt nicht bis zur Schwanzflosse. Die Bauchflossen liegen kehlständig. Flossen: D1 IV, D2 9, A 8–9, P 18–19. Färbung: braun, Oberseite dunkler als Unterseite, die Männchen haben auf den Flanken und der Rückenflosse dunkle und silbrig glänzende Punkte. Länge: Männchen bis 16 cm, Weibchen bis 13 cm.

Verbreitung: Nordostatlantik von Norwegen und Island bis zum Senegal, Nordsee, Kattegat und Mittelmeer.

Biologie: Der Gefleckte Leierfisch besiedelt Sandküsten in Tiefen von 40–300 m. Er hat eine bodenorientierte Lebensweise und ernährt sich von Würmern, Schnecken und Krebsen.

Fortpflanzung: Die Laichzeit reicht in der Nordsee von April bis August, im Mittelmeer von Januar bis August. Geschlechtsreife Männchen grenzen Reviere ab und balzen die Weibchen mit gespreizten Flossen an. Laichbereite Paare schwimmen zusammen nach oben und geben simultan die Geschlechtsprodukte ab. Die Eier und die geschlüpfte Brut treiben pelagisch meist nahe der Wasseroberfläche.

Schwimmgrundel, Schnappkühling

Gobiusculus flavescens (FABRICIUS, 1779) Gobiidae, Grundeln

Merkmale: Die Schwimmgrundel hat einen länglichen, seitlich abgeflachten Körper mit zwei Rückenflossen und langem Schwanzstiel. Ihr weites Maul ist schräg nach oben gerichtet. Die brustständigen Bauchflossen sind miteinander verwachsen und bilden eine Saugscheibe. Die Schwanzflosse ist am freien Rand gerade. Flossen: D1 VII–VIII; D2 I/9–10, A I/9–10, P 17–18. 35–40 Schuppen entlang der Flanken. Färbung: Körper olivfarben, braun oder rötlich mit dunklen Sattelflekken, dunkelgerandeten Schuppen (Netzzeichnung) und einem schwarzen, oft hell gerandeten Fleck am Ansatz der Schwanzflosse. Geschlechtsreife Männchen mit schwarzem Fleck an der Brustflossenbasis.

Verbreitung: Nordostatlantik von Norwegen bis Nordspanien, Nordsee und westliche Ostsee.

Biologie: Schwimmgrundeln leben als Schwarmfische an algenbewachsenen Felsen, Tang- oder Seegraswiesen in Tiefen bis 20 m. Im Gegensatz zu anderen Grundeln triff man sie häufig freischwimmend und dicht unter der Wasseroberfläche an. Sie fressen Zooplankton.

Fortpflanzung: Schwimmgrundeln laichen von April bis August in mehreren Perioden an Algen oder Seegras, selten auch an Muschelschalen. Die birnenförmigen Eier (0,7–0,8 x 0,6 mm) haften am Substrat und werden vom Männchen bis zum Schlüpfen der Brut bewacht und befächelt. Die Jungfische schlüpfen nach ca. zehn Tagen mit einer Länge von 2,5 mm und leben zunächst pelagisch. Nach einem Jahr und mit einer Länge von 3–4 cm werden sie geschlechtsreif. Sie werden selten über zwei Jahre alt.

Sandgrundel

Pomatoschistus minutus (PALLAS, 1770) Gobiidae, Grundeln

Merkmale: Die Sandgrundel hat einen länglichen, keulenförmigen Körper mit länglichem Kopf, langem Schwanzstiel und zwei Rückenflossen. Ihr Maul ist schräg nach oben gerichtet. Die bruständigen Bauchflossen sind miteinander verwachsen und bilden eine Saugscheibe. Flossen: D1 VI–VII, D2 I/10–11, A I/9–12, P 18–21. 55–75 Schuppen entlang der Flanke. Färbung: Körper sandfarben mit unregelmäßig verteilten hellen und dunklen Punkten. Am Hinterrand der 1. Rückenflosse haben sie einen weißgesäumten schwarzen Fleck. Länge: bis 11 cm.

Verbreitung: Innerhalb des Verbreitungsgebietes werden zwei Unterarten unterschieden. Nordostatlantik von Nordskandinavien bis Portugal, Nord- und Ostsee *(P. minutus minutus)*, nördliches Mittelmeer und Schwarzes Meer *(P. minutus elongatus)*.

Biologie: Sandgrundeln sind häufig vorkommende Bewohner von Sand- und Schlickstränden in Tiefen bis 20 m, selten bis 70 m. Die Jungfische wandern auch in das Brackwasser von Flußmündungen ein. Sie leben bodenorientiert und fressen überwiegend kleine Krebse (z. B. *Mysis*, Gammariden und Isopoden).

Fortpflanzung: Die Laichzeit erstreckt sich von März bis September. Das Männchen grenzt ein Revier ab. Der pro Rogener bis 3.000 Eier umfassende Laich wird in mehreren Perioden an der Unterseite von leeren Muschelschalen (z. B. *Ostrea* oder *Cyprina*) abgelegt. Hierfür benutzen die Männchen offene Schalen oder Schalenhälften, die mit der konkaven Seite nach unten gedreht werden. Anschließend graben sie darunter mit dem Maul eine Höhle. Das Gelege wird bis zum Schlüpfen der Brut vom Männchen bewacht (siehe Abbildung rechts, unten). Die Eier sind birnenförmig und 0,9–1,4 mm lang. Die 3 mm langen Larven schlüpfen je nach Wassertemperatur nach ein bis drei Wochen und leben pelagisch. Mit einer Länge von 1,8 cm gehen sie zur bodenorientierten Lebensweise über. Sandgrundeln werden nach einem Jahr geschlechtsreif und sterben meist am Ende des zweiten Lebensjahres.

Marmorierte Grundel

Pomatoschistus marmoratus (RISSO, 1810) Gobiidae, Grundeln

Merkmale: Die Marmorierte Grundel ist langgestreckt und schlank. Sie hat hoch am Kopf liegende Augen und einen langen Schwanzstiel und zwei Rückenflossen. Ihr Maul ist schräg nach oben gerichtet. Die brustständigen Bauchflossen sind miteinander verwachsen und bilden eine Saugscheibe. Der freie Rand der Schwanzflosse ist abgerundet. Flossen: D1 V–VII, D2 I/8–10, A I/8–10, P 19–20. 40–46 Schuppen in einer Längsreihe. Färbung: Körper hellgrau bis sandfarben mit dunkel gerandeten Schuppen und feiner Marmorierung. Auf der Mittellinie der Flanken und am Ansatz der Schwanzflosse befinden sich dunkle Flecken. Von den Augen bis zum Maul reicht eine dunkle Binde. Die Männchen haben senkrechte Längsbinden auf den Flanken und einen schwarzen Fleck am Hinterrand der 1. Rükkenflosse. Länge: bis 7 cm.

Verbreitung: Algarveküste, Mittelmeer und Schwarzes Meer.

Biologie: Die Marmorierte Grundel lebt an Sandküsten in Tiefen bis 20 m. Im Winter zieht sie in tieferes Wasser. Sie ist hinsichtlich der Salzkonzentration des Wassers anpassungsfähig und kommt auch im Brackwasser und in Gezeitentümpeln vor. Sie lebt bodenorientiert und ernährt sich überwiegend von Kleinkrebsen oder Chironomiden-Larven.

Fortpflanzung: Marmorierte Grundeln laichen in mehreren Schüben vom Frühjahr bis zum Spätsommer. Der Laich umfaßt je nach Größe des Weibchens 300–1200 Eier. Die länglichen Eier (1 x 0,6 mm) werden an Steinen oder leeren Muschelschalen abgelegt. Marmorierte Grundeln werden nach einem Jahr geschlechtsreif und selten über zwei Jahre alt.

Strandgrundel

Pomatoschistus microps (KROYER, 1838) Gobiidae, Grundeln

Merkmale: Die Strandgrundel hat einen länglichen, keulenförmigen Körper mit rundem Kopf und zwei Rückenflossen. Ihr Schwanzstiel ist lang und ihr dicklippiges Maul leicht oberständig. Die Augen liegen relativ hoch am Kopf. Schuppen fehlen am Rücken bis zum Hinterrand der 1. Rückenflosse und auf der Unterseite bis zu den Bauchflossen. Die miteinander verwachsenen Bauchflossen liegen bruständig und bilden eine Saugscheibe. Flossen: D1 V–VI, D2 I/8–10, A I/7–10, P 17–19. 39–52 Schuppen entlang der Flanken. Färbung: Körper grau bis braun mit dunklen reihenartig angeordneten Flecken und dunkel gesäumten Schuppen. Länge: bis 7 cm.
Verbreitung: Nordostatlantik von Norwegen bis Portugal (Algarve), Nord- und Ostsee sowie nordwestliches Mittelmeer.

Biologie: Die Strandgrundel besiedelt häufig Sand- und Schlickstrände bis in 10 m Tiefe. Sie ist hinsichtlich der Salzkonzentration des Wassers anpassungsfähig (euryhalin) und kommt auch in Gezeitentümpeln oder im Brackwasser vor. Im Winter zieht sie in tieferes Wasser. Sie lebt bodenorientiert und ernährt sich hauptsächlich von Kleinkrebsen.
Fortpflanzung: Die Männchen sind revierbildend. Strandgrundeln laichen in mehreren Perioden von April bis September. Der Laich umfaßt 650–3.400 Eier pro Rogener. Die birnenförmigen Eier (0,7–0,9 mm Länge) werden an leeren Muschelschalen oder Steinen abgelegt und vom Männchen bewacht. Von der Temperatur abhängig schlüpfen die 3–4,5 mm langen Larven nach 1–3 Wochen. Strandgrundeln werden nach einem Jahr geschlechtsreif und sterben meist am Ende des zweiten Jahres.

Fleckengrundel

Pomatoschistus pictus (MALM, 1865) Gobiidae, Grundeln

Merkmale: Langgestreckter, schlanker Körper mit langem Kopf und Schwanzstiel sowie zwei Rückenflossen. Das leicht oberständige Maul reicht bis unter die Augen. Die Bauchflossen sind zu einem Ansaugorgan verwachsen und liegen unter den Brustflossen. Flossen: D1 VI, D2 I/7–10, AI/8–9, P16–20. 34–43 Schuppen entlang der Flankenmitte. Färbung: braun, gelblich oder olivfarben mit dunkel gerandeten Schuppen (Netzzeichnung). Auf den Flanken befinden sich 4–5 zweigeteilte dunkle Flecken, auf den Rückenflossen zwei Längsreihen dunkler Punkte. Länge: bis 6 cm.

Verbreitung: Nordostatlantik von Norwegen bis zur Biskaya, Nordsee und westliche Ostsee.

Biologie: Die Fleckengrundel lebt bodenorientiert auf hartem Grund (Sand, Geröll) in Tiefen bis 50 m. Sie frißt bevorzugt Kleinkrebse.

Fortpflanzung: In der von Februar bis August reichenden Laichzeit legen die Weibchen jeweils bis zu 1.500 klebrige Eier (0,6–0,8 mm) an die Unterseite von leeren Muschelschalen. Der Laich wird vom Männchen bewacht. Die ca. 3 mm langen Larven schlüpfen nach 11–12 Tagen. Diese leben zunächst pelagisch und gehen mit einer Länge von 2 cm zur bodenorientierten Lebensweise über. Fleckengrundeln können 2 Jahre alt werden.

Anemonengrundel

Gobius bucchichi STEINDACHNER, 1870 Gobiidae, Grundeln

Merkmale: Die Anemonengrundel hat einen langgestreckten, keulenförmigen Körper mit zwei Rückenflossen und endständigem Maul. Ihre miteinander verwachsenen Bauchflossen sind brustständig und bilden eine Saugscheibe. Flossen: D1 VI. D2 I/13–14, A I/12–14, P 19–20. 50–56 Schuppen entlang der Flanken. Färbung: Rücken, Flanken und Kopf gelbgrau bis braun mit feinen dunklen, z. T. reihenartig angeordneten Punken. Länge: bis 10 cm.

Verbreitung: Im Ostatlantik an der Algarveküste (Portugal), im Mittelmeer und im Schwarzen Meer.

Biologie: Die Anemonengrundel lebt bodenorientiert an seichten Geröll-, Sand- und Schlickküsten in Tiefen bis 10 m. Sie hält sich häufig in der Nähe von Wachsrosen *(Anemonia sulcata)* auf, in deren nesselnden Tentakeln sie bei Gefahr Schutz sucht, ohne selbst geschädigt zu werden. Wahrscheinlich enthält ihr Hautschleim Substanzen, welche die Entladung der Nesselzellen (Cnidozyten) dieser Art hemmen. Da für die Anemone kein Vorteil erkennbar ist, handelt es sich nicht um eine Symbiose (Gemeinschaft zu beiderseitigem Vorteil), sondern um eine Karpose (Gemeinschaft mit Vorteilen für einen Partner ohne Nachteile für den anderen). Die Anemonengrundel ernährt sich von Algen, Polychaeten, Kleinkrebsen, Mollusken und kleinen Fischen.

Fortpflanzung: Im Sommer legen die Weibchen je nach Größe 1.000–10.000 spindelförmige Eier (1–1,5 mm x 0,5–0,6 mm), die an Steinen haften. Die Larven schlüpfen mit einer Länge von 2 mm nach etwa einer Woche. Die Geschlechtsreife tritt im folgenden Jahr ein.

Riesengrundel

Gobius cobitis PALLAS, 1811 Gobiidae Grundeln

Merkmale: Die Riesengrundel hat einen länglichen, keulenförmigen, hinten seitlich abgeflachten Körper mit großem, rundem Kopf und zwei Rückenflossen. Ihr Schwanzstiel ist hoch. Ihr endständiges Maul ist mit dicken Lippen versehen. Die Bauchflossen liegen brustständig, sind miteinander verwachsen und bilden eine Saugscheibe. Flossen D1 VI–VII, D2 I/12–14, A I/10–12, P 20–21. 59–67 Schuppen entlang der Flanken. Färbung: Grau oder braun mit feiner Marmorierung und unregelmäßigen dunklen Flecken. Länge: bis 30 cm.
Verbreitung: Nordostatlantik von den Britischen Inseln bis Marokko, Schwarzes Meer und Mittelmeer.
Biologie: Die Riesengrundel lebt bodenorientiert an Felsen, Geröll oder Seegraswiesen und in Gezeitentümpeln in Tiefen bis 10 m. Gelegentlich kommt sie auch im Brackwasser vor. Obwohl sie relativ häufig ist, kann man sie nur selten beobachten, da sie eine große Fluchtdistanz hat. Ihre Nahrung setzt sich aus Algen (Enteromorpha), Krebsen, Gliederwürmern, Mollusken, Insekten und kleinen Fischen zusammen.
Fortpflanzung: Die Riesengrundel laicht z. T. in mehreren Perioden von März bis Juli. Die Männchen sind revierbildend und bauen unter Steinen ein Nest. Nach einem komplexen Balzspiel legen die Weibchen birnenförmige Eier (3,6–5,5 x 1,2–1,5 mm), die mit Haftfäden am Substrat hängen. Der Laich wird vom Männchen bis zum Schlüpfen der Brut bewacht und befächelt. Die Jungfische gehen mit einer Länge von 0,9 mm zur bodenorientierten Lebensweise über und werden nach zwei bis drei Jahren geschlechtsreif. Höchstalter: 10 Jahre.

Felsengrundel

Gobius paganellus LINNAEUS, 1758 Gobiidae, Grundeln

Merkmale: Felsengrundeln haben einen länglichen, keulenförmigen Körper mit zwei Rükkenflossen. Ihr abgeflachter Kopf hat ein endständiges Maul. Am vorderen Nasenloch befindet sich ein geteilter Tentakel. Die brustständigen Bauchflossen sind miteinander verwachsen und bilden eine Saugscheibe. Der freie Rand der Schwanzflosse ist abgerundet. Flossen: D1 VI, D2 I/13–14, A I/11–12, P 21–22. 50–55 Schuppen in einer Längsreihe. Färbung: Körper hellbraun mit dunkler Marmorierung und dunklen Flecken auf den Flanken. Die vordere Rükkenflosse hat ein helles Längsband. Männchen in der Laichzeit pupurfarben bis dunkelbraun mit gelbem Längsband auf der vorderen Rückenflosse. Länge: bis 12 cm.

Verbreitung: Ostatlantik von den Britischen Inseln bis Westafrika, Kanarische und Kapverdische Inseln, Mittelmeer und Schwarzes Meer.

Biologie: Die Felsengrundel ist ein bodenorientierter Bewohner von Fels- und Geröllküsten in Tiefen bis 10 m. Sie kommt auch in Gezeitentümpeln vor. Ihre Nahrung besteht überwiegend aus Kleinkrebsen.

Fortpflanzung: Felsengrundeln laichen bei den Britischen Inseln von April bis Juni und im Mittelmeer von Januar bis Juli. Ein Rogener legt je nach Größe 1.000–9.000 klebrige Eier (3,6 x 4,8 mm) an Steinen, leeren Muschelschalen oder Tang. Der Laich wird vom Männchen bewacht und befächelt. Die Larven schlüpfen nach ca. 20 Tagen mit einer Länge von 4–5 mm und leben anschließend pelagisch. Felsengrundeln werden nach zwei bis vier Jahren und mit einer Länge von ca. 6 cm geschlechtsreif. Sie können bis zehn Jahre alt werden.

Schwarzgrundel

Gobius niger LINNAEUS, 1758 Gobiidae, Grundeln

Merkmale: Schwarzgrundeln haben einen länglichen, keulenförmigen Körper mit großem Kopf und endständigem Maul. Die Stachelstrahlen der vorderen Rückenflosse sind ungleichmäßig fadenartig verlängert und verleihen ihr eine sichelartige Form. Die brustständigen Bauchflossen sind miteinander verwachsen und bilden eine Saugscheibe. Flossen: D1 V–VII, D2 I/12–13, A I/11–12, P 17–19 (15–20). 35–41 Schuppen entlang der Flanken. Färbung: Variabel, Körper gelbgrau oder braun mit dunkler Marmorierung oder unregelmäßig verteilten, dunklen Flecken (siehe Abbildung rechts unten). Die Männchen sind in der Laichzeit fast schwarz (siehe Abbildung rechts oben). Länge: bis 15 cm.
Verbreitung: Nordostatlantik von Norwegen bis Nordafrika, Kanarische Inseln, Nord- und Ostsee, Mittelmeer und Schwarzes Meer.
Biologie: Schwarzgrundeln leben bodenorientiert, bevorzugt über weichem Grund in Tiefen von 1–75 m. Man trifft sie häufig an Tang- oder Seegraswiesen. Sie dringen auch in Lagunen und Brackwasserbereiche ein. Ihre Nahrung besteht aus einem breiten Spektrum an Gliederwürmern (z. B. *Arenicola* und *Nereis*), Krebsen, Schnecken, Muscheln und kleinen Fischen.
Fortpflanzung: Die Laichzeit erstreckt sich in der Nord- und Ostsee von Mai bis August, im Mittelmeer von März bis Mai und von April bis September im Schwarzen Meer. Meist laichen sie in mehreren Perioden. Die spindelförmigen Eier (1,5 x 0,45 mm) werden unter Steinen oder in leeren Muschelschalen abgelegt und bleiben mit Haftfäden am Substrat kleben. Der Laich wird vom Männchen bis zum Schlüpfen der Brut bewacht und mit den Brustflossen befächelt. Die Larven schlüpfen mit einer Länge von 3–4 mm und leben bis zu einer Länge von 10–12 mm im Plankton. Anschließend gehen sie zur bodenorientierten Lebensweise über. Die Geschlechtsreife tritt nach zwei bis drei Jahren ein. Schwarzgrundeln werden nur selten älter als vier Jahre.

Schlankgrundel

Gobius geniporus VALENCIENNES, 1837 Gobiidae, Grundeln

Merkmale: Die Schlankgrundel hat einen langgestreckten, schlanken Körper mit zwei Rükkenflossen und endständigem Maul. Die brustständigen Bauchflossen sind miteinander zu einer Saugscheibe verwachsen. D1 VI, D2 I/12–14, A I/11–12, P 17–19. 50–55 Schuppen entlang der Flanken. Färbung: Körper braun bis ockerfarben mit dunkler Marmorierung und dunklen Flecken entlang der Mittellinie der Flanken. Länge: bis 16 cm.

Verbreitung: Mittelmeer.

Biologie: Die Schlankgrundel lebt bodenorientiert auf sandigem oder schlammigem Grund und an Seegraswiesen in Tiefen von 10–40 m. Sie hält sich meist in der Nähe von Verstecken auf, ist jedoch nicht besonders scheu. Sie ernährt sich von verschiedenen wirbellosen Kleintieren.

Fortpflanzung: Die Laichzeit erstreckt sich von April bis Juni. Über ihre Fortpflanzung gibt es kaum Erkenntnisse.

Bindengrundel

Benthophiloides brauneri BELING & ILJIN, 1927 Gobiidae, Grundeln

Merkmale: Die Bindengrundel hat einen keulenförmigen Körper mit abgeflachtem Kopf und weitem Maul. Ihre Bauchflossen setzen unter den Brustflossen an. Sie hat zwei deutlich voneinander getrennte Rückenflossen. Flossen: D1 VI, D2 I/11–13, A I/9–11, P 18–19. Färbung: Körper grau bis braun mit breiter dunkler Binde und hellen Sattelflecken vor und hinter der 1. Rückenflosse sowie einer dunklen Binde am Kopf. Länge: bis 7 cm.

Verbreitung: Schwarzes und Kaspisches Meer.

Biologie: Die Bindengrundel besiedelt innerhalb ihres Verbreitungsgebietes Flüsse und Brackwasserbereiche. Sie hält sich bevorzugt im tieferen Wasser auf und ernährt sich von Würmern, Schnecken und Krebsen.

Fortpflanzung: Der Laich wird im Juli abgelegt und umfaßt pro Weibchen ca. 30 Eier.

Goldgrundel

Gobius auratus RISSO, 1810 Gobiidae, Grundeln

Merkmale: Die Goldgrundel hat einen länglichen, gedrungenen, keulenförmigen Körper mit zwei Rückenflossen und endständigem Maul. Die Bauchflossen sind brustständig und miteinander zu einer Saugscheibe verwachsen. D1 VI, D2 I/14–15, A I/14, P 18–20. 44–50 Schuppen entlang der Flanken. Färbung: Körper braun mit netzartiger Zeichnung sowie hellen und dunklen Flecken, letztere verschmelzen oft zu undeutlichen Querbändern. Kopf und Augenränder gelb bis goldfarben. Über dem Brustflossenansatz befindet sich ein schwarzer Fleck mit hellem Oberrand. Länge: bis 12 cm.
Verbreitung: Ostatlantik im Ärmelkanal und von Nordspanien bis Portugal, Kanarische Inseln, Madeira und Mittelmeer.
Biologie: Die Goldgrundel lebt bodenorientiert und meist einzeln an Geröllhalden oder Felsen in Tiefen von über 10 m. Sie hält sich meist in der Nähe von Verstecken auf und ist relativ scheu. Ihre Nahrung besteht hauptsächlich aus wirbellosen Kleintieren. Über ihre Fortpflanzung ist kaum etwas bekannt.

Rotmaulgrundel

Gobius cruentatus GMELIN, 1789 Gobiidae, Grundeln

Merkmale: Die Rotmaulgrundel hat einen länglichen, kräftigen, keulenförmigen Körper mit großem Kopf und zwei Rückenflossen. Die miteinander verwachsenen Bauchflossen liegen bruständig und bilden eine Saugscheibe. Flossen: D1 VI, D2 I/14, A I/12–13, P 20–21. 52–58 Schuppen entlang der Flanken. Färbung: Körper rotbraun marmoriert, mit hellen und dunklen Flecken, die manchmal undeutliche Querbinden bilden. Das Maul ist leuchtend rot gefärbt (Name). Länge: bis 18 cm.
Verbreitung: Ostatlantik von den Britischen Inseln (selten) bis Marokko und Mittelmeer (fehlt im Süden des östlichen Beckens).
Biologie: Die Rotmaulgrundeln hat eine bodenorientierte Lebensweise und kommt sowohl über Sand- und Felsgrund als auch an Seegraswiesen in Tiefen von 15–50 m vor. In den Sommermonaten ist sie an den Küsten relativ häufig. Über ihre Ernährung und Fortpflanzung ist kaum etwas bekannt.

Friesgrundel

Lesueurigobius frisii (MALM, 1874) Gobbidae, Grundeln

Merkmale: Friesgrundeln haben einen langgestreckten, keulenförmigen Körper mit großem Kopf, vorgewölbten Wangen und kurzem Schwanzstiel. Ihr Maul ist schräg nach oben gerichtet. Die Stachelstrahlen der vorderen Rückenflossen sind ungleichmäßig fadenartig verlängert. Die miteinander verwachsenen Bauchflossen liegen brustständig und bilden eine abgerundete Saugscheibe. Flossen: D1 VI, D2 I/13–16, A I/12–15, P 18–19. 28–29 Schuppen in einer Längsreihe. Färbung: Körper gelbbraun mit kleinen goldfarbenen Punkten und dunklen Flecken auf der Oberseite. Länge: bis 10 cm.
Verbreitung: Nordostatlantik von Südskandinavien (Skagerrak und Kattegat) bis Portugal und im nördlichen Mittelmeer.
Biologie: Die Friesgrundel lebt bodenorientiert auf Schlamm- oder Sandgrund in Tiefen von 10–130 m. Obwohl sie relativ häfig ist, wird sie nur selten gefangen. Man nimmt an, daß sie mit dem Kaisergranat *(Nephrops norwegicus)* in Symbiose (Gemeinschaft mit Vorteilen für beide Partner) lebt. Der Hummer gräbt Höhlen, in denen sich beide bei Gefahr verstecken; die Grundel bewacht die Umgebung und warnt vor Freßfeinden. Sie frißt Gliederwürmer, Mollusken und Kleinkrebse.
Fortpflanzung: Friesgrundeln laichen wahrscheinlich in mehreren Perioden von Mai bis August. Ihre länglichen Eier (1,9 x 1 mm) werden in Höhlen abgelegt. Sie werden nach zwei Jahren geschlechtsreif und bis elf Jahre alt.

Dicklippige Grundel

Neogobius cephalargoides PINCHUK, 1976 Gobiidae, Grundeln

Merkmale: Die Dicklippige Grundel hat einen länglichen, gedrungenen, keulenförmigen Körper mit zwei Rückenflossen und großem Kopf. Die Wangen sind vorgewölbt, das schräg nach oben gerichtete Maul ist mit breiten Lippen versehen. Die Bauchflossen sind brustständig und miteinander zu einer Saugscheibe verwachsen. D1 VI, D2 I/17–18, A I/14–15, P 19–20. 55–61 Schuppen entlang der Flanken. Färbung: Körper olivfarben mit gelblichen oder braunen Flecken, geschlechtsreife Männchen sind fast schwarz und haben am oberen Rand der vorderen Rückenflosse einen schmalen, gelben Streifen (siehe Abbildung rechts). Länge: bis 25 cm.

Verbreitung: Nördliche Küste des Schwarzen Meeres und Asowsches Meer.

Biologie: Die Dicklippige Grundel ist ein bodenorientierter Bewohner von Sand- und Geröllküsten. Sie hält sich im Winter in tieferem Wasser auf und wandert im Frühjahr an die Küsten. Über ihre Ernährung ist kaum etwas bekannt.

Fortpflanzung: Die relativ großen Eier (4,4 x 2,5 mm) werden in der von März bis Mai reichenden Laichzeit unter und zwischen Steinen angeheftet. Wahrscheinlich laichen sie zweimal innerhalb eines Jahres. Die Geschlechtsreife tritt nach zwei Jahren ein.

Blaufleckiger Ansauger

Lepadogaster lepadogaster (BONATERRE, 1788) Gobiesocidae, Ansauger oder Schildfische

Merkmale: Ansauger oder Schildfische haben einen charakteristischen Körperbau. Ihr Vorderkörper ist vertikal und ihr Hinterkörper seitlich abgeflacht. Die Haut ist schleimig und trägt keine Schuppen. Der relativ große, abgeplattete Kopf hat eine dreieckige Form. Das Maul ist schnabel- bzw. spatelartig verlängert. An der Nasenöffnung befindet sich ein gegabelter Tentakel. Die Membranen der weit hinten ansetzenden Rükken- und Afterflosse sind mit der Schwanzflosse verbunden. Die Bauchflossen liegen vor den Brustflossen (kehlständig) und bilden eine mit zahlreichen Papillen versehene Saugscheibe (siehe Abbildung rechts unten). Flossen: D 17–21, A 10–12, P 20–23, C 11–14. Ansauger haben keine Schwimmblase. Färbung: Innerhalb des Verbreitungsgebietes variabel. Oberseite braun, gelblich oder rötlich mit dunkelbraunen Punkten, Unterseite hell. Auf dem Kopf meist blaue Linien oder Punkte, dahinter zwei blaue Augenflecken, die meist rot oder schwarz gesäumt sind. Rücken-, After- und Schwanzflosse rötlich oder braun. Länge: bis 8 cm.

Verbreitung: Beim Blaufleckigen Ansauger wurden zwei Unterarten mit verschiedenen Verbreitungsgebieten beschrieben: *L. l. purpurea* (siehe Abbildung rechts oben) im Ostatlantik von den Britischen Inseln über die Biskaya bis zum Senegal, Kanarische Inseln und nordwestliches Mittelmeer bis Kap Roux. *L . l. lepadogaster* (siehe Abbildung rechts Mitte) östliches und zentrales Mittelmeer, im Westen bis Monaco.

Biologie: Ansauger besiedeln Fels- und Geröllküsten in Tiefen bis 15 m. Sie leben hauptsächlich unter großen Steinen, seltener in Gezeitentümpeln oder an Seegraswiesen. Sie haben eine bodenorientierte Lebensweise und haften meist mit ihrer Saugscheibe an großen Steinen. Freischwimmend kann man sie nur selten beobachten. Auf Geröllhalden kommen sie häufig in hohen Bestandsdichten vor. Sie fressen überwiegend Kleinkrebse (z. B. Amphipoden), aber auch kleine Mollusken.

Fortpflanzung: Die Laichzeit reicht vom Frühjahr bis zum Sommer. Die Männchen sind revierbildend. Der bis 250 Eier umfassende Laich wird in Klumpen unter Steinen abgelegt und vom Männchen (möglicherweise auch vom Weibchen) bis zum Schlüpfen der Brut bewacht. Die goldfarbenen Eier (1,5–1,8 mm) sind mit gegabelten Haftfilamenten ausgestattet. Die Geschlechtsreife tritt nach zwei Jahren ein. Sie können über vier Jahre alt werden.

Rotflecken-Ansauger

Lepadogaster candollei RISSO, 1810 Gobiesocidae, Ansauger oder Schildfische

Merkmale: Der Rotflecken-Ansauger ist vorne vertikal und hinten seitlich abgeflacht. Sein abgeplatteter Kopf hat eine dreieckige Form und ein schnabelartig verlängertes Maul. Schuppen oder eine gegabelte Tentakel an den Nasenöffnungen fehlen. Die Rücken- und Afterflosse sind von der Schwanzflosse separiert. Die kehlständigen Bauchflossen sind zu einem Saugorgan umgewandelt. Flossen: D 13–16, A 9–11, P 26–29, C 10–13. Die Schwimmblase fehlt. Färbung: Variabel, Oberseite braun bis olivfarben mit weißen Punkten und roten Flekken oder Bändern. An der Basis der Rückenflosse meist mehrere rote Flecken (Name). Der Augenrand ist rot gestreift. Länge: bis 8 cm.

Verbreitung: Ostatlantik von den Britischen Inseln bis Nordafrika, Kanarische Inseln, Mittelmeer (fehlt im südöstlichen Teil) und westliches Schwarzes Meer.

Biologie: Der Rotfleckige Ansauger ist ein bodenorientierter Bewohner von Fels- oder Geröllküsten in Tiefen bis 15 m. Man findet ihn auch an Seegraswiesen. Er ist meist mit seiner Saugscheibe am Substrat festgeheftet. Die Nahrung besteht überwiegend aus Kleinkrebsen und Mollusken.

Fortpflanzung: Die Laichzeit erstreckt sich von April bis Juli. Die Eier (1,2 mm) werden an die Unterseite von großen Steinen geheftet und von den Eltern bewacht. Nach dem Schlüpfen leben die Jungfische pelagisch.

Sphinx-Schleimfisch

Aidablennius sphinx (VALENCIENNES 1836) Blenniidae, Schleimfische

Merkmale: Der Sphinx-Schleimfisch hat einen langgestreckten, seitlich abgeflachten, schuppenlosen Körper mit großem abgerundetem Kopf und unterständigem Maul. Die Augen sitzen hoch am Kopf. Die Rückenflosse ist am Übergang von den Hart- zu den Gliederstrahlen eingebuchtet. Die schmalen Bauchflossen stehen vor den Brustflossen (kehlständig). Flossen: D XII–XII/16–17, A II/17–19, V I/4. Färbung: Körper grünlich oder olivfarben mit dunklen, blaugesäumten Querbinden. Hinter den Augen befindet sich ein roter, blaugesäumter Fleck. Die Männchen tragen in der Laichzeit orangefarbene Tentakel und verlängerte vordere Rückenstrahlen. Länge: bis 8 cm.

Verbreitung: Schwarzes Meer, Mittelmeer und die Atlantikküste Marokkos.

Biologie: Sphinx-Schleimfische besiedeln bodenorientiert lebend algenbewachsene Felsen in der Gezeitenzone. Bei Gefahr verstecken sie sich mit dem Schwanz voran in Felsspalten oder Bohrmuschellöchern. Die Männchen sind revierbildend. Sie drohen Rivalen mit aufgestellten Rückenflossen und wippenden Kopfbewegungen. Die Nahrung besteht aus wirbellosen Kleintieren und Algen.

Fortpflanzung: Sphinx-Schleimfische laichen von April bis Juli. Die Männchen putzen Felslöcher, in denen mehrere umworbene Weibchen hintereinander die klebrigen, mit Haftfäden versehenen Eier legen. Der Laich wird bis zum Schlüpfen der Brut vom Männchen bewacht. Es verläßt das Nest auch dann nicht, wenn es bei Ebbe trocken fällt.

Kammschleimfisch

Scartella cristata (LINNAEUS, 1758) Blenniidae, Schleimfische

Merkmale: Der Kammschleimfisch hat einen langgestreckten, schlanken und schuppenlosen Körper mit abgerundetem Kopfprofil. Zwischen den Augen und dem vorderen Ansatz der Rückenflosse trägt er eine Reihe kammartig angeordneter Tentakeln, die auf einem aufrichtbaren Hautkamm liegen (Name). Die vom Hinterkopf bis zur Schwanzwurzel reichende Rückenflosse ist in der Mitte leicht eingekerbt. Seine fadenförmigen Bauchflossen stehen kehlständig. Flossen: D XII/14–15, A II/16, P 14, V I/3. Färbung: Oberseite braun mit 6–7 verwaschenen, vertikalen Binden und Flecken; Unterseite rötlich. Länge bis 10 cm.

Verbreitung: Ostatlantik von der Biskaya bis zum Kongo, Kanarische Inseln und Mittelmeer. Weiterhin im Westatlantik von Florida und den Bermudas bis Brasilien und an den Küsten Japans.

Biologie: Der Kammschleimfisch ist ein überwiegend tagaktiver, revierbildender Bewohner der Brandungszone von Felsküsten in Tiefen bis 1 m. Bei den Kanarischen Inseln soll er auch bis in 35 m Tiefe vorkommen. Er besiedelt auch Gezeitentümpel und versteckt sich gern in Felslöchern oder zwischen Algen. Seine Nahrung besteht überwiegend aus Algen und kleinen Aufwuchsorganismen.

Fortpflanzung: Die Männchen grenzen in der Laichzeit Reviere ab und benutzen den aufstellbaren Nackenkamm beim Imponierverhalten. Der klebrige Laich wird vom Weibchen an geschützten Stellen (z. B. in Höhlen) abgelegt und kann 1.500 Eier umfassen.

Brauner Schleimfisch

Parablennius incognitus (BATH, 1968) Blenniidae, Schleimfische

Merkmale: Der Braune Schleimfisch hat einen langgestreckten, schlanken und seitlich abgeflachten Körper mit abgerundetem Kopfprofil. Über den Augen trägt er ein Paar großer Tentakeln. Seine lange Rückenflosse ist in der Mitte eingebuchtet. Die Bauchflossen sind fadenartig verlängert und liegen vor den Brustflossen. Flossen: D XII/17, A II/19, P 14 V I/3. Färbung: Je nach Untergrund variabel. Körper grau bis grünlich mit 7–9 braunen oder olivfarbenen vertikalen Binden. Im Gegensatz zum Hirsch–Schleimfisch *(P. zvornimiri)* (Verwechselungsgefahr) hat der Braune Schleimfisch keine hell leuchtenden Spiegelflecken an der Basis der Rükkenflosse. Länge: bis 6 cm.

Verbreitung: Ostatlantik von Portugal bis Marokko, Kanarische Inseln und Mittelmeer.

Biologie: Der Braune Schleimfisch gehört im Mittelmeer zu den häufigsten Arten seiner Familie. Er lebt an Felsenküsten in Tiefen bis 2 m. Am häufigsten trifft man ihn in der Nähe der Wasseroberfläche an. Er hält sich gern zwischen Algen oder an beschatteten Plätzen auf. Seine Nahrung besteht aus wirbellosen Kleintieren (z. B. Gammariden) und Algen.

Fortpflanzung: Die Männchen grenzen Reviere mit einem Versteck (Bohrmuschelloch) ab, die sie agressiv mit Bissen und Schwanzschlägen gegen Rivalen verteidigen. Durch wippende Bewegungen des Vorderkörpers locken sie Weibchen an. In der von Mai bis August reichenden Laichzeit legen mehrere Weibchen ihre Eier in die Höhle eines Männchens, welches das Gelege bis zum Schlüpfen der Brut bewacht.

Blutstriemenschleimfisch

Parablennius sanguinolentus (PALLAS, 1811) Blenniidae, Schleimfische

Merkmale: Der langgestreckte, seitlich abgeflachte Körper des Blutstriemenschleimfischs ist schuppenlos und schleimig. Über den Augen trägt er kurze vier-bis neunendige Fühler. Die Rückenflosse setzt hinter dem Kopf an und reicht fast bis zur Schwanzflosse. Flossen: D XI–XIII/ 20–23, A II/20–23, P 13, V I/3. Färbung: Körper dunkelgrau bis blaugrau mit dunklen Streifen und reihenartig angeordneten Punkten. Die Männchen sind in der Laichzeit fast schwarz sowie an der Kehle und auf der Afterflosse blau gefärbt. Auf den Brustflossen befinden sich feine rote Streifen (Name). Länge: bis 20 cm.
Verbreitung: Atlantikküste von der Biskaya bis Marokko, Mittelmeer und Teile des Schwarzen Meeres.
Biologie: Der Blutsriemenschleimfisch ist ein bodenorientierter Bewohner von lichtexponierten, algenbewachsenen Felsen und Geröllhalden unterhalb der Gezeitenzone in Tiefen bis 3 m. Man kann ihn relativ häufig freischwimmend beobachten. Seine Fluchtdistanz ist größer als bei den meisten anderen Schleimfischarten. Er frißt fast ausschließlich Algen, die mit langen, rechenartigen Zähnen auf beiden Kiefern vom Substrat geweidet werden.
Fortpflanzung: Die Männchen sind revierbildend. Von Mai bis August legen die Weibchen je nach Größe 3.000–10.000 klebrige Eier (1,25 mm) in Felsspalten und unter Steinen. Der Laich und die geschlüpfte Brut werden vom Männchen bewacht.

Hirsch-Schleimfisch

Parablennius zvonimiri (KOLOMBATOVIC, 1892) Blenniidae, Schleimfische

Merkmale: Der Hirsch-Schleimfisch hat einen langgestreckten, seitlich abgeflachten und sich nach hinten verjüngenden Körper mit abgerundetem Kopfprofil. Er trägt mehrere kurze, z. T. gegabelte Tentakeln vor und über den Augen sowie auf dem Nacken. Die vom Kopf bis zur Schwanzflosse reichende Rükkenflosse ist am Übergang von den Hart- zu den Gliederstrahlen gekerbt. Die Bauchflossen liegen kehlständig.
Flossen: D XII/17–18, A II/18–21, P 14, V I/3. Färbung: Rücken und Flanken hellbraun mit dunkelbrauner Marmorierung und hellen Punkten, Bauch weiß. An der Basis der Rückenflosse befinden sich 7 leuchtend weiße Flecken und am Kopf kleine schwarze Punkte. Länge: bis 7 cm.
Verbreitung: Mittelmeer und Schwarzes Meer.

Biologie: Der Hirsch-Schleimfisch lebt an beschatteten Stellen wie z. B. überhängenden Felsen oder Höhlen bis in 6 m Tiefe. Er hat eine bodenorientierte Lebensweise und versteckt sich bei Gefahr mit dem Schwanz voran in Bohrmuschellöchern etc. Die Männchen grenzen Reviere ab, die sie aggressiv gegen Rivalen verteidigen. Dabei richten sie die Flossen auf und versuchen, den Gegner zu beißen. Sie weiden Aufwuchsorganismen von den Felsen.
Fortpflanzung: Die Laichzeit liegt in den Monaten von Mai bis Juli. Die Männchen locken die Weibchen durch wippende Kopfbewegungen an. Der Laich wird vom Männchen bewacht.

Gehörnter Schleimfisch

Parablennius tentacularis (BRÜNNICH, 1768) Blenniidae, Schleimfische

Merkmale: Der Gehörnte Schleimfisch ist langgestreckt und seitlich abgeflacht. Er hat einen schuppenlosen, schleimigen Körper mit großem Kopf und endständigem Maul. Über den Augen trägt er ein Paar große (Länge entspricht dem dreifachen Augendurchmesser), nach hinten gefiederte Tentakeln. Die hinter dem Kopf ansetzende und bis zum Schwanz reichende Rückenflosse ist nicht gekerbt. Die schmalen Bauchflossen liegen vor den Brustflossen (kehlständig). Flossen: D XI–XIII/20–22, A II/21–23, P 14, V I/3. Färbung: Flanken braun mit dunklen, sich zum Rücken hin verjüngenden und unterhalb der Rückenflosse weißgesäumten Querbinden und zahlreichen schwarzen Punkten. Länge: bis 15 cm.

Verbreitung: Kanarische Inseln, Ostatlantik (Biskaya bis Senegal), Mittelmeer und Schwarzes Meer.

Biologie: Gehörnte Schleimfische leben bodenorientiert über Sandgrund, an algenbewachsenen Felsen oder *Posidonia*-Wiesen. Sie kommen in lichtdurchfluteten Bereichen in Tiefen von 3–15 m vor. Sie verstecken sich bei Gefahr mit dem Schwanz voran in Felslöchern. Die Männchen sind revierbildend. Gehörnte Schleimfische weiden Aufwuchsorganismen von Steinen oder Felsen.

Fortpflanzung: Die Laichzeit liegt in den Monaten von März bis Mai. Mehrere Weibchen laichen hintereinander in einer vom jeweiligen Männchen besetzten Felsspalte.

Geweihschleimfisch, Gestreifter Schleimfisch

Parablennius gattorugine (BRÜNNICH 1768) Blenniidae, Schleimfische

Merkmale: Der Geweihschleimfisch hat einen schuppenlosen, kräftigen, langgestreckten und seitlich abgeflachten Körper mit großem Kopf und großem, endständigem Maul. Über den hoch am Kopf liegenden Augen trägt er zwei große, geweihartige Tentakel (Name). Die nicht eingebuchtete Rückenflosse beginnt hinter dem Kopf und reicht fast bis zur Schwanzflosse. Die Bauchflossen sind kehlständig. Flossen: D XIII/18–19, A II/20, P 14, V 1/3. Färbung: Rücken- und Afterflosse sowie Rücken und Flanken sind braungefärbt und mit 6–8 dunkelbraunen, weiß gesäumten Querbinden versehen. Die Augenränder schimmern rötlich. Länge: bis 25 cm.

Verbreitung: Ostatlantik von Irland und dem Ärmelkanal bis nach Marokko und im Mittelmeer. In der Nordsee nur selten anzutreffen.

Biologie: Der Geweihschleimfisch besiedelt algenbewachsene Felsen, Geröllhalden und *Posidonia*-Wiesen unterhalb der Gezeitenzone in 3–30 m Tiefe. Er versteckt sich gern in Felsspalten oder zwischen Algen, lebt bodenorientiert und überwiegend dämmerungsaktiv. Das Männchen grenzt ein Revier um eine Felsspalte oder Höhle ab und verteidigt es aggressiv gegen Rivalen. Er ernährt sich von diversen wirbellosen Bodentieren (z. B. Stachelhäuter) und Algen.

Fortpflanzung: Von März bis Mai legen mehrere Weibchen hintereinander in der Höhle eines Männchens schwarz bis purpurfarbenen Eier (1,5 mm). Der Laich wird vom Männchen bewacht. Die Larven schlüpfen nach vier Wochen und leben zunächst pelagisch. Im Spätsommer gehen sie zur bodenorientierten Lebensweise über.

Gestreifter Schleimfisch

Parablennius rouxi (RISSO, 1810) Blenniidae, Schleimfische

Merkmale: Der Gestreifte Schleimfisch ist langgestreckt, schlank und am Hinterkörper seitlich abgeflacht. Sein Kopf ist groß und hat ein abgerundetes Profil. Über seinen hoch am Kopf liegenden Augen befinden sich zwei gegabelte Tentakeln. Die schuppenlose Haut ist schleimig. Die hinter dem Kopf ansetzende Rückenflosse reicht bis zur Schwanzflosse und ist nicht gekerbt. Die fadenförmigen Bauchflossen sind kehlständig. Flossen: D XII/21–22, A II/23, P 14, V I/3. Färbung: Entlang des Rückens zieht ein leuchtend gelber Streifen, der an zwei schwarze Streifen grenzt, die von den Augen bis zur Schwanzflosse reichen (Kontrastfärbung). Manchmal mit schachbrettartigem Muster. Am Kopf befinden sich kleine blaue Punkte oder Streifen.

In der Laichzeit haben die Männchen orangefarbene Tentakeln und einen schwarzen Fleck am Vorderrand der Rückenflosse. Länge: bis 8 cm.

Verbreitung: Nördliches Mittelmeer und Algarveküste (Portugal).

Biologie: Der Gestreifte Schleimfisch lebt sowohl auf blanken Felsen oder großen Steinen als auch auf sekundären Hartsubstraten in Tiefen bis 50 m. Aufgrund seiner Färbung fällt er unter Wasser schon von weitem auf. Er versteckt sich bei Gefahr in Felsspalten oder Höhlen. Er ist, wie die meisten Schleimfischarten, relativ neugierig. Er weidet Aufwuchsorganismen und Algen von den Felsen.

Fortpflanzung: Die Laichzeit erstreckt sich von Mai bis Juli. Das Männchen grenzt ein Revier ab, in dessen Zentrum eine Felsspalte liegt. In dieser laichen meist mehrere umworbene Weibchen hintereinander.

Marmorierter Schleimfisch

Coryphoblennius galerita (LINNAEUS, 1758) Blenniidae, Schleimfische

Merkmale: Marmorierte Schleimfische sind langgestreckt, seitlich abgeflacht und schlank. Ihr Kopf hat ein abgerundetes Profil und weit oben liegende Augen. Am Augenoberrand befindet sich ein dreieckiger Hautlappen, dahinter mehrere kurze Tentakel. Die Haut ist schuppenlos und schleimig. Die vom Kopf bis zur Schwanzflosse reichende Rückenflosse ist am Übergang von den Hart- zu den Gliederstrahlen deutlich eingekerbt. Die fadenförmigen Bauchflossen liegen kehlständig. Flossen: D XIII/16–17, A II/16–19, P 12, V I/3. Färbung: Körper hellbraun oder olivfarben mit unregelmäßigen dunkelbraunen Querbinden und dunklen Punkten. In der Laichzeit werden die Männchen fast schwarz. Länge: bis 8 cm.

Verbreitung: Ostatlantik vom Ärmelkanal bis Westafrika, Kanarische Inseln, Azoren, Mittelmeer und Schwarzes Meer.

Biologie: Der Marmorierte Schleimfisch lebt bodenorientiert und tagaktiv in der Brandungszone von Felsküsten und temporär im Supralitoral. Er kommt auch in wenig bewachsenen Gezeitentümpeln vor. Seine Nahrung besteht aus wirbellosen Bodentieren (z. B. Seepocken) oder Algen, die er vom Felsen weidet.

Fortpflanzung: In der von Mai bis August reichenden Laichzeit grenzen die Männchen Reviere ab. In diesen legen sie in Felsspalten, Bohrmuschellöchern oder unter Steinen ein Nest an. Laichreife Weibchen werden durch Kopfnicken und Flossenspreizen zum Nest gelockt, wo sie ihre Eier (2 mm) an die Oberseite heften. Der Laich wird bis zum Schlüpfen der Brut vom Männchen bewacht.

Fluß-Schleimfisch

Lipophrys fluviatilis (Asso, 1801) Blenniidae, Schleimfische

Merkmale: Der Fluß-Schleimfisch ist langgestreckt und seitlich abgeflacht. Er hat einen großen Kopf mit steilem Profil und kleinen, gegabelten Tentakeln über den Augen. Die Männchen tragen in der Laichzeit einen fleischigen Längskamm auf dem Kopf. Die hinter dem Kopf ansetzende und bis zum Schwanz reichende Rückenflosse ist nicht eingebuchtet. Die schmalen Bauchflossen liegen kehlständig. Flossen: D XII/17–18, A II/15–20, V I/2–3. Färbung: Rücken olivbraun, Flanken braun bis gelblich, Bauch weiß oder gelblich. Auf dem Rücken und den Flanken befinden sich dunkelbraune, meist verwaschene Querbinden oder Marmorierungen. Länge: bis 12, max. 15 cm.

Verbreitung: Westliches und nordöstliches Mittelmeer, Atlantikküste von Südportugal und Marokko.

Biologie: Der Fluß-Schleimfisch kommt sowohl im Salz- als auch im Brackwasser und in den Mündungsbereichen von Fließgewässern vor (Name). Er bildet als einzige europäische Schleimfischart im Süßwasser auch stationäre Populationen. Sein Habitat ist das Lückensystem des Litorals bis 1 m Tiefe. Im Winter zieht er in tieferes Wasser. Man trifft ihn in der Nähe von Verstecken und freischwimmend an. Er verhält sich relativ neugierig und beobachtet stets interessiert die Umgebung. Während Jungfische gesellig zusammen leben, werden ältere Exemplare zunehmend zu revierbildenden und aggressiven Einzelgängern. Diese besetzen in Höhlungen oder unter großen Steinen Verstecke, die sie putzen und um die sie mit Rivalen konkurrieren. Dabei kommt es zu heftigen Kämpfen, die mit Bissen und Stößen ausgetragen werden. Die Sieger färben sich dunkel und spreizen die Flossen, die Unterlegenen werden blaß und klemmen demonstrativ die Flossen, um weitere Attacken zu vermeiden. Die Nahrung setzt sich aus einem breiten Spektrum wirbelloser Bodentiere (z. B. Kleinkrebse und Insektenlarven) und kleinen Fischen zusammen.

Fortpflanzung: In der von April bis Juli reichenden Laichzeit werben die Männchen durch Nickbewegungen mit dem Kopf aus ihrem Versteck heraus um laichreife Weibchen. Diese schwimmen mit dem Schwanz voran in geeignete Höhlungen und legen am Dach die klebrigen Eier (1–1,2 mm) ab. Der Laich mehrerer Weibchen wird vom Männchen bewacht und befächelt. Bei einer Wassertemperatur von 20 °C schlüpfen die Larven nach ca. zwei Wochen.

Pfauenschleimfisch

Lipophrys pavo (RISSO, 1810) Blenniidae, Schleimfische

Merkmale: Der Pfauenschleimfisch hat einen langgestreckten, seitlich abgeflachten, schuppenlosen Körper mit schleimiger Haut und großem Kopf. Die Tentakel auf der Stirn sind kurz und nicht gefiedert. Geschlechtsreife Männchen bilden einen fleischigen Hautkamm auf dem Kopf aus, der so hoch werden kann (siehe Abbildung rechts, unten), daß er seitlich überhängt. Die hinter dem Kopf beginnende und bis zum Schwanz reichende Rückenflosse ist nicht eingebuchtet. Die fadenförmigen Bauchflossen liegen vor den kräftigen Brustflossen (kehlständig). Flossen: D XII–XIII/21–23, A II/16–18, P 14, V I/3. Färbung: Grundfärbung gelblich bis olivbraun, vom Rükken bis zu den Flanken ziehen sich dunkle Querbinden, die von leuchtend blauen Linien gesäumt werden. Am Hinterkörper gehen letztere zunehmend in Punkte über. Hinter dem Auge befindet sich ein blaugesäumter Augenfleck. Die Männchen sind in der Laichzeit besonders intensiv gefärbt. Ihr Hautkamm leuchtet dann orange. Länge: bis 12 cm.

Verbreitung: Ostatlantik von der Biskaya (Loiremündung) bis Marokko, Mittelmeer (fehlt an der afrikanischen Küste des östlichen Beckens) und westliches Schwarzes Meer.

Biologie: Pfauenschleimfische sind relativ häufig vorkommende, standorttreue Bewohner von Fels- und Geröllküsten. Sie leben in der Gezeitenzone, in Gezeitentümpeln und dringen auch in Brackwasserbereiche ein. Die Männchen sind revierbildend und verhalten sich Rivalen gegenüber ausgesprochen aggressiv. Sie kämpfen mit Bissen und Maulzerren um ein Versteck oder als Nest geeignete Felsspalten, leere Muschelschalen oder Höhlungen unter Steinen. Pfauenschleimfische ernähren sich von einem breiten Spektrum wirbelloser Bodentiere und von Algen.

Fortpflanzung: In der vom Frühjahr bis zum Sommer reichenden Laichzeit werben die Männchen aggressiv um laichbereite Weibchen. Diese werden durch Bisse und lebhafte Umkreisungen zur Nesthöhle gedrängt, um ihre klebrigen Eier abzulegen. Ein Männchen bewacht den Laich mehrerer Weibchen. Das Nest wird auch bei Ebbe nicht verlassen, obwohl die Eingänge oft so hoch liegen, daß sie trockenfallen.

Schan, Schleimlerche

Lipophrys pholis (LINNAEUS, 1758) Blenniidae, Schleimfische

Merkmale: Der Schan hat einen langgestreckten, seitlich abgeflachten, schuppenlosen Körper mit großem Kopf. Im Gegensatz zu ähnlichen Arten befinden sich auf diesem keine Tentakeln. Das Maul reicht bis unter die hoch am Kopf liegenden Augen. Die vom Kopf bis fast an die Schwanzflosse reichende Rükkenflosse ist am Übergang von den Hartstrahlen zu den Gliederstrahlen eingebuchtet. Die fadenförmigen Bauchflossen liegen vor den Brustflossen (kehlständig). Flossen D XI–XII/18–20, A II/19, P 13, V I/3. Färbung: Variabel. Körper braun oder olivfarben mit 6–7 dunklen Querbinden und weißen, meist reihenartig angeordneten Punkten. Länge: bis 18 cm.

Verbreitung: Nordostatlantik von Norwegen bis Marokko, Madeira, Balearen und Mittelmeer (Spanien).

Biologie: Der Schan lebt bodenorientiert und standorttreu im Brandungsbereich von Felsküsten und in Gezeitentümpeln in Tiefen bis 8 m. Im Winter zieht er in tieferes Wasser. Bei Gefahr flüchtet er in Algenbestände oder Felsspalten. Seine Nahrung besteht aus einem breiten Spektrum wirbelloser Kleintiere (z. B. Seepocken, Amphipoden oder Schnecken) und Algen.

Fortpflanzung: Die gelben, klebrigen Eier (0,8–1,2 mm) werden von April bis August meist in drei Perioden im tidenbeeinflußten Bereich unter Steinen oder in Felsspalten abgelegt. Das Männchen bewacht und befächelt den Laich mehrerer Weibchen. Die Larven schlüpfen nach sechs bis acht Wochen mit einer Länge von 5 mm. Der Schan kann über zehn Jahre alt werden.

Dalmatinischer Schleimfisch, Zwergschleimfisch

Lipophrys dalmatinus (STEINDACHNER & KOLOMBATOVIC, 1883)

Blenniidae, Schleimfische

Merkmale: Der Zwergschleimfisch ist klein, langgestreckt und schlank. Er hat ein abgerundetes Kopfprofil. Tentakeln fehlen. Die hinter dem Kopf ansetzende und fast bis zur Schwanzflosse reichende Rückenflosse ist in der Mitte leicht eingebuchtet. Die fadenförmigen Bauchflossen liegen kehlständig. Flossen: D XII/16, A II/18, P 12, V I/3. Färbung: Körper gelblich bis olivfarben, mit 6–7 dunklen, z. T. blaugesäumten Querbinden, die eine schachbrettartige Zeichnung verleihen. Besonders am und hinter dem Kopf feine blaue Punkte. Die Männchen tragen ein Laichkleid. Sie sind dann leuchtend gelb gefärbt und haben eine schwarze Haube. Länge: bis 4 cm.

Verbreitung: Algarveküste und Mittelmeer (fehlt an der afrikanischen Küste des östlichen Beckens).

Biologie: Dalmatinische Schleimfische besiedeln mit Fadenalgen bewachsene Felsen und Steine in der Gezeitenzone und Gezeitentümpel in Tiefen bis 1,50 m. Sie verstecken sich gerne in Bohrmuschellöchern, leeren Miesmuschel- oder Seepockenschalen, in die sie oft mit dem Schwanz voran hineinschwimmen. Sie leben bodenorientiert und fressen kleine wirbellose Bodentiere und Algen.

Fortpflanzung: Die Laichzeit reicht von Mai bis Juli. Die Männchen sind revierbildend und beziehen leere Muschelschalen oder Bohrmuschellöcher, aus denen sie neugierig mit dem Kopf heraus schauen und die sie aggressiv gegen Rivalen verteidigen. Laichreife Weibchen werden umworben und zur Eiablage aufgefordert. Die Männchen bewachen den Laich bis zum Schlüpfen der Brut.

Gelbwangen-Schleimfisch

Lipophrys canevai (VINCIGUERRA, 1880) Blenniidae, Schleimfische

Merkmale: Der Gelbwangen-Schleimfisch hat einen langgestreckten, seitlich abgeflachten, schuppenlosen Körper mit schleimiger Haut und großem, abgerundetem Kopf. Die für andere Schleimfischarten typischen Kopftentakeln fehlen. Die hinter dem Kopf ansetzende und bis zur Schwanzflosse reichende Rückenflosse ist in der Mitte deutlich eingekerbt. Die schmalen Bauchflossen liegen vor den Brustflossen (kehlständig). Flossen: D XIII/15, A II/15–16, P 12, V I/3. Färbung: Je nach Alter, Geschlecht und Stimmung variabel. Sie können ihre Färbung relativ schnell ändern. Rücken und Flanken braun bis gelb mit rotbraunen, reihenartig angeordneten Punkten und Flecken. Am Kopf befinden sich kleine, rote Punkte (siehe Abbildung rechts, oben). In der Laichzeit werden die Männchen fast schwarz und bekommen leuchtend gelbe Wangen (Name). Mit dieser kontrastreichen Färbung fallen sie von weitem auf (siehe Abbildung rechts unten). Länge: bis 7 cm.

Verbreitung: Südportugal (Algarveküste) und Mittelmeer (fehlt an der afrikanischen Küste des östlichen Beckens).

Biologie: Der Gelbwangen-Schleimfisch ist ein häufig vorkommender, bodenorientierter und standorttreuer Bewohner der Gezeitenzone von Felsküsten in Tiefen bis 2 m. Die Männchen grenzen Reviere mit einer zentralen Nisthöhle (z. B. leere Miesmuschelschalen, Bohrmuschellöcher, Felsspalte) ab und verteidigen sie aggressiv gegen Eindringlinge. Beim Schnorcheln kann man relativ häufig beobachten, wie sie nur mit dem auffällig gefärbten Kopf neugierig aus ihrem Versteck schauen. Ihre Nahrung besteht überwiegend aus Kleinkrebsen und Algen.

Fortpflanzung: Die Laichzeit liegt in den Monaten von April bis August. Die revierbesitzenden Männchen umwerben laichreife Weibchen mit hämmernden Kopfbewegungen. Diese legen ihre klebrigen Eier in die Nisthöhle des Männchens. Dieses bewacht den Laich von mehreren Weibchen.

Grauer Schleimfisch

Lipophrys trigloides (VALENCIENNES, 1836) Blenniidae, Schleimfische

Merkmale: Der Graue Schleimfisch ist langgestreckt, schlank und schuppenlos. Er hat ein abgerundetes Kopfprofil. Vor seinen Augen befinden sich zwei kleine, gegabelte Tentakeln. Seine vom Hinterkopf bis zur Schwanzwurzel reichende Rükkenflosse ist in der Mitte deutlich eingekerbt. Die fadenförmigen Bauchflossen liegen vor den Brustflossen (kehlständig). Flossen: D XII/16–17, A II/18, P 13, V I/3. Färbung: je nach Untergrund variabel; Körper grau bis olivfarben, von der Basis der Rückenflosse ziehen 5–6 vertikale, dunkle Binden über die Flanken. Länge: bis 13 cm.
Verbreitung: Ostatlantik von der Biskaya bis Marokko, Azoren, Madeira, Kanarische Inseln und Mittelmeer (fehlt an der afrikanischen Küste des östlichen Beckens).
Biologie: Der Graue Schleimfisch lebt an Felsküsten im Brandungsbereich dicht unter der Wasseroberfläche bis in 0,5 m Tiefe. Er bevorzugt die reich strukturierten Lebensräume steiler Felsen (Algenpolster und Muschelbänke). Man findet ihn gelegentlich auch außerhalb der Wasserlinie in dem vom Wellenschlag befeuchteten Bereich. Er ernährt sich tag- und nachtaktiv überwiegend von kleinen Krebsen (Decapoda und Amphipoda, Würmern (Polychaeta) und kleinen Mollusken, aber auch von Algen. Fortpflanzung: Die Laichzeit erstreckt sich von Februar bis Mai.

Schwarzkopf-Schleimfisch

Lipophrys nigriceps (VINCIGUERRA, 1883) Blenniidae, Schleimfische

Merkmale: Schwarzkopf-Schleimfische haben einen langgestreckten, schlanken Körper mit abgerundetem Kopfprofil. Ihre schleimige Haut trägt keine Schuppen. Sie haben keine Tentakeln auf dem Kopf. Die dahinter ansetzende und bis zur Schwanzflosse reichende Rükkenflosse ist in der Mitte eingekerbt. Die fadenförmigen Bauchflossen sind kehlständig.
Flossen: D XII/16, A II/18, P 12, V I/3. Färbung: Rücken und Flanken orange bis rot mit kleinen weißen Punkten. Kopf schwarz mit blauer Netzzeichnung oder Marmorierung. Die Männchen haben in der Laichzeit gelbe Wangen. Länge: bis 4 cm.
Verbreitung: Nördliches Mittelmeer.
Biologie: Schwarzkopf-Schleimfische besiedeln tagaktiv und standorttreu beschattete Felsen, Höhlen oder Grotten in Tiefen bis 6 m. Sie haben eine große Fluchtdistanz. Ihr Nahrungsspektrum besteht aus wirbellosen Bodentieren und Algen.
Fortpflanzung: Die Männchen grenzen um ein geeignetes Versteck, (z. B. Bohrmuschelloch, Felsspalte) ein Revier ab, das sie gegen Rivalen verteidigen und in das sie mit wippenden Kopfbewegungen laichreife Weibchen locken. Diese legen ihre klebrigen Eier in die Nisthöhle. Das Männchen bewacht den Laich mehrerer Weibchen bis zum Schlüpfen der Brut.

Großer Spitzkopf-Schleimfisch

Tripterygion tripteronotus (Risso, 1810) Tripterygiidae, Spitzkopf-Schleimfische

Merkmale: Spitzkopf-Schleimfische haben im Unterschied zu anderen Schleimfischen eine lange, dreigeteilte Rückenflosse, wobei die vorderen beiden Teile von Stachelstrahlen gestützt werden. Ihr Körper ist langgestreckt und schlank, das Kopfprofil spitzwinklig und das Maul endständig. Weiterhin ist ihr Körper mit Kammschuppen bedeckt. Die fadenförmigen Bauchflossen liegen vor den Brustflossen (kehlständig). Beim Großen Spitzkopf-Schleimfisch haben die revierbesitzenden Männchen verlängerte vordere Strahlen an der 2. Rückenflosse. Flossen: D1 III, D2 XV–XVIII D3 11–13, A II/23–26. Färbung: Weibchen und unterlegene Männchen gelbbraun mit undeutlichen dunklen Querbinden (siehe Abbildung rechts unten). Territoriale Männchen haben einen leuchtend roten bis orangefarbenen Körper, einen schwarzen Kopf und einen schwarzen Fleck am Hinterrand der 1. Rückenflosse. An den Wangen befinden sich blaue Punkte. Länge: bis 8 cm.

Verbreitung: Mittelmeer (fehlt an der afrikanischen Küste des östlichen Beckens) und westliches Schwarzes Meer.

Biologie: Der Große Spitzkopf-Schleimfisch ist ein tagaktiver und bodenorientierter Bewohner von Felsküsten in Tiefen bis 3 m. Man findet ihn sowohl an lichtexponierten als auch beschatteten Stellen (überhängende Felsen, Höhlen, Grotten). Bei Gefahr flieht er nicht in Felsspalten, leere Muschelschalen o.ä. Verstecke. Seine Nahrung setzt sich aus einem breiten Spektrum wirbelloser Kleintiere (hauptsächlich Copepoden und Anisopoden) zusammen.

Fortpflanzung: Die Männchen grenzen in der von Mai bis Juli reichenden Laichzeit Reviere auf veralgten Felsen ab. Sie haben ein gutes Orientierungsvermögen und finden ihr Revier über eine Entfernung von 200 m. Sie balzen laichreife Weibchen mit zickzackförmigen Sprüngen und aufgestellten Rückenflossen an. Die klebrigen Eier werden meist am Vormittag auf unterschiedlichen Substraten abgelegt. Das Männchen laicht mit mehreren Weibchen und bewacht den Laich bis zum Schlüpfen der Brut.

Gelber Spitzkopf-Schleimfisch

Trypterygion delaisi Cadenat & Blache, 1971 Tripterygiidae, Spitzkopf-Schleimfische

Merkmale: Langgestreckter, schlanker Körper mit drei Rükkenflossen, spitzem Kopfprofil, endständigem Maul und Kammschuppen. Die fadenförmigen Bauchflossen sind kehlständig. Flossen: D1 III, D2 XVI–XVIII, D3 11–14. Färbung: Weibchen und Männchen ohne Revier sind graubraun gefärbt und haben fünf dunkle, verwaschene Querbinden, von denen der letzte, am Schwanzstiel liegende oft in Form eines schwarzen Sattelflecks ausgeprägt ist. Auf der Rückenlinie sind mehrere leuchtend weiße Punkte. Territoriale Männchen sind gelbbraun gefärbt, haben einen dunklen Kopf und verlängerte Strahlen im vorderen Bereich der 2. Rükkenflosse. Länge: bis 9 cm.
Verbreitung: Nordostatlantik von Südengland bis zum Senegal, Kanarische Inseln und Mittelmeer.
Biologie: Der Gelbe Spitzkopf-Schleimfisch besiedelt Felsküsten in Tiefen von 3–40 m. Am häufigsten ist er in 6–12 m Tiefe. Er bevorzugt kühleres Wasser und beschattete Plätze, z. B. an überhängenden Felsen oder Höhleneingängen. Sein Orientierungsvermögen ist gut entwickelt. Gefangene und anschließend freigelassene Tiere fanden ihr Revier aus 200 m Entfernung. Er frißt hauptsächlich wirbellose Bodentiere und planktische Kleinkrebse.
Fortpflanzung: Die Laichzeit reicht von Mai bis Juli. Die Männchen grenzen Reviere ab und balzen Weibchen an, in dem sie acht-förmige Bahnen schwimmen. Die Eier werden innerhalb des Reviers auf verschiedenen Substraten abgelegt und vom Männchen bis zum Schlüpfen der Brut bewacht.

Zwergspitzkopf-Schleimfisch

Tripterygion melanurus GUICHENOT, 1845 Trypterygiidae, Spitzkopf-Schleimfische

Merkmale: Körper langgestreckt und schlank mit spitzem Kopfprofil, endständigem Maul und drei Rückenflossen. Die fadenförmigen Bauchflossen liegen vor den Brustflossen (kehlständig). Flossen: D1 III, D2 XIV–XVI, D3 10–13, A II/ 22–25. Färbung: Rücken und Flanken sind permanent rot gefärbt und manchmal mit dunklen Querbinden versehen. Der Kopf ist bei Weibchen und revierlosen Männchen blauschwarz marmoriert und bei Revierinhabern schwarz gefärbt. Man unterscheidet zwei Unterarten, die sich durch einen schwarzen Sattelfleck am Schwanzstiel unterscheiden: *T. m. melanurus* mit Schwanzfleck, *T. m. minor* ohne.
Zwischen diesen Unterarten gibt es Übergangsformen. Länge: Weibchen bis 4,5 cm, Männchen bis 5,5 cm.

Verbreitung: Mittelmeer. *T. m. melanurus* Balearen, Korsika, Nordafrika und Türkei. *T. m. minor* Costa brava, Südfrankreich, Riviera, Adria und Griechenland.
Biologie: Zwergspitzkopf-Schleimfische leben bevorzugt an beschatteten Felsen und großen Steinen sowie in Höhlen und Grotten in Tiefen bis 20 m. Sie fliehen bei Gefahr nicht in Felsspalten oder Bohrmuschellöcher. Ihre Nahrung besteht aus wirbellosen Kleintieren (überwiegend Copepoden).
Fortpflanzung: Die Laichzeit reicht von Mai bis Juli. Männchen mit entsprechendem Territorium balzen, indem sie achtförmige Bahnen schwimmen. Die klebrigen Eier werden auf Schwämmen oder anderen Substraten abgelegt und vom Männchen bis zum Schlüpfen der Brut bewacht.

Butterfisch

Pholis gunnelus (LINNAEUS, 1758) Pholidae, Butterfische

Merkmale: Butterfische haben einen langgestreckten, schlanken, seitlich abgeflachten Körper mit kleinen, tief in die schleimige Haut eingebetteten Rundschuppen und abgerundetem Kopfprofil. Das schräg nach oben gerichtete Maul ist mit dicken Lippen versehen. Die Rückenflosse beginnt hinter dem Kopf und reicht bis zur Schwanzflosse. Die extrem kleinen Bauchflossen sind kehlständig. Flossen: D LXXV–LXXXII (75–82), A II/39–45, P 12 VI/1. Färbung: Rücken und Flanken gelb, braun oder grau mit verwaschenen, dunklen Querbinden oder dunkler Marmorierung. Am Rücken befinden sich 9–13 weißgesäumte schwarze Flecken in einer Reihe. Länge: bis 20 cm, max. 30 cm.

Verbreitung: Nordostatlantik vom Weißmeer bis zur Biskaya (La Rochellle), Nord- und Ostsee.

Biologie: Butterfische leben bodenorientiert in Flachwasserbereichen (0–30 m Tiefe), auf sandigem oder mit Algen bewachsenem Grund und Gezeitentümpeln. Im Winter ziehen sie in Tiefen bis 100 m. Ihre Nahrung besteht aus Kleinkrebsen, Gliederwürmern, Mollusken und Fischlaich.

Fortpflanzung: Die Laichzeit liegt je nach Gewässer im Herbst oder Winter (November bis Januar in der Nordsee). Die glasklaren, klebrigen Eier (ca. 1,4 mm) werden in Klumpen zwischen Steinen oder in leeren Muschelschalen in 1–25 m Tiefe abgelegt und von beiden Eltern bis zum Schlüpfen der 9 mm langen Brut (2 Monate) bewacht. Die Larven leben pelagisch und gehen mit einer Länge von 3 cm zur bodenorientierten Lebensweise über. Die Geschlechtsreife tritt nach drei Jahren ein.

Aalmutter

Zoarces viviparus (LINNAEUS, 1758) Zoarcidae, Gebärfische

Merkmale: Die Aalmutter hat einen langgestreckten, hinten spitz zulaufenden Körper mit großem, unbeschupptem Kopf und endständigem Maul. Ihre kleinen Rundschuppen sind tief in die schleimige Haut eingebettet. Rücken-, Schwanz- und Afterflosse bilden einen durchgehenden Flossensaum. Dieser weist auf der Schwanzoberseite einen niedrigeren, von Stachelstrahlen getragenen Abschnitt auf. Die kleinen, fadenförmigen Bauchflossen liegen vor den Brustflossen (kehlständig).
Flossen: D 72–85/V–XI/16–24, A 80–95, P 16–20, V 3. Färbung: Rücken und Flanken braun oder gelbgrün mit undeutlichen Bändern oder Flecken, letztere oft entlang der Flankenmitte reihenartig angeordnet, Bauch weiß bis grau. Rücken- und Afterflosse mit orangefarbenem, beim Männchen in der Laichzeit rotem Saum. Die Knochen sind durch die Einlagerung eines ungiftigen Farbstoffes, dem Vivianit, grün gefärbt. Länge: bis 50 cm.
Verbreitung: Nordostatlantik vom Weißmeer über die Barentssee bis zum östlichen Ärmelkanal, Nord- und Ostsee.
Biologie: Die Aalmutter ist ein häufig vorkommender, standorttreuer Bewohner von algenbewachsenen Flachwasserbereichen oder Seegraswiesen mit bodenorientierter Lebensweise. Sie kommt auch in Gezeitentümpeln und im Brackwasser vor. Im Sommer ist sie in Tiefen von 4–10 m am häufigsten, im Winter zieht sie in tieferes Wasser. Ihre Nahrung besteht aus einem breiten Spektrum wirbelloser Bodentiere und kleinen Fischen.
Fortpflanzung: Die Paarungszeit liegt im August und September. Die Männchen begatten die Weibchen mit Hilfe einer Analpapille (siehe Abbildung rechts unten). Nach einer inneren Befruchtung der Eier (3 mm) schlüpfen die Larven im Körper der Mütter. Diese gebären nach einer Tragzeit von 4 Monaten (Dezember bis Februar) 30–400 jeweils 3,5–5,5 cm lange, vollentwickelte, längliche Jungfische. Da die sich im Leib der Mutter entwickelnden Jungfische von außen sichtbar sind und vor Jahrhunderten die Herkunft der Aale unbekannt war, glaubte man, daß dieser Fisch die Mutter der Aale ist. Die Geschlechtsreife tritt bei der Aalmutter nach zwei bis drei Jahren ein. Sie werden nur selten über vier Jahre alt.
Sonstiges: Die Aalmutter wird als Speisefisch gefangen, hat aber keine große wirtschaftliche Bedeutung.

Gestreifter Seewolf

Anarhichas lupus LINNAEUS, 1758 Anarhichadidae, Seewölfe

Merkmale: Seewölfe haben einen langgestreckten, seitlich abgeflachten Körper, der sich zum Schwanz hin verjüngt. Der große, abgerundete Kopf ist mit einem weiten, bis hinter die Augen reichendem Maul versehen. Auf beiden Kiefern befinden sich vorne kräftige, nach hinten gekrümmte Fangzähne. Am Gaumen und am hinteren Unterkiefer befinden sich runde, abgeflachte Mahlzähne. Die Schuppen sind sehr klein und tief in die schleimige Haut eingebettet. Die hinter dem Kopf ansetzende Rückenflosse reicht bis zum Schwanzstiel. Seewölfe haben weder Bauchflossen noch eine Schwimmblase. Flossen: D LXIX–LXXVII (69–79), A 43–48, P 19–21. Färbung: Variabel, Rücken und Flanken braun, grau-blau oder grünlich mit dunklen, z. T. zickzackartigen Querbinden, die bis zur Rückenflosse reichen. Länge: bis 1,20 m.

Verbreitung: Nordatlantik, im Osten vom Weißmeer bis zur Biskaya, Nordsee und westliche Ostsee. Weiterhin im westlichen Nordatlantik von Grönland bis Cape Cod (USA).

Biologie: Seewölfe sind bodenorientierte Einzelgänger, die überwiegend größere Tiefen (100–300 m) besiedeln. Jungfische kommen auch in seichteren Zonen vor. Der Gefleckte Seewolf bevorzugt felsigen Grund und kühles Wasser. Er ernährt sich von hartschaligen Wirbellosen, wie Schnecken, Muscheln, Stachelhäutern und Krabben, die mit dem kräftig entwickelten Gebiß geknackt werden. Dabei ersetzen vor der Laichzeit nachwachsende Zähne die abgenutzten oder abgebrochenen.

Fortpflanzung: Der Gestreifte Seewolf laicht von Oktober bis Januar zwischen Tang oder Steinen in Tiefen von 40–200 m. Je nach Größe des Rogeners umfaßt der Laich 3.000–24.000 klebrige, gelbliche Eier (5–6 mm), die in kugeligen Klumpen abgelegt werden. Die nach zwei Monaten mit einer Länge von 18 mm schlüpfende Brut bleibt am Boden liegen und ernährt sich über drei Monate von ihrem Dottervorrat. Anschließend durchlaufen sie eine kurze Phase, in der sie frei schwimmen und sich von Plankton ernähren. Der Gefleckte Seewolf wird nach sechs bis sieben Jahren und mit einer Länge von 50–60 cm geschlechtsreif. Er kann über 20 Jahre alt werden.

Sonstiges: Der Seewolf ist ein geschätzter Speisefisch, der gehäutet und enthauptet als Steinforelle oder Karbonadenfisch angeboten wird.

Blauer Seewolf

Anarhichas denticulatus KRÖYER, 1845 Anarhichadidae, Seewölfe

Merkmale: Der Blaue Seewolf hat einen langgestreckten, seitlich abgeflachten Körper mit großem Kopf und weicher, schuppenloser Haut. Sein Maul reicht bis unter die Augen und ist mit großen, kräftigen Zähnen versehen. Die Rücken- und Afterflosse sind relativ lang und reichen bis zur Schwanzwurzel; die Bauchflossen fehlen. Flossen: D 77–80, A 45–47, C 18–22. Färbung: Blaugrau bis braun mit violettem Schimmer und dunklen Flecken oder Querbinden, letztere sind im Vergleich zum gestreiften Seewolf deutlich schwächer ausgeprägt und reichen nicht bis in die Rückenflosse. Länge: bis 1,40 m.
Verbreitung: Nordatlantik von Spitzbergen, der Südküste Grönlands und Island bis Nordskandinavien und der Barentssee, gelegentlich auch anzutreffen in der nördlichen Nordsee und Skaggerak.
Biologie: Der Blaue Seewolf lebt bodenorientiert auf weichem Grund in Tiefen von 60–1000 m. Seine Nahrung setzt sich aus Medusen, Krebsen, Stachelhäutern sowie kleinen Fischen zusammen.
Fortpflanzung: Die relativ großen Eier werden von April bis Oktober in Form von Klumpen am Grund abgelegt. Die geschlüpften Jungfische leben zunächst pelagisch.
Sonstiges: Aufgrund seines weichen und wässrigen Fleisches hat er keine fischereiwirtschaftliche Bedeutung.

Seekuckuck

Aspitrigla cuculus (LINNAEUS, 1758) Triglidae, Knurrhähne

Merkmale: Der Seekuckuck hat einen langgestreckten, kegelförmigen Körper mit großen Augen und steilem, leicht nach innen gewöllbtem Kopfprofil. Auf dem Oberkiefer trägt er vier kleine Stacheln. Die Knochenschuppen der Seitenlinie (70–73) tragen keine Zähnchen und sind plättchenartig verlängert. Die vorderen drei Strahlen der Brustflossen sind nicht durch einen Flossensaum miteinander verbunden und frei beweglich. Flossen: D1 IX–X, D2 17–18, A 16–18. Färbung: Die Oberseite ist rötlich mit unregelmäßigen, dunklen Querbinden; Unterseite weiß; Brustflossen grau, gelblich oder rötlich gefärbt (ohne blauen Saum wie beim Gestreiften Knurrhahn). Länge: bis zu 40 cm lang und über 1 kg schwer.

Verbreitung: Im Nordostatlantik von den Britischen Inseln und der Nordsee im Norden bis Westafrika im Süden, westliches Mittelmeer an der Südküste Spaniens, Azoren, Madeira und Kanarische Inseln.

Biologie: Der Seekuckuck lebt bodenorientiert sowohl über weichem als auch über hartem Grund in Tiefen von 20–250 m. Er frißt überwiegend bodenlebende Krebse und Fische. Fortpflanzung: Seine Laichzeit erstreckt sich von April bis August. Die Eier und die geschlüpften Jungfische treiben pelagisch im Meer.

Roter Knurrhahn

Trigla lucerna LINNAEUS, 1758 Triglidae, Knurrhähne

Merkmale: Länglicher, nach hinten schmaler werdender Körper mit großem Kopf, zwei Rükkenflossen und kleinen Kammschuppen. Die vorderen drei Brustflossenstrahlen haben keine Flossenhaut und sind frei beweglich. 24–25 reihenartig angeordnete Knochenstachel am Ansatz der Rückenflosse. Die Bauchflossen sind kehlständig. Flossen: D1 IX–X, D2 16, A 14–16, P III+10–11, V I/5. 70 Schuppen entlang der Seitenlinie. Färbung: Variabel, Kopf rot, Rücken und Flanken rötlich oder braun mit dunklen Querbinden oder Flekken, Bauch rosa oder weiß, After- und Schwanzflosse rötlich. Die Oberseite der Brustflosse mit blauen Flecken und einem blauem Saum versehen. Länge: bis 50 cm, max. 70 cm.

Verbreitung: Nordostatlantik von Norwegen bis Westafrika, Nordsee, Schwarzes Meer und Mittelmeer.

Biologie: Der Rote Knurrhahn ist ein bodenorientierter Bewohner von Sand-, Schlick- oder Geröllgrund in 20–300 m Tiefe. Er jagt aber auch in der Freiwasserregion. Er frißt hauptsächlich Mollusken, Krebse und Fische. Knurrhähne können ihre Schwimmblase mit bestimmten Muskeln in Schwingungen versetzen und dadurch Geräusche erzeugen.

Fortpflanzung: Die Laichzeit reicht in der Nordsee von Mai bis Juli, im Mittelmeer von Dezember bis Februar. Die Eier (0,23 mm) treiben mit Hilfe eines Öltropfens pelagisch im Meer. Die Jungfische gehen nach einer pelagischen Phase zur bodenorientierten Lebensweise über. Man findet sie in Flachwasserbereichen und im Brackwasser.

Sonstiges: Knurrhähne sind qualitativ hochwertige Speisefische.

Grauer Knurrhahn

Eutrigla gurnadus (LINNAEUS, 1758) Triglidae, Knurrhähne

Merkmale: Der Graue Knurrhahn hat einen langgestreckten, sich nach hinten verjüngenden Körper mit großem Kopf, zwei Rückenflossen und drei frei beweglichen vorderen Brustflossenstrahlen. Sein Maul ist unterständig, der Kopf mit Hautknochen gepanzert und der freie Rand des Kiemendeckels mit spitzen Dornen versehen. Entlang des Rückenflossenansatzes befinden sich 27 Knochenstachel. Die Bauchflossen liegen kehlständig. Flossen D1 VIII–IX, D2 19–20, A 17–21 P III+10–11, V I/5. 70–77 Schuppen entlang der Seitenlinie. Färbung: Je nach Alter und Gewässer sehr variabel. Der Körper ist meist dunkelgrau mit einer gelben oder weißen Seitenlinie. Im Mittelmeer lebende Tiere sind rötlich oder braun. Länge: bis 30 cm, max. 50 cm.

Verbreitung: Nordostatlantik von Norwegen und Island bis Marokko, Nordsee, westliche Ostsee, Mittelmeer und Schwarzes Meer.

Biologie: Der Graue Knurrhahn kommt bevorzugt auf Sand- oder Schlickgrund in Tiefen von 5–200 m vor. Er hat eine bodenorientierte Lebensweise, jagt aber nachts auch im freien Wasser. Im Sommer zieht er in flachere, küstennahe Bereiche oder bis in das Brackwasser von Flußmündungen. Mit seiner zweikammerigen Schwimmblase kann er knurrende Laute erzeugen (Name).

Fortpflanzung: Der Graue Knurrhahn laicht von Januar bis Juni in 25–50 m Tiefe. Die Rogener legen je nach Größe 200.000–300.000 Eier (1,4 mm), die mit einem Öltropfen versehen pelagisch im Wasser treiben. Die nach fünf Tagen schlüpfende Brut lebt im Plankton und geht mit einer Länge von 3 cm zur bodenorientierten Lebensweise über.

Gestreifter Knurrhahn

Trigloporus lastoviza (Brünnich, 1768) Triglidae, Knurrhähne

Merkmale: Länglicher, sich zum Schwanz hin verjüngender Körper mit großem Kopf, zwei Rükkenflossen und steilem Kopfprofil. Die vorderen drei Brustflossenstrahlen sind frei bweglich und dienen als Tast- und Schreitorgane. Die Brustflossen sind relativ groß und reichen angelegt deutlich hinter den vorderen Ansatz der Afterflosse. Flossen: D1 IX–XI, D2 16–17, A 14–16, P III+10–11, A 14–16, V I/5.
25 kleine Knochenstachel am Rückenflossenansatz. Färbung: Rot mit dunklen Flecken oder undeutlichen Querbändern. Afterflosse rot mit gelbem Saum, Brustflosse rot mit dunklen und blauen Flecken. Länge: bis 40 cm.
Verbreitung: Ostatlantik von den Britischen Inseln bis Südafrika, Nordsee (selten) und Mittelmeer.
Biologie: Der Gestreifte Knurrhahn bevorzugt sandigen oder schlammigen Grund in der Nähe von Felsen. Er lebt bodenorientiert in Tiefen von 30–150 m und ernährt sich überwiegend von Krebsen. Er kann mit seinen beweglichen Brustflossenstrahlen über den Grund laufen und nach Nahrung tasten.
Fortpflanzung: Die Laichzeit liegt in den Sommermonaten. Die Eier (1,3 mm) und die geschlüpfte Brut treiben pelagisch mit der Strömung. Knurrhähne haben die Fähigkeit mit bestimmten Muskeln die Schwimmblase zum Vibrieren zu bringen und so Geräusche zu erzeugen.
Sonstiges: Knurrhähne sind hochwertige und geschätzte Speisefische, haben jedoch nur eine geringe wirtschaftliche Bedeutung.

Flughahn

Dactylopterus volitans (LINNAEUS, 1758) Dactylopteridae, Flughähne

Merkmale: Der Flughahn hat einen langgestreckten, im Querschnitt fast vierkantigen, sich nach hinten verjüngenden Körper mit großem Kopf, zwei Rückenflossen und extrem vergrößerten, fächerartigen Brustflossen. Sein Kopf hat ein steiles Profil und ist mit helmartigen Hautknochenplatten gepanzert, die in zwei große, nach hinten gerichtete Stacheln auslaufen. Die vorderen beiden Strahlen der 1. Rückenflosse stehen frei, die ersten sechs der Brustflosse sind kürzer und separiert. Flossen: D1 VIII, D2 I/8, A 6. 60–62 entlang der Mittellinie der Flanken. Färbung: Rücken und Flanken grau oder braun mit hellen und dunklen Flecken, Bauch weiß bis rosa. Auf den Brustflossen befinden sich zahlreiche musterartig angeordnete blaue Punkte und Linien. Länge: bis 50 cm.

Verbreitung: Ostatlantik vom Ärmelkanal bis Angola und Mittelmeer. Weiterhin im Westatlantik von Virginia bis Argentinien.

Biologie: Der Flughahn lebt bevorzugt über sandigem oder schlammigem Grund in Tiefen von 10–30 m (selten bis 80 m). Bei der kriechenden Fortbewegung über dem Grund sind seine flügelartigen Brustflossen angelegt. Beim Schwimmen gleitet er mit ihnen elegant durchs Wasser. Die auffällige Färbung der Brustflossen soll Freßfeinde irritieren. In der Literatur wird beschrieben, daß er mit ihnen sogar kurze Strecken über die Wasseroberfläche fliegen kann. Seine Nahrung besteht aus wirbellosen Bodentieren, hauptsächlich Krebsen.

Fortpflanzung: Die Laichzeit liegt im Sommer. Die elliptischen Eier treiben pelagisch mit der Strömung.

Großer Rotbarsch

Sebastes marninus (LINNAEUS, 1758) Scorpaenidae, Drachenköpfe

Merkmale: Hochrückiger, längsovaler Körper mit Kammschuppen, großem Kopf und weitem, bis unter die Augen reichendem, leicht oberständigem Maul. Der hintere, von Gliederstrahlen gestützte Teil der langen Rückenflosse ist höher als der vordere, von Stachelstrahlen getragene. Die Bauchflossen liegen unter den Brustflossen (brustständig) Flossen: D XV/13–16, A III/7–10, P 18–21. 80–90 Schuppen entlang der Seitenlinie. Männchen mit Genitalpapille. Färbung: Körper hellrot, am freien Rand des Kiemendeckels oft ein dunkler Fleck. Länge: bis 60 cm, max. 1 m lang und bis 15 kg schwer.

Verbreitung: Nordatlantik (Osten von Island und Weißes Meer) bis zur nördlichen Nordsee und dem Kattegat. Im Westen von Grönland über die Ostküste Amerikas bis zum Golf von St. Laurence.

Biologie: Der Große Rotbarsch ist ein Schwarmfisch der innerhalb seines Verbreitungsgebietes ausgedehnte Wanderungen unternimmt. Die Jungfische leben in Fjorden und Buchten, ältere Exemplare halten sich meist in Tiefen von 100–1.000 m auf. Ihr Nahrungsspektrum besteht überwiegend aus planktischen Krebsen, Rippenquallen und Fischen (z. B. Heringe).

Fortpflanzung: Der Große Rotbarsch ist lebendgebärend. Die Larven schlüpfen bereits in der Mutter aus den Eiern (Ovoviviparie). Er paart sich von Oktober bis November. Die Weibchen gebären je nach Größe von April bis Juli 35.000–350.000 Larven mit einer Länge von jeweils 5–7 mm in Tiefen von 200–500 m. Diese leben pelagisch. Die Geschlechtsreife tritt nach 10 Jahren ein. Der Große Rotbarsch kann bis 60 Jahre alt werden.

Blaumaul

Helicolenus dactylopterus (DELAROCHE, 1809) Scorpaenidae, Drachenköpfe

Merkmale: Längsovaler, hochrückiger Körper mit Kammschuppen, weitem, bis unter die Augen reichendem Maul und brustständigen Bauchflossen. Am freien Rand des Vorderkiemendeckels befinden sich mehrere spitze Dornen. Der hintere, von Gliederstrahlen getragene Teil der langen Rückenflosse ist höher als der von Stachelstrahlen gestützte vordere Bereich. Flossen: D XI–XIII/10–14, A III/5, P 17–20. 26–30 Schuppen entlang der Seitenlinie. Färbung: Rücken und Flanken rot bis rosa mit fünf bis sechs braunen Querbändern, Bauch weiß, Mundhöhle und Bauchfell dunkelblau (Name). Länge: bis 45 cm.

Verbreitung: Nordostatlantik von Norwegen über die Nordsee, die Britischen und Kapverdischen Inseln bis Marokko und Mittelmeer.

Biologie: Das Blaumaul ist ein Schwarmfisch mit bodenorientierter Lebensweise, der den Kontinentalschelf in Tiefen von 100–1.000 m besiedelt. Es ernährt sich von einem breiten Spektrum wirbelloser Plankton- und Benthonorganismen sowie Fischen.

Fortpflanzung: Das Blaumaul laicht im Winter. Die Eier (1 mm) werden in Form von Gallertklumpen abgelegt. Die Larven und die Jungfische leben im Freiwasser von Plankton.

Sonstiges: Das Blaumaul und der Große Rotbarsch sind geschätzte Speisefische, die häufig auf Fischmärkten angeboten werden. Letzterer hat sogar wirtschaftliche Bedeutung. 1992 wurden in Deutschland 19.000 Tonnen Rotbarsch im Inland angelandet. Sein Marktanteil bei den Seefischen lag im gleichen Jahr bei 8%.

Großer Roter Drachenkopf, Große Meersau

Scorpaena scrofa LINNAEUS, 1758 Scorpaenidae, Drachenköpfe

Merkmale: Längsovaler, hochrückiger, seitlich leicht abgeflachter Körper mit großem, gepanzertem und mit zahlreichen Stacheln und Tentakeln versehenem Kopf und brustständigen Bauchflossen. Das weite, bis unter die Augen reichende Maul ist schräg nach oben gerichtet. Am Kopf befinden sich Rund-, am Rumpf Kammschuppen. Die Stachelstrahlen der Rückenflosse stehen mit Giftdrüsen in Verbindung. Flossen: D XII/9, A III/5–6, P 18–20. 35–45 Schuppen entlang der Seitenlinie. Färbung: Variabel, Körper rot bis rot-braun mit unregelmäßig verteilten braunen Flecken und Marmorierungen. Länge: bis 50 cm.
Verbreitung: Ostatlantik vom Ärmelkanal bis zum Senegal, Kanarische und Kapverdische Inseln, Azoren und Mittelmeer.
Biologie: Der Große Rote Drachenkopf lebt als solitärer Lauerjäger mit bodenorientierter und nachtaktiver Lebensweise bevorzugt auf felsigem Grund und in Tiefen von 20–200 m. Da der rote Anteil des Lichtes bereits in geringen Tiefen vom Wasser absorbiert wird, ist er durch seine Körperfärbung auf dem Untergrund gut getarnt. Zusätzlich werden seine Körperkonturen durch die Hauttentakeln aufgelöst (Somatolyse). Er frißt überwiegend Krebse, Mollusken und Fische.
Fortpflanzung: Der Große Rote Drachenkopf laicht von Mai bis August. Die Eier (1,2 x 0,8 mm) werden in gallertigen Klumpen abgelegt.
Sonstiges: Da der Große Drachenkopf gut getarnt am Grund lauert, können sich unachtsame Taucher, die zu dicht über dem Grund schwimmen, an den giftigen Stacheln verletzen.

Kleiner Roter Drachenkopf

Scorpaena notata RAFINESQUE, 1810 Scorpaenidae, Drachenköpfe

Merkmale: Längsovaler, gedrungener, leicht hochrückiger Körper mit Kammschuppen, großem Kopf und weitem, bis unter die Augen reichendem Maul. Der mit Hautknochen gepanzerte Kopf trägt mehrere Dornen und Hauttentakeln (nicht am Kinn). Die Stachelstrahlen im vorderen Teil der langen Rückenflosse stehen an deren Ansätzen mit Giftdrüsen in Verbindung. Flossen: D XII/9, P I/16–18. Färbung: Körper rotbraun marmoriert. Auf der Rükkenflosse befindet sich am hinteren Teil des von Stachelstrahlen getragenen Bereichs ein schwarzer Fleck. Länge: bis 20 cm.

Verbreitung: Ostatlantik von der Biskaya bis Senegal, Azoren, Kanarische Inseln, Mittelmeer und Schwarzes Meer.

Biologie: Der Kleine Rote Drachenkopf ist ein häufig vorkommender Bewohner von Fels-und Geröllküsten in Tiefen von 20–700 m. Man findet ihn auch an Seegraswiesen. Er hat eine bodenorientierte Lebensweise und ist überwiegend dämmerungs- und nachtaktiv. Er ernährt sich als gut getarnter Lauerjäger von Krebsen und kleinen Fischen (z. B. Grundeln und Schleimfische).

Fortpflanzung: Die Laichzeit dieser Art erstreckt sich von Mai bis Juli. Die Eier werden in Form von Gallertklumpen abgelegt. Die Larven leben zunächst pelagisch und später bodenorientiert. Im Verlauf ihrer Entwicklung stoßen die Individuen mehrmals ihre teilweise mit Aufwuchsorganismen bedeckte Haut ab.

Kleiner Brauner Drachenkopf

Scorpaena maderensis VALENCIENNES, 1833 Scorpaenidae, Drachenköpfe

Merkmale: Längsovaler, gedrungener, hochrückiger Körper mit großem Kopf und großen Augen. Das weite Maul reicht bis an den Hinterrand der Augen. Die lange Rückenflosse ist am Übergang von den Stachel- zu den Gliederstrahlen eingebuchtet. Die Bauchflossen sind brustständig. Flossen: D XII/9, P 15–16. Färbung: Kopf hell mit braunen Flecken, Körper braun mit hellen Flecken, die manchmal undeutliche Querbinden bilden. Brustflossen mit länglichen dunklen Flecken. Länge: bis 15 cm.

Verbreitung: Ostatlantik von Südspanien bis zum Senegal, Kanarische und Kapverdische Inseln sowie im Mittelmeer.

Biologie: Der Kleine Braune Drachenkopf lebt als bodenorientierter Lauerjäger auf Sand-, Geröll- oder Felsgrund in Tiefen bis 40 m. Er hebt sich farblich und durch seine Körperform kaum von bewachsenen Substraten ab. Er frißt hauptsächlich Krebse und Fische. Über seine Fortpflanzung ist kaum etwas bekannt.

Großer Brauner Drachenkopf

Scorpaena porcus LINNAEUS, 1758 Scorpaenidae, Drachenköpfe

Merkmale: Längsovaler, seitlich leicht abgeflachter, hochrückiger Körper mit großem Kopf und weitem, bis unter die Augen reichendem, schräg nach oben gerichtetem Maul. Der Kopf ist mit Hautknochen gepanzert und mit zahlreichen Dornen und Hauttentakeln (nicht am Kinn) versehen. Über den Augen befinden sich große, gefiederte Tentakeln. Die Stachelstrahlen im vorderen Bereich der langen Rückenflosse sind am Ansatz mit Giftdrüsen verbunden. Die Bauchflossen sind brustständig. Flossen: D XII/9, A III/5, P I/ 15–17, V I/5. 55–60 Schuppen entlang der Seitenlinie. Länge: bis 25 cm.

Verbreitung: Ostatlantik von den Britischen Inseln bis Marokko, Kanarische und Kapverdische Inseln, Mittelmeer und Schwarzes Meer.

Biologie: Der Braune Drachenkopf ist ein bodenorientierter und dämmerungsaktiver Lauerjäger, der bevorzugt auf felsigem oder mit Algen bewachsenem Grund in Tiefen von 3–800 m lebt. Seine Nahrung besteht hauptsächlich aus Krebsen und Fischen (z. B. Grundeln oder Schleimfische).

Fortpflanzung: Der Braune Drachenkopf laicht von Juni bis August. Die ellipsoiden Eier (1 x 0,75 mm) werden in Form von Gallertklumpen oder -bändern abgelegt. Die Larven leben pelagisch und gehen mit einer Länge von 3 cm zur bodenorientierten Lebensweise über. Im Verlauf seiner Entwicklung häutet sich der Braune Drachenkopf etwa einmal im Monat. Dabei wird die alte, z. T. mit Aufwuchs bewachsene Haut abgestoßen.

Zwergdrachenkopf

Scorpaena loppei CADENAT, 1943 Scorpaenidae, Drachenköpfe

Merkmale: Der Zwergdrachenkopf hat einen längsovalen, gedrungenen, hochrückigen Körper mit Kammschuppen, großem Kopf und brustständigen Bauchflossen. Die Oberseite des Kopfes ist hinter den Augen deutlich eingebuchtet. Am freien Rand des Vorderkiemendeckels befinden sich mehrere spitze Dornen. Über den Augen und den Nasenöffnungen stehen keulenförmige Tentakel. Sein weites, bis unter die Augen reichendes Maul ist schräg nach oben gerichtet. Der vordere Teil der langen Rückenflosse wird von Stachelstrahlen gestützt. Flossen: D XII/9, P 18. Färbung: Körper rosafarben mit dunkelbraunen Querbinden und kleinen weißen Punkten. Länge: bis 10 cm.

Verbreitung: Ostatlantik von der Biskaya bis Mauretanien und westliches Mittelmeer.

Biologie: Der Zwergdrachenkopf ist ein solitärer Lauerjäger mit bodenorientierter Lebensweise. Er kommt über Schlick-, Sand- und Geröllgrund in Tiefen von 100–200 m vor. Er ist aufgrund seiner Färbung und Körperform gut getarnt. Seine Nahrung besteht überwiegend aus Kleinkrebsen. Wie die anderen Vertreter dieser Gattung streift der Zwergdrachenkopf regelmäßig seine alte Haut ab. Über seine Fortpflanzung ist kaum etwas bekannt.

Seebull, Langstacheliger Seeskorpion

Taurulus bubalis (EUPHRASEN, 1786) Cottidae, Groppen

Merkmale: Der Seebull hat einen langgestreckten, hochrükkigen, mit Knochenplatten gepanzerten Körper. Seine Bauchlinie ist abgeflacht, der Kopf groß und mit spitzen Dornen versehen. Am Vorderkiemendeckel befinden sich mehrere kleine und ein langer kräftiger Stachel. Sein weites, endständiges Maul reicht bis unter die Augen. Er hat zwei Rückenflossen und brustständige Bauchflossen. Flossen: D1 VII–X, D2 10–14, A 8–10, P 14–16, A I/3. Der Seebull hat keine Schwimmblase. Färbung: variabel, Rücken und Flanken braun mit unregelmäßigen dunklen, günlichen oder rötlichen Flekken, Bauch weiß. Länge: Männchen bis 12 cm, Weibchen bis 25 cm.

Verbreitung: Nordostatlantik vom Weißmeer und Island bis zur Biskaya, Nordsee und Ostsee.

Biologie: Der Seebull lebt bodenorientiert an algenbewachsenen Felsen oder Seegraswiesen und in Gezeitentümpeln. Man findet ihn selten tiefer als 30 m. Er ernährt sich von einem breiten Spektrum wirbelloser Kleintiere und Fischen (z.B Grundeln und Schleimfische). Er ist ein Lauerjäger, der seine Beute durch einen schnellen Vorstoß packt.

Fortpflanzung: Der Seebull laicht von Februar bis Mai. Die gelblichen Eier (1,5–1,8 mm) werden in Klumpen an Steinen, zwischen Algen oder in Felsspalten abgelegt und vom Männchen bewacht. Die Larven schlüpfen nach ca. sechs Wochen mit einer Länge von 5–6 mm und leben zunächst im Plankton. Mit einer Länge von 1,3 cm geht der Seebull zur bodenorientierten Lebensweise über. Er wird nach zwei Jahren geschlechtsreif.

Zwergseeskorpion

Micrenophrys lilljeborgi (COLLETT, 1875) Cottidae, Groppen

Merkmale: Der Zwergseeskorpion hat einen keulenförmigen, hochrückigen Körper mit großem, gepanzertem Kopf, zwei Rückenflossen und brustständigen Bauchflossen. Sein weites, endständiges Maul reicht bis unter die Augen. Der freie Rand des Vorderkiemendeckels mündet bei ihm in einen langen spitzen Stachel. Auf und über der Seitenlinie befinden sich jeweils reihenartig angeordnete Knochenhöcker. Flossen: D1 VIII–IX, D2 11–12, A 6–9, P 15–16, V 2. Färbung: Rücken und Flanken braun bis olivfarben mit vier dunklen Querbinden, Kopf grau bis gelb. Die Männchen tragen in der Laichzeit eine rote Binde am Kopf und rote Flecken auf den Flanken. Länge: bis 7 cm.
Verbreitung: Nordostatlantik vom Weißmeer und Island im Norden bis zum Ärmelkanal im Süden, Nordsee, Skagerrak und Kattegat.

Biologie: Der Zwergseeskorpion lebt bodenorientiert auf Sand- oder Geröllgrund und zwischen Algen in Tiefen von 20–100 m. Gelegentlich zieht er auch in Brackwasserbereiche. Er bevorzugt kühles Wasser und frißt überwiegend Kleinkrebse.
Fortpflanzung: Er laicht von März bis April am Grund. Die Eier (2 mm) haben im Inneren eine Ölkugel und werden in Klumpen abgelegt. Die Larven leben pelagisch in der Nähe der Wasseroberfläche und werden mit der Strömung verdriftet.

Seeskorpion

Myoxocephalus scorpius (LINNAEUS, 1758) Cottidae, Groppen

Merkmale: Der Seeskorpion hat einen keulenförmigen, hochrükkigen Körper mit zwei Rückenflossen und brustständigen Bauchflossen. Am Vorderkiemendeckel befinden sich drei bis vier Stacheln, ober- und unterhalb der Seitenlinie jeweils ca. 35 in einer Reihe angeordnete Knochenhöcker. Flossen: D1 VII–XI, D2 14–17, A 10–15, P 16–17, V I/5. Färbung: Variabel, Rükken und Flanken grau oder braun mit dunklen Flecken im oberen und weißen Flecken im unteren Bereich. Der Bauch ist bei den Männchen in der Laichzeit rot gefärbt und mit weißen Flecken versehen, bei den Weibchen orangefarben. Länge: bis 30 cm, max. 60 cm.

Verbreitung: Nordatlantik, im Osten vom Weißmeer und Island über die Nord- und Ostsee bis zur Biskaya, im Westen von der Südküste Grönlands bis New Jersey.

Biologie: Der Seeskorpion lebt bevorzugt auf Sand- oder Schlickgrund in der Nähe von Felsen oder an Tang- und Seegraswiesen. Am häufigsten ist er in Tiefen von 20–50 m, kommt aber auch in Tiefen bis 250 m vor. Gelegentlich zieht er in das Brackwasser von Flußmündungen. Er ist ein solitärer Lauerjäger. Seine Nahrung besteht überwiegend aus Krebsen und Fischen, sowie Fischlaich und -brut.

Fortpflanzung: Seeskorpione laichen von November bis März. Die rötlichen Eier (ca. 2 mm) werden in Form von Klumpen an verschiedenen Substraten (z. B. Steine, Seegras, Felsspalten) abgelegt. Die Larven schlüpfen nach vier bis zwölf Wochen und leben pelagisch. Mit einer Länge von 2 cm gehen sie zur bodenorientierten Lebensweise über. Sie werden nach zwei Jahren fortpflanzungsfähig.

Steinpicker

Agonus cataphractus (LINNAEUS, 1758) Agonidae, Panzergroppen

Merkmale: Der Steinpicker hat einen langgestreckten, abgeflachten Körper, der mit kantigen Hautknochenplatten gepanzert ist. Sein breiter und flacher Kopf trägt zahlreiche Barteln am unterständigen Maul und vier Stacheln auf der Schnauzenspitze. Er hat zwei Rückenflossen und brustständige Bauchflossen. Flossen: D1 IV–VI, D2 6–8, A 5–7, P 15–17, V I/2. Die Schwimmblase fehlt. Färbung: Rücken und Flanken dunkelgrau, braun bis rötlich mit vier bis fünf dunklen Sattelflecken, Bauch grau bis weiß. Länge: bis 20 cm.

Verbreitung: Nordostatlantik vom Weißmeer, der Barents-See und Island bis zum Ärmelkanal, Nord- und Ostsee.

Biologie: Steinpicker leben ausgesprochen bodenorientiert auf Sand-, Schlamm- oder Geröllgrund in Tiefen von 5–200 m. Im Wattenmeer sind sie besonders häufig. Im Winter ziehen sie in tieferes Wasser (bis 500 m), im Sommer gelegentlich in den Mündungsbereich von Flüssen. Sie fressen wirbellose Bodentiere (z. B. Garnelen), kleine Fische und Fischlaich.

Fortpflanzung: Steinpicker laichen von Februar bis April. Pro Rogener werden bis 2.700 klebrige, gelbe oder orangefarbene Eier (ca. 2 mm) in Klumpen an den Haftwurzeln von Tangen abgelegt. Diese sind hartschalig und haben einen Öltropfen im Inneren. Die Larven schlüpfen nach zehn bis elf Monaten mit einer Länge von 6–8 mm, leben pelagisch und ernähren sich von Zooplankton. Mit einer Länge von 2 cm gehen sie zum Bodenleben über.

Petermännchen

Trachinus draco LINNAEUS, 1758 Trachinidae, Drachenfische

Merkmale: Das Petermännchen ist langgestreckt und seitlich abgeflacht. Sein Kopf ist relativ groß, sein Maul weit und schräg nach oben gerichtet. Die Augen liegen hoch am Kopf. Die Haut am Kiemendeckelstachel und an den Stachelstrahlen der 1. Rükkenflosse ist gefurcht und mit Drüsen versehen, die ein hämolytisches Gift abgeben. Es hat brustständige Bauchflossen und zwei Rückenflossen. Flossen: D1 V–VII, D2 29–32, A II/30–34, P 15–17. Färbung: Rücken und Flanken braun bis graugrün, mit schrägen, dunklen Linien, Bauch weiß. Länge: bis 40 cm.
Verbreitung: Nordostatlantik von Norwegen bis Marokko, Nordsee, Kattegat, Mittelmeer und Schwarzes Meer.
Biologie: Petermännchen leben an Sandküsten in Tiefen von 5–15 m, im Winter bis 150 m. Tagsüber graben sie sich oft bis zu den Augen in den Sand ein, nachts jagen sie auch im freien Wasser. Ihre Nahrung setzt sich hauptsächlich aus bodenlebenden Krebsen (Garnelen, Krabben) und Fischen (Grundeln, Sandaale) zusammen.
Fortpflanzung: Petermännchen laichen paarweise von Juni bis August. Sie geben pelagische Eier (1 mm) ab, die für den Auftrieb im Inneren einen Öltropfen haben.
Sonstiges: Petermännchen haben ein wohlschmeckendes Fleisch, sind aber am Mittelmeer nur lokal von fischereiwirtschaftlicher Bedeutung. Die Giftstacheln werden vor dem Verkauf entfernt.

Atlantischer Eidechsenfisch

Synodus saurus (LINNAEUS, 1758) Synodontidae, Eidechsenfische

Merkmale: Der Atlantische Eidechsenfisch hat einen langgestreckten, im Querschnitt fast runden Körper mit großem, abgeflachtem Kopf und weitem, bis hinter die Augen reichendem Maul. Seine Augen liegen relativ hoch am Kopf. Die Schuppen sind relativ groß. Die Flossen bestehen ausschließlich aus Gliederstrahlen. Die Kiefer sind mit zahlreichen, spitzen Zähnen versehen. Färbung: Oberseite grau bis braun mit dunklen Querbinden und 2–3 grünlich glänzenden Längsstreifen. Länge: bis 40 cm.

Verbreitung: Ostatlantik von Portugal bis Westafrika, Kanarische und Kapverdische Inseln, Azoren, Madeira und Mittelmeer.

Biologie: Eidechsenfische sind tagaktive Lauerjäger mit bodenorientierter Lebensweise. Sie ernähren sich überwiegend von Fischen, denen sie gut getarnt am Grund liegend oder teilweise eingegraben nachstellen. Die vorgestellte Art lebt überwiegend über Sand- oder Schlammgrund in Tiefen von 10–300 m. Über ihre Fortpflanzung ist kaum etwas bekannt.

Himmelsgucker

Uranoscopus scaber LINNAEUS, 1758 Uranoscopidae, Himmelsgucker

Merkmale: Der Himmelsgucker hat einen langgestreckten und keulenförmigen Körper mit großem Kopf. Die kleinen Augen befinden sich auf der Oberseite des Kopfes (Name). Sein weites, oberständiges Maul ist schräg nach oben gerichtet und mit zahlreichen spitzen Zähnen versehen. Auf der Innenseite des Unterkiefers sitzt ein rötlicher, zungenförmiger Fortsatz, der relativ weit aus dem Maul gestreckt werden kann. Sein Körper wird durch große Knochenplatten in der Haut geschützt. Oberhalb der Brustflossen trägt er auf der Schulter jeweils einen langen, nach hinten gerichteten, spitzen Dorn, der mit einer Giftdrüse verbunden ist. Er hat zwei Rückenflossen, von denen die vordere relativ klein ist und durch Stachelstrahlen gestützt wird. Die Flossenstrahlen sind nicht mit Giftdrüsen versehen. Die Bauchflossen liegen weit vor den Brustflossen, fast unter den Augen (kehlständig). Flossen: D1 IV, D2 I/13–14, A 13–14, P 14–16. Färbung: Der Körper ist braun gefärbt und meist dunkel marmoriert. Die vordere Rückenflosse ist schwarz gefärbt. Die Schwanzflosse hat einen hellen Rand. Länge: bis 15 cm.

Verbreitung: Nordostatlantik von Portugal bis Angola, Azoren, Kanrische Inseln und Mittelmeer.

Biologie: Der Himmelsgucker lebt bodenorientiert auf Sand-, Schlamm oder Felsgrund in Tiefen von 3–40 m. Seine Nahrung setzt sich aus Fischen und Krebsen zusammen. Er liegt oft halb eingegraben und gut getarnt im Sediment und lockt mit seinem zungenförmigen Fortsatz als Köder kleine Fische in seine Nähe, die er durch das plötzliche Aufreißen des Mauls erbeutet (Saugschnapper). Hinter den Augen befinden sich in einer ovalen Grube elektrische Organe mit denen er Spannungen bis 50 Volt erzeugen kann. Die erzeugten elektrischen Felder dienen zum Orten der Beute und der Abwehr von Freßfeinden.

Fortpflanzung: Die Laichzeit erstreckt sich von April bis August.

Seehase

Cyclopterus lumpus LINNAEUS, 1758 Cyclopteridae, Scheibenbäuche

Merkmale: Der Seehase ist gedrungen, hochrückig und seitlich abgeflacht. Sein schuppenloser Körper hat eine Reihe Knochendornen auf dem Rücken und drei Längsreihen entlang der Flanken. Das Maul ist endständig. Er hat zwei Rückenflossen, wobei die vordere nicht sichtbar ist, da sie von einem dicken Hautkamm umwachsen wird. Dieser ist bei den Weibchen höher als bei den Männchen. Letztere haben größere Brustflossen. Die Bauchflossen sind zu einer Saugscheibe umgewandelt. Flossen: D1 VI–VII (von Hautkamm überwachsen), D 2 10–11, A I/10, P 20–21, V I/4 (Saugscheibe). Färbung: Jungfische grün bis blau, erwachsene Exemplare grau bis bläulich, die Männchen haben in der Laichzeit einen rötlichen Bauch. Länge: Männchen bis 50 cm, Weibchen bis 60 cm. Die Weibchen können über 9 kg schwer werden.

Verbreitung: Nordatlantik, im Osten vom Weißmeer und Island bis zur Biskaya einschließlich Nord- und Ostsee, im Westen von der Hudson Bay und an der amerikanischen Ostküste bis Maryland.

Biologie: Seehasen leben bevorzugt über Geröllgrund oder an Felsen in Tiefen von 20–200 m, gelegentlich bis 400 m. Sie haben eine bodenorientierte Lebensweise, jagen aber zeitweilig auch pelagisch. Sie saugen sich mit ihrem Haftorgan gern an Steinen oder Felsen fest. Ihre Nahrung besteht aus Quallen, Rippenquallen, Gliederwürmern, Krebsen und kleinen Fischen.

Fortpflanzung: In der von Februar bis Mai reichenden Laichzeit ziehen sie in flache, küstennahe Gewässer. Je nach Größe legen die Rogener bis 300.000 gelbliche Eier (2,2–2,7 mm) in Form von mehreren, über 20 cm großen Klumpen an Felsen oder Steinen in der Gezeitenzone. Der Laich wird bis zum Schlüpfen der 7 mm langen Larven (sechs bis sieben Wochen) vom Männchen bewacht und mit Frischwasser versorgt. Die Jungfische kann man im Sommer zwischen Tang oder Algen beobachten, wobei sie sich oft an blattartigen Strukturen ansaugen. Im Winter wandern sie in tieferes Wasser.

Sonstiges: Der Seehase wird als Speisefisch und als Lieferant für Kaviarersatz gefangen, hat aber nur eine geringe wirtschaftliche Bedeutung. Sein Fleisch wird frisch oder geräuchert angeboten. Sein Rogen wird mit Salz und Geschmacksstoffen gemischt und kommt unter der Bezeichnung Deutscher Kaviar auf den Markt.

Glattbutt, Kleist

Scophthalmus rhombus (LINNAEUS, 1758), Scophthalmidae, Butte

Merkmale: Der Glattbutt ist asymmetrisch gebaut und seitlich stark abgeflacht. Seine Augen liegen auf der linken Körperseite. Im Vergleich zum Steinbutt ist er oval, dünner und hat keine Knochenhöcker auf der Augenseite, sondern glatte Schuppen. Die Schnauze ist spitz, das Maul oberständig. Die Rückenflosse setzt vor dem oberen Auge an. Bauch- und Afterflosse sind getrennt. Flossen: D 63–85, A 42–56, P 10–12. Färbung: Äußerst variabel, Augenseite sandfarben bis dunkelbraun mit unregelmäßig verteilten hellen und dunklen Flecken und Punkten, Blindseite weiß, oft mit dunklen Flecken. Länge: bis zu 70 cm lang und bis 7 kg schwer.

Verbreitung: Nordostatlantik von Norwegen und Großbritannien bis Marokko, Nordsee, westliche Ostsee (bis Rügen), Mittelmeer und Schwarzes Meer.

Biologie: Der Glattbutt besiedelt bodenorientiert Schlick-, Sand- und Geröllgrund in Tiefen von 5–70 m. Seine Nahrung besteht aus bodenlebenden Krebsen und Fischen.

Fortpflanzung: Der Glattbutt laicht vom Frühjahr bis zum Sommer. Die Eier (1,2–1,5 mm) haben im Inneren einen Öltropfen für den Auftrieb und treiben pelagisch mit der Strömung. Die symmetrisch gebauten Larven schlüpfen nach zwei Wochen mit einer Länge von 4 mm, schwimmen aufrecht und ernähren sich von planktischen Kleinkrebsen. Bei einer Länge von 2–3,5 cm wandeln sie sich in einer Metamorphose in Plattfische um. Die Männchen werden mit einer Länge von 25 cm, die Weibchen mit 30–40 cm geschlechtsreif.

Sonstiges: Der Glattbutt ist ein wertvoller Speisefisch, der meist als Beifang angelandet wird.

Haarbutt

Zeugopterus punctatus (BLOCH, 1787) Scophthalmidae, Butte

Merkmale: Der Haarbutt hat einen asymmetrischen, seitlich stark abgeflachten, längsovalen Körper mit oberständigem Maul. Auf der linken Körperseite liegen die Augen. Die Haut trägt Schuppen mit borstenförmigen Anhängen, so daß sie sich rauh anfühlt. Die Rückenflosse beginnt vor dem oberen Auge. Diese und die Afterflosse laufen am hinteren Ende unter dem Schwanzstiel in Lappen aus. Die Bauch- und die Afterflosse sind miteinander verbunden. Flossen: D 85–102, A 67–80, P 11–12. Färbung: Augenseite gelbbraun mit dunklen Punkten und Flekken, meist eine dunkle Binde über den Augen, Blindseite grau. Länge: bis 25 cm.
Verbreitung: Nordostatlantik von Norwegen bis zur Biskaya, Nordsee und westliche Ostsee.
Biologie: Der Haarbutt lebt bodenorientiert an algen- oder tangbewachsenen Fels- und Geröllküsten in Tiefen bis 40 m. Er frißt kleine Krebse und Fische.
Fortpflanzung: Der Haarbutt laicht von Februar bis Juni. Die symmetrisch gebauten Jungfische leben pelagisch und ernähren sich von Zooplankton (überwiegend Copepoden). Mit einer Länge von 3–4 cm wandeln sie sich innerhalb einer Metamorphose in asymmetrische Plattfische um.
Sonstiges: Der Haarbutt ist als Speisefisch fischereiwirtschaftlich unbedeutend.

Südlicher Zwergbutt

Phrynorhombus regius (BONATERRE, 1788) Scophthalmidae, Butte

Merkmale: Der Südliche Zwergbutt ist asymmetrisch gebaut, seitlich stark abgeflacht und hat eine längsovale Form. Seine Augen liegen auf der linken Seite, erhöht und eng beieinander. Zwischen ihnen befindet sich eine Knochenleiste. Er trägt Kammschuppen. Die Rückenflosse setzt vor dem oberen Auge an und endet, wie die gegenüberliegende Afterflosse, unter dem Schwanzstiel in einem Lappen. Flossen: D 73–80, A 60–68. 72–80 Schuppen entlang der Seitenlinie. Färbung: Augenseite gelb bis hellbraun mit unregelmäßigen hellen und dunklen Punkten. Auf dem hinteren Körperdrittel befindet sich in der Mitte oft ein dunkler Augenfleck. Die Rücken- und Afterflosse sind ebenfalls gepunktet. Länge: bis 20 cm.

Verbreitung: Nordostatlantik von den Britischen Inseln bis Marokko und im Mittelmeer.

Biologie: Der Südliche Zwergbutt lebt bodenorientiert an Sand- und Felsküsten in Tiefen von 10–50 m, im Mittelmeer bis 300 m. Er ist farblich gut an den Untergrund angepaßt. Seine Nahrung besteht aus kleinen, wirbellosen Bodentieren und Fischlaich.

Fortpflanzung: Die Laichzeit erstreckt sich von April bis Juni. Die Eier (1 mm) treiben pelagisch mit der Strömung. Die symmetrisch geformten und pelagisch lebenden Jungfische wandeln sich mit einer Länge von 1,5–2 cm in asymmetrische Plattfische um.

Steinbutt

Psetta maxima (LINNAEUS, 1758) Scophthalmidae, Butte

Merkmale: Der Steinbutt ist asymmetrisch seitlich abgeflacht. Seine Augen liegen auf der linken Körperseite. Sein Körper ist fast kreisrund, die Schnauze spitz. Auf der Augenseite befinden sich unregelmäßig verteilte, flache Knochenhöcker. Die Rückenflosse beginnt vor dem oberen Auge. Bauch- und Afterflosse sind getrennt. Flossen: D 57–80, A 42–58, P 11–12. Färbung: Augenseite variabel, grau bis braun mit hellen und dunklen Punkten (gesprenkelt), Blindseite weiß bis hellgrau. Länge: bis 1 m lang und bis 12 kg schwer.
Verbreitung: Nordostatlantik von Norwegen bis Marokko, Nord- und Ostsee. Im Schwarzen Meer kommt die Unterart *P. m. maeotica* vor.
Biologie: Die pelagisch lebenden Larven haben einen symmetrischen Körper und schwimmen in der für Fische normalen Körperhaltung. Im Alter von vier bis sechs Monaten und mit einer Länge von 1,5–2,5 cm wandeln sie sich in asymmetrische Plattfische um. Diese leben bodenorientiert auf Sand- oder Geröllgrund in Tiefen von 20–70 m und ernähren sich von bodenlebenden Fischen, daneben auch von Krebsen und Mollusken.
Fortpflanzung: Die pelagischen Eier werden vom Frühjahr bis zum Sommer abgegeben. Der Laich umfaßt je nach Größe des Rogeners 10–15 Millionen Eier (1 mm). Die Larven schlüpfen nach sieben bis neun Tagen mit einer Länge von 2,2–2,8 mm und leben von Plankton. Der Steinbutt wird nach fünf Jahren fortpflanzungsfähig und kann bis 15 Jahre alt werden.
Sonstiges: Der Steinbutt ist ein geschätzter Speisefisch, der als wertvoller Beifang angelandet wird (in Westeuropa jährlich bis 7.000 t.

Weitäugiger Butt

Bothus podas (DELAROCHE, 1809) Bothidae, Lammzungen

Merkmale: Der Weitäugige Butt läßt sich durch die weit auseinander liegenden Augen leicht von anderen Plattfischarten unterscheiden. Er hat einen asymmetrischen, seitlich abgeflachten, rundlich ovalen Körper. Seine Augen liegen auf der linken Körperseite, das untere weiter vorne als das obere. Die Männchen unterscheiden sich von den Weibchen durch den weiteren Augenabstand und durch je einen Stachel auf der Schnauzenspitze und unter dem unteren Auge. Seine Rückenflosse setzt vor dem oberen Auge an. Die Brustflosse auf der Blindseite ist kleiner als die auf der Augenseite. Flossen: D 85–95, A 63–73. 75–91 Schuppen entlang der Seitenlinie. Färbung: Je nach Gewässer, Alter und Untergrund variabel. Augenseite grau bis braun, einfarbig oder mit hellen Punkten und Flecken, meist mit zwei dunklen Flecken am hinteren Drittel der Seitenlinie. Blindseite vorne rosa und dunkel marmoriert, hinten weiß. Länge: bis 45 cm.

Verbreitung: Eine Unterart im Ostatlantik von Marokko bis Angola *(B. p. podas)* und im Mittelmeer, eine andere *(B. p. maderensis)* bei Madeira und den Kanarischen Inseln.

Biologie: Der Weitäugige Butt besiedelt bevorzugt seichte Sandküsten in Tiefen bis 40 m. Er lebt bodenorientiert und ernährt sich von verschiedenen wirbellosen Kleintieren und Fischen.

Fortpflanzung: Die Laichzeit erstreckt sich von Mai bis August. Die symmetrisch gebauten Larven wandeln sich im Verlauf einer Metamorphose in asymmetrische Plattfische um.

Lammzunge

Arnoglossus laterna (WALBAUM, 1792) Bothidae, Lammzungen

Merkmale: Die Lammzunge hat einen asymmetrischen, seitlich stark abgeflachten und länglich-ovalen Körper. Ihre Augen liegen auf der linken Körperseite. Die Schuppen sitzen leicht gesträubt in der Haut und fallen bei Berührung schnell aus. Sie hat eine lange, vor den Augen ansetzende Rückenflosse, deren vordere Strahlen teilweise freistehen. Flossen: D 82–98, A 59–75. 50–56 Schuppen entlang der Seitenlinie. Färbung: Augenseite grau oder braun mit unregelmäßig angeordneten Punkten. Länge: bis 20 cm.

Verbreitung: Nordostatlantik von Skandinavien bis Mauretanien und Mittelmeer.

Biologie: Die Lammzunge lebt in küstennahen Gewässern mit Schlamm-, Sand- oder Felsgrund bis 200 m Tiefe. Sie hat eine bodenorientierte Lebensweise und ernährt sich von wirbellosen Bodentieren und kleinen Fischen.

Fortpflanzung: Die Laichzeit erstreckt sich von April bis August.

Scholle, Goldbutt

Pleuronectes platessa LINNAEUS, 1758 Pleuronectidae, Schollen

Merkmale: Die Scholle hat einen asymmetrischen, seitlich stark abgeflachten, ovalen Körper mit oberständigem Maul. Bei den meisten Exemplaren liegen die Augen auf der rechten Körperseite. Zwischen diesen und über den Kopf erstreckt sich ein Kamm mit 4–9 Knochenhökkern. Der vordere Rückenflossenansatz liegt über dem oberen Auge. Flossen: D 57–82, A 42–61, P 8–14. 88–115 Schuppen entlang der Seitenlinie. Färbung: Augenseite grau, braun oder sandfarben mit kreisförmigen rötlichen, bei älteren Tieren weißgesäumten Flecken; Blindseite weiß. Länge: bis 40 cm, max. 90 cm lang und bis 7 kg schwer.

Verbreitung: Europäische Küsten vom Weißmeer bis Portugal, einschließlich Nord- und Ostsee sowie im westlichen Mittelmeer. Innerhalb des Verbreitungsgebietes werden mehrere Unterarten unterschieden.

Biologie: Schollen sind schwarmbildende Küstenfische mit bodenorientierter Lebensweise, die ausgedehnte Wanderungen unternehmen. Sie leben über Sand- und Schlickgrund in Tiefen von 1–200 m (im Mittelmeer bis 400 m). Auf ihren Nahrungswanderungen dringen sie auch in Lagunen und in den Brackwasserbereich von Flußmündungen ein. Ihr Nahrungsspektrum ist recht groß und setzt sich aus Borstenwürmern, Kleinkrebsen, dünnschaligen Muscheln sowie Schnecken zusammen.

Fortpflanzung: Schollen laichen bei einer Wassertemperatur von 6 °C in der Nordsee von Januar bis Juni in Tiefen von 20–40 m und in der Ostsee von November bis Juni in Tiefen von 60–90 m. Die Rogener geben je nach Größe 50.000–500.000 pelagische Eier (1,6–2,1 mm) ab, aus denen nach 10–20 Tagen 6 mm lange, symmetrische Larven schlüpfen. Nach ein bis zwei Monaten und mit einer Länge von 1 cm wandeln sie sich in Plattfische um und gehen zur bodenorientierten Lebensweise über. Die Geschlechtsreife tritt bei den Männchen nach drei bis vier Jahren und bei einer Länge von 18–26 cm, bei den Weibchen nach sechs bis neun Jahren und bei einer Länge von 30–40 cm ein. Schollen können bis 50 Jahre alt werden.

Sonstiges: Die Scholle ist einer der wirtschaftlich wichtigsten Speisefische. 1992 wurden im Inland von der deutschen Seefischerei 1200 Tonnen angelandet.

Heilbutt

Hypoglossus hypoglossus (LINNAEUS, 1758) Pleuronectidae, Schollen

Merkmale: Länglich ovaler, schlanker, seitlich abgeflachter, asymmetrischer Körper. Die Augen liegen auf der rechten Seite. Sein endständiges Maul reicht bis unter die Mitte des unteren Auges. Der vordere Ansatz der Rückenflosse liegt über dem oberen Auge. Flossen: D 98–110, A 73–85. Etwa 160 Schuppen entlang der Seitenlinie: Färbung: Augenseite grau oder olivfarben, Blindseite weiß. Länge: bis über 3 m lang und bis 300 kg schwer (größte Plattfischart).
Verbreitung: Nordostatlantik vom Weißmeer und der Barentssee über Island und Ostgrönland bis zur Biskaya einschließlich der Nordsee.
Biologie: Der Heilbutt ist ein Wanderfisch mit bodenorientierter Lebensweise, der aber auch im freien Wasser angetroffen wird. Er kommt an Sand-, Geröll- und Felsküsten in Tiefen von 50–2.000 m vor. Er bevorzugt Wassertemperaturen von 3–9 °C und hohe Salzkonzentrationen. Ältere Tiere fressen überwiegend Fische (z. B. Heringe, Dorsche und Sandaale).
Fortpflanzung: Der Heilbutt laicht von Dezember bis April bei Temperaturen von 5–7 °C und in 300–1.000 m Tiefe. Die Rogener geben je nach Größe 2–3,5 Millionen Eier (3–4 mm) ab, die in tieferem Wasser treiben und aus denen nach ein bis zwei Wochen 6–7 mm lange Larven schlüpfen. Mit einer Länge von 3–4 cm wandeln sie sich in Plattfische um und werden bodenlebend. Der Heilbutt wird erst spät fortpflanzungsfähig (nach 7 bis 18 Jahren) und kann bis 50 Jahre alt werden.
Sonstiges: Der Heilbutt ist ein besonders wohlschmeckender Speisefisch, dessen Bestände durch Überfischung lokal abgenommen haben.

Flunder, Rauhbutt, Graubutt

Platichthys flesus (LINNAEUS, 1758) Pleuronectidae, Schollen

Merkmale: Die Flunder hat einen ovalen, asymmetrischen, seitlich stark abgeflachten Körper. Die Augen wandern bei ca. 70% der Individuen auf die rechte Körperseite. Ihr relativ kleines Maul reicht nicht bis unter das Auge. Auf der Augenseite befinden sich dornige Hautwarzen entlang der Seitenlinie, so daß sich die Oberfläche rauh anfühlt (Rauhbutt). Flossen: D 49–71, A 33–48, P 7–13. 80 Schuppen entlang der Seitenlinie. Färbung: Je nach Stimmung und Untergrund variabel, Augenseite meist grau, braun oder olivfarben mit dunklen oder manchmal rötlichen Flekken. Länge: bis 30 cm, selten bis 50 cm.

Verbreitung: Nordostatlantik vom Weißmeer bis Marokko, Nord- und Ostsee, Mittelmeer und Schwarzes Meer.

Biologie: Die Flunder ist eine gesellige Art mit bodenorientierter Lebensweise. Sie besiedelt Sand- und Schlickgrund in Tiefen bis 30 m. Tagsüber gräbt sie sich oft in den Sand ein. Ihre Nahrung sucht sie in der Dämmerung oder nachts. Sie frißt kleine Mollusken, Insektenlarven, Krebse und Fische. Sie ist hinsichtlich der Salzkonzentration des Wasser sehr anpassungsfähig, kommt häufig im Brackwasser von Flußmündungen vor und zieht im Sommer bis in den Mittellauf von Flüssen.

Fortpflanzung: Flundern laichen von Januar bis April im Meer in Tiefen von 20–100 m. Die Rogener legen je nach Größe 400.000–2.000.000 Eier (1 mm), aus denen nach fünf bis zehn Tagen die Larven schlüpfen. Diese sind symmetrisch gebaut und leben pelagisch. Mit einer Länge von 1 cm wandeln sie sich in Plattfische um und gehen zur bodenorientierten Lebensweise über.

Rotzunge, Limande

Microstomus kitt (WALBAUM, 1792) Pleuronectidae, Schollen

Merkmale: Die Rotzunge hat einen ovalen, asymmetrischen, seitlich stark abgeflachten Körper mit kleinem Kopf und kleinem Maul. Ihre Augen liegen auf der rechten Körperseite. Die Seitenlinie verläuft fast gerade und ist nur über der Brustflosse schwach gebogen. Die Schuppen sind glatt und in die schleimige Haut eingebettet, die sich weich anfühlt. Der Analdorn fehlt. Der vordere Ansatz der Rückenflosse liegt über dem oberen Auge. Flossen: D 85–97, A 69–76. 110–125 Schuppen entlang der Seitenlinie. Färbung: Augenseite dunkelbraun bis rötlich mit hell oder dunkel gerandeten Flecken, Blindseite weiß. Länge: bis 30 cm, max. 45 cm.

Verbreitung: Nordostatlantik vom Weißmeer und Island bis zur Biskaya, Nordsee und Ärmelkanal.

Biologie: Die Rotzunge besiedelt als stationärer Bodenfisch bevorzugt Geröll- und Felsgrund in Tiefen von 20–200 m. Sie ernährt sich überwiegend von wirbellosen Bodentieren. Dabei hat sie eine Präferenz für Borstenwürmer und Mollusken, die sie aus ihren Röhren bzw. Gehäusen zieht.

Fortpflanzung: Rotzungen laichen von März bis September (je südlicher, desto früher). Die pelagischen Eier (1,1–1,5 mm) werden in 100 m Tiefe abgelegt. Die 4,7–5,5 mm langen Larven schlüpfen nach acht Tagen. Mit einer Länge von 1,5–2 cm wandeln sie sich innerhalb einer Metamorphose in asymmetrische Plattfische um und gehen mit einer Länge von 3 cm zur bodenorientierten Lebensweise über.

Sonstiges: Die Rotzunge ist ein geschätzter Speisefisch, der meist als Beifang angelandet wird.

Kliesche

Limanda limanda (LINNAEUS, 1758) Pleuronectidae, Schollen

Merkmale: Die Kliesche hat einen ovalen, seitlich stark abgeflachten Körper. Die Augen liegen meistens auf der rechten Seite des asymmetrischen Körpers. Ihr endständiges Maul reicht bis zum vorderen Augendrittel. Die Seitenlinie ist über der Brustflosse halbkreisförmig gebogen. In der Haut befinden sich Kammschuppen, so daß sie sich rauh anfühlt. Flossen: D 65–81, A50–64, P 9–12. 73–90 Schuppen entlang der Seitenlinie. Färbung: Augenseite braun mit kleinen dunklen Punkten, meist auch mit orangefarbenen Punkten, Blindseite weiß. Länge: bis 20 cm, max. 40 cm.

Verbreitung: Nordostatlantik vom Weißmeer bis zur Biskaya, Nord- und westliche Ostsee.

Biologie: Die Kliesche ist in der Nordsee einer der häufigsten Plattfische. Sie lebt schwarmbildend und bodenorientiert auf Sand- und Schlickgrund in Tiefen bis 100 m. Sie ist stationär und frißt Borstenwürmer, Krebse und Fische.

Fortpflanzung: In der von Januar bis August (je südlicher, desto früher, in der Nordsee April bis Juni) reichenden Laichzeit geben die Rogener je nach Größe 80.000–130.000 pelagische Eier (0,6–1 mm) in Küstennähe ab. Die Larven schlüpfen nach ein bis zwei Wochen mit einer Länge von 2–3 mm. Sie gehen mit einer Länge von 1,5 cm zur bodenorientierten Lebensweise über, obwohl die Metamorphose zum Plattfisch in dieser Phase noch nicht abgeschlossen ist. Die Kliesche wird mit einer Länge von 15–20 cm fortpflanzungsfähig.

Sonstiges: Klieschen werden oft als Beifang angelandet und als Nutzfische vermarktet. Sie haben nur geringe wirtschaftliche Bedeutung.

Zwergseezunge

Buglossidium luteum (Risso, 1810) Soleidae, Seezungen

Merkmale: Die Zwergseezunge ist länglich oval geformt und asymmetrisch seitlich abgeflacht. Die Augen liegen auf der rechten Körperseite. Ihr abgerundeter Kopf ist beschuppt, ihr Maul halbkreisförmig gebogen. Der Voderrand der Rückenflosse liegt vor dem oberen Auge. Die Brustflosse ist auf der Augenseite klein und auf der Blindseite rückgebildet. Flossen: D 63–77, A 50–64, P 3–5. 55–70 Schuppen entlang der geraden Seitenlinie. Färbung: Augenseite sandfarben mit unregelmäßig verteilten dunklen Punkten. Jeder 6. oder 7. Strahl der Rücken- und Afterflosse ist dunkel gefärbt, Blindseite hellgrau. Länge: bis 13 cm.

Verbreitung: Nordostatlantik von Island über die Britischen Inseln bis Gibraltar, Nordsee, westliche Ostsee, Mittelmeer und im westlichen Schwarzen Meer.

Biologie: Die Zwergseezunge ist ein bodenorientierter Bewohner von Sandküsten in Tiefen von 1–250 m. Am häufigsten ist sie in Tiefen von 5–20 m. Ihre Nahrung besteht aus kleinen Krebsen (z. B. Copepoden, Amphipoden), Muscheln und Borstenwürmern.

Fortpflanzung: Die Zwergseezunge laicht im Mittelmeer im Februar und in der Nordsee von Juli bis August. Die pelagischen Eier (1 mm) werden im seichten Wasser abgegeben. Die symmetrisch gebauten Larven schlüpfen nach fünf bis sechs Tagen mit einer Länge von 2–2,4 mm. Sie fressen Plankton und gehen nach einer Metamorphose mit einer Länge von 1–1,2 cm zur bodenorientierten Lebensweise über. Die Zwergseezunge wird mit einer Länge von 6–8 cm fortpflanzungsfähig.

Seezunge

Solea vulgaris QUENSEL, 1806 Soleidae, Seezungen

Merkmale: Die Seezunge hat einen länglichovalen, seitlich stark abgeflachten, asymmetrischen Körper mit abgerundetem Kopfprofil und halbkreisförmig gebogenem Maul. Ihre Augen liegen auf der rechten Körperseite. Der vordere Ansatz der Rükkenflosse liegt zwischen der Schnauzenspitze und dem oberen Auge. Flossen: D 70–87, A 54–74, P 6–10. 116–165 Schuppen entlang der Seitenlinie. Färbung: Augenseite grau bis braunrot mit unregelmäßig angeordneten dunklen Flecken und Punkten, Blindseite weiß. Länge: bis 60 cm lang und bis 3 kg schwer.

Verbreitung: Nordostatlantik von Norwegen bis zum Senegal, Nordsee, Ostsee und Mittelmeer.

Biologie: Die Seezunge lebt bodenorientiert sowie dämmerungs- und nachtaktiv über Sand- oder Schlammgrund. Am häufigsten ist sie in Tiefen von 10–60 m. Im Sommer kommt sie auch im Brackwasser von Flußmündungen vor. Sie ernährt sich von Borstenwürmern, Schnekken, Krebsen und kleinen Fischen.

Fortpflanzung: Die Laichzeit reicht in der Nordsee von April bis Juni und im Mittelmeer von Februar bis April. Die Rogener legen je nach Größe 100.000–150.000 pelagische Eier (1,3–1,5 mm) in seichtem Wasser bei Temperaturen von 6–12 °C ab. Nach ca. zehn Tagen schlüpfen die 3,6 mm langen Larven, die Plankton fressen. Sie wandeln sich in Plattfische um und gehen nach zwei Monaten und mit einer Länge von 1,2–1,5 cm zum Bodenleben über. Die Geschlechtsreife tritt nach zwei bis drei Jahren ein. Seezungen können über 20 Jahre alt werden.

Drückerfisch

Balistes carolinensis GMELIN, 1789 Balistidae, Drückerfische

Merkmale: Der Drückerfisch hat einen ovalen, seitlich abgeflachten, hochrückigen Körper mit großem Kopf und kleinem, endständigem Maul. Letzteres ist mit kräftigen Zähnen versehen. Seine relativ kleinen Kiemenöffnungen liegen über dem Ansatz der Brustflossen. Er hat zwei Rückenflossen, von denen die ersten drei Hartstrahlen der vorderen einen Sperrmechanismus bilden, welcher den 1. Strahl aufgerichtet arretieren kann (Drücker). Der Gelenkkopf am 1. Strahl rastet in die Gelenkpfanne des zweiten. Die Verriegelung kann gelöst werden, indem der 2. Strahl nach hinten umgelegt wird. Dies erfolgt über ein Sehnenband, das mit dem 3. Hartstrahl verbunden ist. Die 2. Rückenflosse liegt weit hinten am Körper, gegenüber der Afterflosse. Die äußeren Strahlen der Schwanzflosse sind meist fadenartig verlängert.
Flossen: D1 III, D2 22–28, A 25–27.
Färbung: variabel, Körper grau oder braun mit grünlich oder bläulich glänzenden Punkten, die sich auch auf der Rücken-, After- und Schwanzflosse befinden. Länge: bis 45 cm.
Verbreitung: Nordostatlantik von der Südküste der Britischen Inseln und dem Ärmelkanal bis Angola, Mittelmeer und Schwarzes Meer (dort selten). Weiterhin im Westatlantik von Nova Scotia bis Argentinien.

Biologie: Der Drückerfisch kommt in küstennahen Gewässern mit Felsgrund in Tiefen von 10–100 m vor. Man trifft ihn einzeln oder in kleinen Trupps an. Er hat eine charakteristische Schwimmweise. Die 2. Rücken- und die Afterflosse schlagen wellenförmig gegeneinander, die Schwanzflosse fungiert als Seitenruder. Er frißt Würmer, Mollusken, Krebse und Stachelhäuter. Mit seinen kräftigen Zähnen kann er hartschalige Beutetiere knacken.
Fortpflanzung: Der Drückerfisch laicht im Mittelmeer von Juni bis Juli bei Wassertemperaturen über 20 °C. Die klebrigen Eier werden in Form von Klumpen in flachen Sandmulden abgelegt und vom Männchen bis zum Schlüpfen der Brut bewacht. Die Jungfische haben keine fadenartig verlängerten Schwanzflossenstrahlen.

Seeteufel, Angler

Lophius piscatorius LINNAEUS, 1758 Lophiidae, Seeteufel

Merkmale: Der Seeteufel hat einen im vorderen Bereich stark abgeflachten, hinten seitlich zusammengedrückten und von oben betrachtet tropfenförmigen Körper mit breitem Kopf und weitem oberständigem Maul. Letzteres ist innen mit mehreren Reihen spitzer und nach hinten gerichteter Zähne versehen. Seine Haut ist mit zahlreichen, mehrfach gelappten Hauttentakeln versehen. Er hat zwei Rükkenflossen, wobei die ersten drei Hartstrahlen der vorderen vereinzelt stehen. Der 1. Rückenflossenstrahl liegt vor den Augen und ist verlängert. An seiner Spitze befindet sich ein fleischiger Hautlappen. Der 2. und 3. Strahl trägt jeweils Hautfransen. Die Basis der Brustflossen ist armartig verlängert, so daß er sich kriechend mit ihnen bewegen kann. Die relativ kleinen Bauchflossen liegen auf der Kopfunterseite (kehlständig). Flossen: D1 III+III, D2 11–13, A 9–11, P 23–26. Färbung: Oberseite braun, graugrün oder rötlich mit feiner, dunkler Marmorierung, Unterseite weiß. Länge: bis 1,80 m lang und bis 40 kg schwer.

Verbreitung: Atlantik von Norwegen bis Südafrika, Nordsee, Ostsee und Mittelmeer.

Biologie: Erwachsene Seeteufel leben bodenorientiert auf Sand- oder Schlammgrund sowie zwischen Algen und Felsen in Tiefen von 20–600 m. Sie fressen hauptsächlich Fische, die sie auf dem Grund liegend oder halb eingegraben auflauern. Dabei locken sie ihre Beute mit dem 1. Rückenflossenstrahl in ihre Nähe. Dieser erinnert bewegt an einen Röhrenwurm und fungiert als Köder (daher der Name Angler). Seeteufel schnappen angelockte Fische indem sie plötzlich ihr weites Maul aufreißen und diese mit dem enstehenden Sog verschlingen. Durch seine Tarnfärbung und die Hauttentakel (Somatolyse) ist er kaum am Grund zu erkennen.

Fortpflanzung: Der Seeteufel laicht von Februar bis Juli in 400–2000 m Tiefe. Der Laich umfaßt pro Rogener bis zu 1 Million Eier (2,3 mm) und wird in Form von 8–10 m langen und 15–50 cm breiten violetten Gallertbändern abgegeben, die pelagisch mit der Strömung verdriftet werden. Die Larven schlüpfen mit einer Länge von 4,5 mm und leben pelagisch. Nach Aufzehrung des Dottervorrates haben sie fadenartig verlängerte Rücken- und Bauchflossenstrahlen. Mit einer Länge von 5–8 cm bilden sie die Körperform der Erwachsenen aus und gehen in flachen Gewässern zur bodenorientierten Lebensweise über. Seeteufel werden mit einer Länge von 70–80 cm fortpflanzungsfähig.

Sonstiges: Der Seeteufel ist ein geschätzter Speisefisch, der als wertvoller Beifang gilt.

Register der deutschen Artnamen

Register der lateinischen Artnamen

Sachregister